CAD/CAM技术系列案例教程

中望3D注塑模具设计基础

主编　张国强

参编　高平生　洪斯玮

机械工业出版社

本书从职业院校的实际教学出发，以中望3D软件作为载体，着重介绍了模具设计的常见结构、标准件以及模架等的三维设计。本书以实例作为项目，以高职组模具比赛的样题作为素材，除重点介绍模具结构外，还简单介绍了模具的数控加工工艺。

本书共有3个项目，共10个任务，主要内容包括分型设计、侧浇口典型模具设计、点浇口典型模具设计。本书定位清晰，任务选择实用、典型，通过实际案例操作理解和掌握相关基础理论，每个任务均配有练习与视频等教学资源，可登录 www.cmpedu.com 网站，注册、免费下载。

本书可作为职业院校模具、数控等相关专业教材，也可以作为模具技术岗位培训教材。

图书在版编目（CIP）数据

中望3D注塑模具设计基础/张国强主编．—北京：机械工业出版社，2017.4（2023.2重印）

CAD/CAM技术系列案例教程

ISBN 978-7-111-56429-4

Ⅰ.①中…　Ⅱ.①张…　Ⅲ.①注塑-塑料模具-计算机辅助设计-应用软件-高等职业教育-教材　Ⅳ.①TQ320.66-39

中国版本图书馆CIP数据核字（2017）第063486号

机械工业出版社（北京市百万庄大街22号　邮政编码100037）
策划编辑：齐志刚　责任编辑：齐志刚　黎　艳　责任校对：刘雅娜
封面设计：马精明　责任印制：张　博
北京雁林吉兆印刷有限公司印刷
2023年2月第1版第3次印刷
184mm×260mm·16.75印张·407千字
标准书号：ISBN 978-7-111-56429-4
定价：49.00元

电话服务　　　　　　　　网络服务
客服电话：010-88361066　机　工　官　网：www.cmpbook.com
　　　　　010-88379833　机　工　官　博：weibo.com/cmp1952
　　　　　010-68326294　金　书　网：www.golden-book.com
封底无防伪标均为盗版　机工教育服务网：www.cmpedu.com

前　言

　　近年来，模具的应用领域不断扩大，国内市场方面，一般服务于机械、汽车、电子、家电等传统制造业领域。随着国家产业政策的调整，航空航天、新能源、IT、医疗机械、高速铁路等行业对模具行业提出了更高的要求，同时也为模具行业提供了新的市场机遇。

　　模具设计是工业发展的基石，中国制造和创造离不开模具的共同发展。合理的模具结构能保证模具使用寿命长，产品注射顺畅，企业的生产效益最大化。好的模具结构也会使得数控机床得到有效利用，发挥机床的能效。本书从模具结构的设计角度出发，结合工厂实际生产过程，以掌握模具设计基础知识为目标，以中望3D软件为载体，重点介绍了模具分型的确定、标准件的创建修改、模架的选用等方面知识，并穿插模具数控加工的知识点，链接模具的上下工序。全书项目、任务分布合理，联系紧密，综合性强，书中案例大部分来自高职模具比赛中比较经典的零件模型，均经过实践检验，具有很高的代表性。

　　本书按分型设计、侧浇口典型模具设计、点浇口典型模具设计分为三大项目共10个任务，内容典型丰富，学校可以根据自己的实际情况安排课程。

　　在本书编写过程中得到了广州中望龙腾软件股份有限公司的大力支持，他们提出了很多建设性的意见和建议，在此表示衷心感谢。

　　由于编者水平有限，书中不妥之处在所难免，恳请读者批评、指正。

编　者

目 录

项目一 分型设计

塑料工业是世界上增长最快的工业之一，至今已有近百年的历史。

塑料有着一系列金属所不及的优点，如重量轻、耐腐蚀、电气绝缘好、易于造型、生产效率高与成本低廉等，但也存在许多自身的缺欠，如抗老化性、耐热性、抗静电性、耐燃性及机械强度低于金属。但随着高分子合成技术、材料改性技术及成型工艺的进步，越来越多的具有优异性能的塑料高分子材料不断涌现，从而促使塑料工业飞跃发展。

如今，我国塑料工业已形成了相当规模的完整体系，它包括塑料的生产、成型加工、塑料机械设备、模具加工及科研、人才培养等。塑料工业在国民经济的各个部门发挥了越来越大的作用。

塑料模具设计与制造技术的发展与塑料工业的发展息息相关。围绕塑件成型生产是一个完整的知识系统，它大致可包括产品设计、塑料的选择、塑件的成型、模具设计与制造四个主要环节，在上述四个环节中，模具设计与制造是实现的最终目标：塑件使用的重要手段之一。

本课程将围绕模具设计这一重要环节，利用中望 3D 软件强大的模具设计功能，了解模具设计的基本过程。

教学设计

分型设计是模具设计员的基本要求，也是部分从事数控铣削加工的数控编程人员的基本要求。在模具零件的数控加工过程中，相当多的时候并不需要完整的模具设计，而只要将产品模型拆分出主要零件供数控加工就可以了，因此，在这个项目中仅介绍模具设计中最基本的模具拆分过程，为此本项目设计了四个任务来学习模具的分型设计，在素材零件的选择上也是按照由简到繁原则进行的，在任务的学习中尽可能多地介绍 3D 建模的方法和手段，以求更全面了解中望 3D 软件的功能。任务一主要介绍分模工具的使用，通过这个任务认识中望 3D 软件模具设计的工作环境及分模流程，素材模型采用简单的电机风罩，并且还简化了电机风罩上的三个螺孔及采用一模一腔设计。任务二是一模两腔的结构，主要增加了产品布局、枕位设计以及外分型面设计的难度，经过前面两个任务的学习，进一步了解中望 3D 软件分模的基本方法及思路，提高对中望 3D 软件模具设计功能的认识。任务三是一模四腔的传感器油位外壳的分模设计，它来自按摩器生产企业的一个壳体类零件，通过传感器油位外壳的分模过程，尽可能多地介绍了在模具设计过程可能遇到的问题，并应用中望 3D 软件中的基础造型、曲面功能、编辑模型等内容中的命令在模具设计中的灵活使用，以提高中望 3D 软件的实际应用水平。任务四是一模两腔接线盒分模设计，但这两腔的零件不相同，一腔为面盖外壳，另一腔为底盖，以解决生产批量不是很大，必须采用注射成型，而希望降低产品成本所做的一种解决方案，为前面学习内容做进一步的补充，以达到较好应用中望 3D 软件实体建模的目的。

通过四个任务的学习，重点掌握分模的思路以及中望 3D 软件常用"分模"命令的使用方法，能够熟练应用所学知识对零件分模过程有较全面的认识，最后达到高效、熟练产品的分模设计，为后续模具设计的学习奠定基础。

任务一　电机风罩分模设计

任务描述

根据用户提供塑料产品的 X_T 格式的三维数据及塑料制品二维参考图，如图 1-1 所示，完成模具主要零件的设计任务。

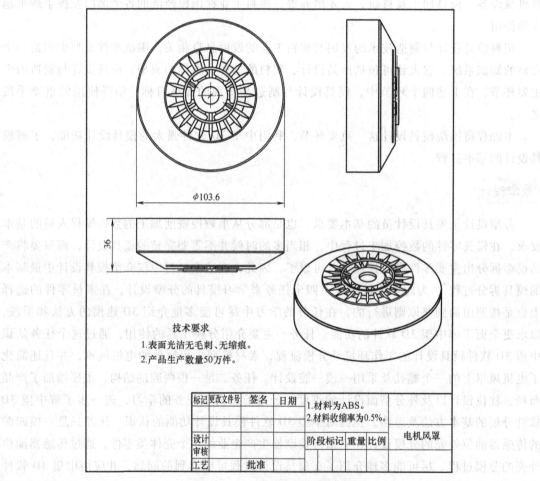

图 1-1　塑料制品二维参考图

后续模具结构设计要求如下。
1）模腔数：一模一腔，浇口痕迹小。
2）优先选用标准模架及相关标准件。

3) 以满足塑件要求、保证质量和制件生产效率为前提条件，兼顾模具的制造工艺性及制造成本，充分考虑选择的零件材料对模具的使用寿命的影响。

4) 保证模具使用时的操作安全，确保模具修理、维护方便。

5) 选择注射机，模具应与注射机相匹配，保证安装方便、安全可靠。

学习重点

1. 熟练掌握分模设计工具的使用，知道分模的一般过程。

2. 知道建立项目的目的，明确拆模前、后管理器中内容的异同。

3. 掌握产品零件的重定位过程及各选项内容的含义。

4. 了解产品零件在分模前的预处理内容和方法。

5. 熟练掌握分模设计必须具备的步骤并能熟练应用这些步骤。

任务分析

本任务主要目的是通过电机风罩来了解分模的一般过程，并进一步了解分模工具的使用，为后续的模具设计做好最基本的准备。其主要过程：产品定位→项目建立→产品布局→模型分析→区域分析→补孔→分离→分型面建立→创建工件→拆模。

任务实施

1. 导入零件

双击桌面"中望3D 2021 教育版"打开中望3D软件，进入中望3D工作环境，选择"打开文件"在相应的目录路径，如"D：\ 中望3D注塑模具设计基础 \ 项目一 分型设计 \ 任务一 风罩分模 \ 练习素材"中找到"电机风罩"确定打开，如图1-2所示。

★说明：打开文件的方式有多种，除了上述方法外，也可以从"开始"菜单中找到"中望3D 2016 教育版"然后运行，也可以在找到素材零件后直接双击打开文件。

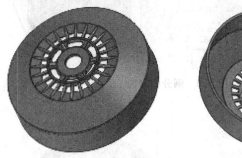

图 1-2 电机风罩

2. 产品定位

导入素材零件后可以看到，零件的坐标原点显然不在分模所要求的位置，必须对零件的坐标原点进行重新定位和对零件进行必要的分析，这些都可以利用"模具"选项卡下的工具完成。选择"模具"选项卡，弹出分模设计的主要工具，如图1-3所示。

图 1-3　分模设计工具

　　继续选择图 1-3 中的"定位"命令，在弹出的"定位"对话框中，"造型"选择要分模的产品零件；"主分型方向"选择平行于分型面平面的法向，该平面的选取可以通过右击工作区的空白处，在弹出的快捷菜单中选择"面法向"，如图 1-4 所示，系统又弹出面和点的选择，这里"面"可以选取零件顶端的环形平面，"点"选择环形平面内的任意一点，如图 1-5 所示，图中的白色箭头即为主分型方向；"侧分型方向"选择与开模方向垂直的一条边，这里可以选择图 1-6 中的分型轮廓最大处或其他位置，需要注意的是如果在一模多腔的模具设计中，要保证侧向抽芯与斜顶的方向朝外；"分型基点"选择分型面上的随意一点，通常在产品底端，此位置为分型面零平面所在的位置，如图 1-7 所示；"位置"采用默认的产品中心即可。

图 1-4　面法向选取

图 1-5　主分型方向

图 1-6　侧分型方向

图 1-7　分型基点选取

★说明：定位用于导入后的产品模型进行位置的重新定义，如果无需重新定位可不进行该项操作。有 3 个必选项和 3 个可选项，必选项如下：

①"造型"用于选择要定位的产品模型。

②"主分型方向"用于选择开模方向，默认为 Z 轴。

③"侧分型方向"用于选择侧向的开模方向，默认为 X 轴。

可选项如下：

①"位置"用于定位产品模型的中心位置，可以从 3 个选项来确定中心位置："产品中心"是将产品模型的实体中心定位到世界坐标系原点；"自定义表面中心"是将所选面的 3D 中心定位到世界坐标系原点，这时系统将激活面选择框，选择需要中心定位的面，中望 3D 会计算面的包络框，将包络框的中心设为定位中心；"自定义点中心"是将指定的点定位到世界坐标系原点，这时将会激活点选择框，以供选择需定位的点。

②"分型基点"用于选择产品模型上某一点定位产品中心点所在的高度，即 XY 平面的高度，默认为产品中心点的高度。

③"原点偏移"用于定位产品模型的中心位置和系统坐标分别在 X、Y、Z 方向上的位置关系，产品模型的中心位置默认为原点（0，0，0）。

★注意：产品定位的目的是让产品的中心与坐标原点重合，方便后续的分模设计和加工。

3. 项目建立

选择"模具"选项卡下的"项目"（在"导入"命令下拉菜单中）命令，如图 1-8 所示。"项目类型"根据任务书要求选择"单型腔"，如图 1-9 所示。"项目名称"按实际要求填，这里填入"风罩-分模"，如图 1-10 所示；"缩水"按材料的收缩率填，这里根据任务书给定的数值取 0.5% 即 "1.005"。进行此项操作后，在 DA 工具栏上选择"退出"，可以看到"管理器"中建立了 3 个文件，一个为装配文件_ASM，一个为型腔文件_Cavity，还有一个为型芯文件_Core，如图 1-11 所示。双击装配文件，返回分模界面，继续分模。

图 1-8　项目菜单

图 1-9　选择型腔类型

★注意：在单型腔的分模设计过程中，建立项目并不是必须的，但建立项目会提高整个设计的方便性和可维护性，在完整或复杂模具设计过程中建立项目是必须的。建立项目后相当于创建了一个空的资料夹。

★说明：建立项目的目的是将模具设计过程中所产生的零件、装配等放入到项目中，建立分模的模型树，分模完成后会自动保存在相应的资料夹，方便局部的修改和设计，也方便

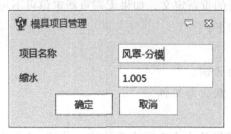

图 1-10 建立项目名称

图 1-11 建立项目内容

档案的管理及程序运行的正确性，其本质相当于一个多对象文件，这里建立项目也是为后续模架的设计做好铺垫。

建立项目只需 2 个步骤，其一是选择型腔类型，下拉框中提供"单型腔"和"多型腔" 2 个选项，可根据设计任务选取；其二是模具项目管理选项，其中的"项目名称"原则上可以任意命名，中望 3D 软件支持中文项目名称，但为管理和交流方便一般选择较贴切的名称；"缩水"则需要根据任务书的要求或具体塑料的材质，查找相关的设计手册取平均值来确定。

4. 产品布局

设计一模一腔模具时，选择"模具"选项卡下的"布局"命令，"文件"填入的内容可以通过单击右侧的文件夹图标，查找需要分模的产品如"D：\ 中望 3D 注塑模具设计基础 \ 项目一 分型设计 \ 任务一 风罩分模 \ 练习素材"中找到"电机风罩"确定打开，如图 1-12 所示。选择出现在"部件"中的产品文件，这时"名称"栏会自动填入电机风罩；"基准"选择开模方向的轴线，这里选择 XY 基准面。将管理器中的"历史管理"切换到"装配管理"，可以看到"管理器"中增加了_Layout 布局文件，如图 1-13 所示。

图 1-12 布局设置

图 1-13 布局设置后管理器内容

★注意：如果之前没有建立项目，则无需进行产品布局，否则将出现图 1-14 所示提示。

★说明：在一模多腔模具中，要先定义布局，设置 X、Y 方向上的数量和间距，如果有侧向抽芯和斜顶时，还要根据具体情况进行摆放，在设置 X 轴对称或 Y 轴对称时（在实现模具充模平衡中，对称是不可或缺的），在定义布局完成后文件中选择产品零件，基准选择定义布局中制作的基准。产品布局的目的是确定整体的排布，是实现一模多腔模具设计的第一步。

5. 脱模分析

脱模分析目的是辅助找到分型线，并观察哪里需要做斜顶和侧向抽芯，为后续分型设计做参考。选择"模具"选项卡下的"脱模"命令，弹出"分析面"对话框，必选采用默认的"脱模检查显示"，

图 1-14　无项目时布局提示

"方向"选择 Z 轴（0，−0，1）即开模方向，"角度"换成 0°，如图 1-15 所示。经分析，电机风罩外表面为绿色，内表面为红色，没有出现红绿交叉等现象，属正常零件，可以继续往下设计。

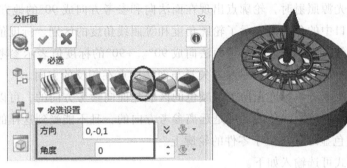

图 1-15　脱模分析

★注意：产品侧壁为垂直壁面，即没有脱模斜度，在后续的设计中应考虑如何脱模；本例也可以在不影响产品正常使用的前提下，适当增加脱模斜度，以方便后续模具的设计。

★延伸阅读

脱模分析主要是对面进行分析。该命令用于分析面的曲面瑕疵、脱模斜度、曲率和其他曲面特性；分析结果表示为叠加在激活零件上的各种各样的图；此命令将图形窗口切换至分析显示模式，并保持该模式直到此命令结束；当不需要显示分析结果时，使用视图菜单或工具栏上的"显示模式"按钮，切换至其他的显示模式。

在必选项中有 7 个彩色图案，即等高线显示、等照线显示、高斯曲率显示、平均曲率显示、脱模检查显示、半径检查显示、Z 高度检查显示，如图 1-16 所示。

（1）等高线显示　此方法执行纹理的一个球形环境映射，该纹理包含水平、垂直或在前述两个方向上的线条。它们反射在曲面上，使用户可根据反射的可见结果来确定曲面的特性。此处可能产生三个结果。

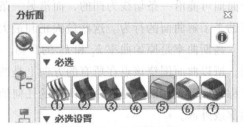

图 1-16　必选项内容

1）这些线条在整个曲面上是连续的，没有尖角。这表示该曲面是曲率连续的。

2）如果这些线条在曲面过渡的地方有一个尖角，那么相邻曲面是相切连续的，但不是曲率连续的。

3）如果这些线条互相不接触（不相连），那么相邻的曲面在任何方式都是不连续的。

（2）等照线显示 等照线显示模式使用一个指定参考方向的等照线图，覆盖在面上。一条等照线是一个点的集合，对于这些点，参考方向矢量与面法向之间的角度是一个常数。如果参考方向矢量想象为指向无穷远的光源，一条等照线是一个受到光源相同照射的点的结合。当面平滑弯曲时，一条等照线构成一条曲线，但当面是平的时候，它可能覆盖一个区域。平面由一条单独的等照线覆盖，如平面上的所有点受到无穷远处光源相同的照射。

对于某些应用，等照线图对于判断曲面质量是一个很有用的工具。由等照线追踪到的曲线中的起伏和不连续，可能表示曲面存在瑕疵，这类似于在强光源下检查一个零件时，可能发现瑕疵的方法。

在某些应用中，90°的等照线可能特别有趣。这个等照线定义了一个零件的轮廓。当受到假想的无穷远处光源照射时，轮廓点出现在面法向和参考方向成 90°的地方。

分配给图形窗口中的色标值表示了轮廓角度和等照线角度的区别。标度值为 0 表示等照角度与轮廓角度相等，如参考方向与平面法向成 90°。+90°的标度值表示参考矢量与面法向点在同一个方向，−90°的标度值表示参考矢量与面法向点在相反的方向。

具体而言，这意味着该标度正向范围颜色的区域是面向参考方向的，可以受到无穷远方向上的光源照射。负向范围颜色的区域是远离参考方向的，且不能受到这样的光源照射。用中间标度（0°）颜色显示的点位于零件的轮廓上。

等照线显示模式可选输入如下。

1）"方向"用于指定基本参考方向。如果没有指定方向，默认是全局 XY 平面的 Z 方向。用于等照线图的真实参考方向，是此基本参考方向再加上 X 和 Y 滑块的调整设置。

2）"X"用于移动滑块调整参考方向的 X 坐标。从方向字段给出的基本参考方向开始，用此滑块添加一个角度，将参考方向围绕 Y 轴进行旋转。而"Y"将参考方向围绕 X 轴进行旋转。

3）"显示方向"选择此框显示参考方向矢量。它可以使用"彩虹色""上部/下部""色带""等高线""添加光源""分辨率"等方式。

（3）高斯曲率显示 曲率 k 测量在每个点有多少曲面曲线。某点的曲率大小越大，这里的曲面曲线越紧。当曲面是凹面的时候，曲率为正，而曲面是凸面的时候，曲率为负。然而，一个曲面可能有几个方向的曲线，所以曲率取决于测量的方向。例如，在一个鞍点，一个曲面可能沿一条切线为凹的，而沿另一条切线为凸的，所以在某一点的最大和最小曲率值有助于了解曲面的行为。这些最大正和最大负的曲率值是点的原始曲率 k_1 和 k_2。

高斯曲率是原始曲率 k_1 和 k_2 的产物。在高斯曲率为正的点，原始曲率 k_1 和 k_2 符号相同，所以曲面围绕该点在所有的方向上是凹的，或在所有的方向上是凸的。高斯曲率为正的点称为椭圆点。椭球是一个在曲面的任何地方高斯曲率都为正的例子，不论是否考虑椭球的内部或外部。

当高斯曲率为负，k_1 为正且 k_2 为负时，表明曲面沿一条切线为凹，而沿另一条为凸。高斯曲率为负的点称为双曲点，有时也称为鞍点。从一个凹轮廓创建的旋转曲面在曲面同时为凹和凸的地方，可能有高斯曲率为负的点。

高斯曲率为 0 的点称为抛物点。当 k_1 和 k_2 均为零时，高斯曲率可能为 0，表明曲面在围绕该点的所有方向上均为平面。但是当 k_1 或 k_2 其中一个为零时，高斯曲率也可能为 0。规则曲面是一个在曲面的任何地方高斯曲率都为 0 的例子，虽然曲面可能是弯曲的。

高斯曲率显示模式将一个用颜色表示在每个点的高斯曲率图覆盖在面上。在图形窗口中垂直一栏显示了当前的图标，以及与各个颜色关联的高斯曲率值。标度正值范围内的颜色表示椭圆点，曲面围绕该点在所有方向均为凸，或在所有方向均为凹。标度负值范围内的颜色表示双曲点（鞍点），曲面同时为凸和凹。标度中间的颜色表示抛物点，高斯曲率为 0（可以使用平均曲率显示模式决定高斯曲率为 0 的区域为凹、凸或平面）。大部分配色方案对 0 高斯曲率用灰色，但并非所有情况下都这样。一些方案可以在标度的中间使用不是灰色的颜色。

除了提供曲率的信息，高斯曲率图是判断整个面平滑度的一个有用的辅助工具。由于高斯曲率是曲率的倍增，该图可以放大较小的曲率变化。整个面上突然的颜色过渡、起伏以及其他不规则颜色可以提供曲面瑕疵的定量指标。在一个平滑的曲面，高斯曲率的颜色应该在曲面上平滑地变化，且颜色带之间的等高线也应该平滑且简单地变化。

（4）平均曲率显示　平均曲率是曲面上某一点的原始曲率的平均数 $(k_1+k_2)/2$。由于是曲率的平均数，平均曲率本身不能确切告诉用户一个曲面是完全凹或完全凸的，但它可以表示凹或凸曲率主导的区域。

在一个点上的正平均曲率可以表示曲面在该点的所有方向上是凹的，但是该曲面也有可能在某些方向上是凸的。正平均曲率证明了 k_1 是正的，所以至少有一个方向是凹的，但是 k_2 在该点可以为正、负或 0。

类似地，在一个点上的负平均曲率可以表示曲面在该点的所有方向上是凸的，但是曲面也有可能在某些方向上是凹的。负平均曲率证明了 k_2 是负的，所以至少有一个方向是凸的，但是 k_1 在该点可以为正、负或 0。

在平均曲率为 0 时，如果 k_1 和 k_2 围绕点的曲面是平面，但是平均曲率为 0 也发生在 k_1 和 k_2 均不为 0，但符号相反且大小相等时。

（5）脱模检查显示　脱模检查显示模式将一个用颜色表示相对于参考方向的脱模斜度的图覆盖在面上。在图形窗口中垂直一栏显示了当前的图标，以及与各个颜色关联的脱模斜度值。在标度中上半部分的颜色表示接受的脱模斜度，而在下半部分表示不接受的脱模斜度。脱模斜度在接受的和不接受之间的阈值上的区域，在大多数配色方案中显示为灰色，但并非所有情况下都这样。

过渡脱模斜度初始为 0° 负值表示底部切削，所以默认情况下，所有的底部切削均为不接受的，并且所有的正的脱模斜度被认为是接受的，但可以通过改变角度字段中的值来调整它。不论阈值使用什么值，它总是显示在图形窗口中垂直一栏的中间。零件上的黑色区域表示脱模斜度超出了色标的范围。

脱模检查显示模式可选输入如下。

1）"方向"用于指定参考方向，它假设为模具的拉伸方向。如果没有指定方向，默认为全局 Z 方向。面脱模斜度是关于此方向计算的。

2）"角度"用于输入脱模斜度从接受过渡到不接受的阈值，以度为单位。阈值脱模斜度总是显示在图形窗口中的垂直一栏的中间。

3）"使用彩虹色"勾选该框在一定的范围内渐变颜色。

4）"色带"仅使用了彩虹色时，才允许调整色带。允许颜色被离散成大量的色带。

5）"脱模区间设置及其对应颜色设置"用于设置各个脱模区间及其对应的颜色。若复选框没有勾选，则对应的面不会显示出来。

6）"添加光源"用于添加漫反射的阴影效果，通过牺牲色彩的准确性来增加深度信息。

7）"等高线"使用此选项，在面上叠加等高线。

8）"分辨率"从粗糙、标准、精细和比较精细中选择，控制渲染弯曲面时的显示质量。当在图形窗口中渲染时，弯曲的面用面集进行估算。粗糙使用最大的面集进行估算，比较精细使用最小的面集进行估算。

9）"浏览角度"鼠标指针移动到零件上任一点，将会显示该点的脱模斜度。

可选输入可以对变化方向和脱模斜度进行确认。灰色的曲面正是指定的脱模。所有绿色的曲面在指定的脱模内，并且是"可以"的。紫色曲面在指定的脱模外，是需要修改的。

（6）半径检查显示　半径检查显示模式将一个用颜色表示每个点的曲率最小规模半径的图覆盖在面上。曲率半径是曲率的倒数 $1/k$，所以在一个指定点的曲率最小规模半径是 $1/|k_1|$ 或 $1/|k_2|$ 中的较小值，其中 k_1 和 k_2 是那个点的原始曲率。曲率最小规模半径的知识对规划零件的生产过程很有用，可作为曲面精加工时选择刀具的依据，刀具半径要小于最小曲率。

在图形窗口中垂直一栏显示了当前的图标，以及与各个颜色关联的曲率最小规模半径值。半径菜单用于选择色标选择值的范围。

从半径菜单选择"所有半径"，设置色标范围使用最小和最大的输入。当选择"所有半径"时，色标仅显示大小，所以最大和最小字段只能输入正值。对有着相同的曲率最小规模半径的点，指定相同的颜色，而不考虑曲率在这些点是凸或凹的。

从半径菜单选择一个指定的半径，设置色标范围是以该所选值为中心的窄带，使用步长输入定义该带的宽度。半径菜单对凸和凹的曲率有不同的条目，半径菜单仅列出在零件面上找到的半径实际范围内的值。它不受最小和最大范围的限制。

在色标范围之外的点显示为黑色。在平的没有定义曲率半径的区域，与曲率半径降为 0 的区域使用相同的颜色。这些值通常在色标范围之外，所以大多数情况下，平面和其他有极限值的区域均为黑色的。

（7）Z 高度检查显示　等高线使用此选项，在面上叠加等高线。默认情况下，当没有指定明确的方向时，显示沿世界 Z 轴的高度。在图形窗口中垂直一栏显示了当前的图标，以及与各个颜色关联的距离（高度）。在标度上半部分的颜色表示在平面"上"的正的距离，在下半部分的颜色表示在平面"下"的负的距离。平面里的区域，距离为 0，在大多数配色方案中显示为灰色，但并非所有情况下都这样。

6. 厚度分析

厚度分析用于分析零件的厚度，以帮助评估零件设计是否正确，是否满足注射模具设计的壁厚要求。选择"模具"选项卡下的"厚度"命令，弹出"厚度"对话框，采用默认设置，单击"开始分析"，如图 1-17 所示，分析完成后将显示"完成厚度分析"，选择"继续"并显示类似图 1-18 所示的结果。分析结果提示"不是一个曲面"，这是因为该零件经过多次转化，原有的曲面可能受到一定的破坏，但不影响正常的分模过程，可以继续往下设计。

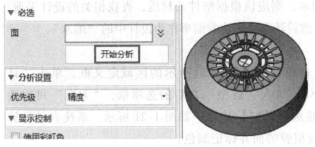

图 1-17　厚度分析

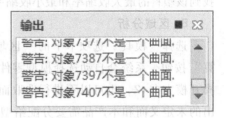

图 1-18　厚度分析结果

★注意：厚度分析并非一定要进行，如果认为所设计的零件没有问题，可以略过该分析。

★说明：必选项输入内容中的"面"即选择要分析面，厚度分析会分析零件在所选面的厚度，如果该字段为空，则默许分析激活文件中的所有零件。

如图 1-19 所示，分析设置中的"优先级"可以选择效率，也可以选择精度。选择效率计算结果较快，但可能会不够准确；选择精度，虽然计算准确，但计算量大，分析时间比较长。

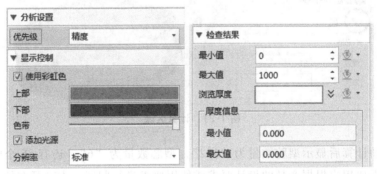

图 1-19　厚度分析设置

检查结果中的"最小值/最大值"的含义："最小值"即 输入色带范围的下限，最小值必须为正数，并且小于最大值；"最大值"是输入色带范围的上限，最大值必须为正数，且大于最小值。"厚度信息"只能显示分析的结果，而不可被编辑。

显示控制中的"使用彩虹色"用于在一定的范围内渐变颜色。其中的"上部/下部"允许用户选择色带的上部或下部的颜色。通过"添加光源"还可以添加漫反射的阴影效果，但它是通过牺牲色彩的准确性来增加深度信息的。通过"分辨率"的选择可以从粗糙、标准、精细和比较精细中选择，以控制渲染曲面时的显示质量，当在图形窗口中渲染时，曲面采用小平面进行逼近；粗糙将使用最大的小平面进行逼近，精细则使用最小的小平面进行逼近。

7. 缩水分析

在中望 2016 教育版中，缩水在项目建立中已经创建，这里可以省略。缩水能保证塑料冷却收缩后的尺寸精度。缩水仅能设置一次，重复设置无效。

★ 说明：如果在任务书中没有给定缩水，则应该根据塑件的材质，查找相关的设计手册，找到该塑料的最大收缩率和最小收缩率，然后计算出平均收缩率作为设计中的"缩水"。

8. 区域分析

选择"模具"选项卡下的"区域"命令，出现图 1-20 所示的区域定义框，单击"计算"按钮，系统会自动选择模型零件"S1"填入"造型"之后的选项框，"方向"可以选择开模方向+Z，也可以不进行选取而直接选择【√】确定，如图 1-21 所示，系统自动计算出的未定义面和本产品需要分配给型芯或型腔的面并标记颜色。

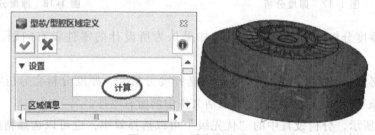

图 1-20　区域分析选项

图 1-21　计算区域

经系统自动计算后显示型腔数量为"132"，型芯数量为"6"，还有 85 个竖直面系统无法自行分配，需要用户根据产品的设计要求或使用要求进行归属，本产品在任务书上要求表面光洁无毛刺，为此应将这 85 个竖直面定义为型腔侧，具体操作是勾选"竖直面"前面的方框，再单击"设置为型腔"然后确定退出，如图 1-22 所示。

★ 注意：区域分析的作用是确定分型面，分型面合理是型芯、型腔合理的基础。

★ 说明："区域分析"命令可以根据模具结构的规律快速检查模型所有曲面的属性。在自动分析模式下，选择一个产品模型，并确定脱模方向（不输入则默认为 Z 轴正向），确定后软件自动分析，检测出来的模型曲面根据模具的各个部分自动给曲面添加不同的颜色，方便区分动模、定模。完成之后自动进入手动模式，用户可以在区域信息选项中查看分析结果，并可按照模具设计的要求任意更改曲面的模具结构归属。当未定义面显示为零时，表示该零件所有面都已经定义成型芯或型腔区域。

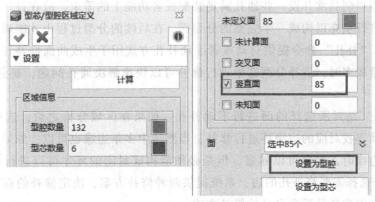

图 1-22　计算结果

"设置"内容包含计算、造型和方向。其中"计算"是在分析整个产品模型时，系统将自动对产品所有面进行分析，然后给曲面添加不同的颜色，分析完毕之后自动在区域信息界面显示分析结果；"造型"用于选择需要进行分析的产品模型，当操作界面只有一个产品时，系统会自动选上该产品，用户只需选择产品的开模方向，如果操作界面有 2 个以上的产品时，则需要手动选择要进行分析的产品；"方向"是指产品的开模方向，该选项不输入时系统则默认为 Z 轴正向。

9. 补孔

继续选择"模具"选项卡下的"补孔"命令，在"类型"选项中将默认的"内部边缘"改为"分型造型"，并在"造型"框中用鼠标选择需要修补的产品模型，然后确定，如图 1-23 所示。

图 1-23　补孔类型

★注意：使用分型造型进行补孔时，软件将自动找出模型零件内部需要修补的通孔，根据不同的修补方式用曲面自动修补所有的通孔，该命令只在区域分析之后，区域分割之前有效，因为只有当零件进行区域分析之后，软件才能识别哪些位置需要补孔。该产品的补孔比较简单，补孔类型使用"分型造型"即可完成。一般在补孔时都可以先使用分型造型进行简单孔的补孔，然后查看补孔结果，如果还有未补上的孔可以再次单击"补孔"命令，类型选择"内部边缘"，边缘选择需要补的孔的一边，根据要求可以选择"型腔/左边"或"型腔/右边"。如果还有一些补不上的孔可以选择"曲面"选项卡下的命令，只要能达到补孔的要求即可。补孔的目的是补上开模方向上开放的孔。在后续的产品设计拆模时可以避免产生破面或者拆不开模的情况。

★说明：塑料制品常开设一些通孔满足装配或者功能上的需求，故在设计模具过程中必须对这些通孔进行填充以构成一个完整的分型面，在后续的分型过程中才能顺利地从工件割出型芯和型腔。"补孔"命令提供自动或者手动补孔方式用于生成曲面修补开放的区域，特别是当通孔数量较多时，选择分型造型进行修补可以快速解决通孔问题，避免重复的操作，提高工作效率。

"内部边缘"是对所选择的面进行手动补孔。如果在区域分析之后，选中其中一条边缘，系统会自动寻找对应的边缘环进行修补，当然选中多条边缘也可以；如果在区域分析之前，选择普通边缘时，次序可以随意，但是必须能构成封闭的环才可以进行修补。其中的"边缘"是用于选择需要修补孔的边，系统提供两种修补方案，决定修补的面是属于型芯还是型腔，用户可以选择最适合自己的修补方式。

10. 分离

选择"模具"选项卡下的"分离"命令，确认必选内容为"区域面"，"造型"选择整个产品，如图 1-24 所示，完成后单击"√（确定）"，系统提示"共计 2 新创建的区域造型体"表示分离成功，按"继续"即可，这里"设置"内容采用默认即可。

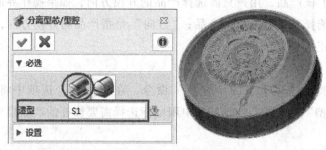

图 1-24　分离造型

★注意：在分离过程中生成的分型线应在产品最大轮廓处才合理，通过分型线也能检验前面区域分析是否合理。

★说明："分离"命令的目的是要将型芯和型腔的特征从产品的模型中分离出来，即把区域分析出来的两部分分离成两个造型，并创建分型线。它可以通过两种方式分离型芯和型腔，其一是通过区域面对型芯和型腔进行分割，其二是通过分型线对型芯和型腔进行分割。使用区域面分割时，需要选择分离的造型；使用分型线时，需要选择分型曲线。

另外在可选输入中还有如下几个选项，如图 1-25 所示。"保留原始造型"表示特征分离后保留原来的产品特征，保留的产品原图会自动加入 moldpart_org 的图层中隐藏；"创建分型边缘"表示特征分离后在开放的边界产生分型线，是系统的默认选项；"创建内部分型线环"如果勾选该选项，将在被选造型的内部分型边缘位置产生分型线；"多区域强制分割"默认分离造型仅产生型芯与型腔，若发现多个区域命令将失败，如果勾选该选项，将不会按默认处理；若勾选"分型线处分离造型"选项，将在分型线位置分离造型；若勾选"分离之前检查曲线"选项，将在分离造型前检查曲线是否闭合，若曲线不闭合，分离将会失败。

11. 分型线设计（选择）

在中望软件中，分型线在分离建立时已经创建，所以可以省略。分型线能简化分型面的

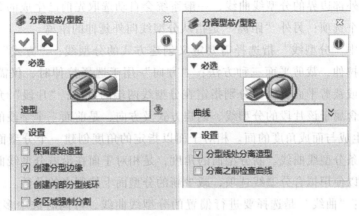

图 1-25　可选项设置

创建。

12. 分型面建立

选择"模具"选项卡下的"分型面"
命令，选择第一个"从分型线创建分型
面"，在"距离"文本框中将默认值
60mm 改为 80mm，其他内容暂不设置，

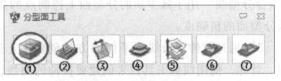

图 1-26　分型面工具

如图 1-26 和图 1-27 所示，确认后关闭分型面工具，继续后面的步骤。

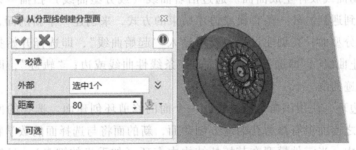

图 1-27　从分型线创建分型面

★注意：分型面建立是为了为拆模做准备的，分型面的大小可以在"距离"框中输入
需要的数值，其数值的具体大小应看产品大小和布局的间距。

★延伸阅读

"模具分型面"命令，用来创建模具的分型面。在创建中，各种方法都会用到分型线、
面和基准平面，可选输入包括是否要在分型线分隔分型面、把新创建的一个分型面分配给一
个图层，以及重新拟合用于分型面的分型线。分型面的创建方式有如下几种：

1）从分型线创建分型面。从分型线创建分型面表示从已经创建好的分型线来创建分型
面，创建的分型面包括外部的分型面以及产品内部的碰穿和插穿面，而且创建出的分型面都
会自动指定到一个层中管理。通过这个命令的选项，用户可在一个单独的层上放置分型面，
并在分型线分隔零件造型。通过在提示时选择多个内部环，这个命令支持内部岛屿。在创建

过程中必选输入外部边界的分型线曲线，一般系统会自动选取先前已生成的分型线，或单击鼠标中键跳过这个选项；另外"距离"是指从分型线向外延伸的距离。

在可选输入中"分型线"指选择需要定义创建方式的分型线；"方式"指选择创建方式，包括扫掠、拉伸、裁剪平面三种方法；"方向"用于选择拉伸时，仅需要指定一个方向，而选择扫掠或裁剪平面，需要分别指定在分型线两端的方向；"片段"允许输入多个片段，每个片段包含属于该片段的分型线、创建方式及方向，是前面三个字段的组合表示。

2）沿曲线生成与面成角度的面。相对于面以指定的角度创建一个分型面，新的分型面来源于面上的一条分型线曲线。新分型面的角度，是相对于面在沿着分型线曲线的样本点量出来的角度，可以使用拟合分型线选项，减少新的分型面上控制点的总数。

必选输入有："曲线"是选择要进行偏置的分型线曲线，可同时选中多条分型线曲线；"距离"指偏移的距离，即面的长度；"角度"用于指定面的偏移角度。0°角度会生成一个处于面法线方向的分型面，正、负 90°角度会生成一个与面相切的分型面。而可选输入中的"拟合分型线"用于减少新的分型面上控制点的总数，需要注意的是，这个选项的使用会降低分型面的精确度。

3）通过拉伸面法线到平面的方式创建面。通过拉伸处于面法线方向的曲线创建分型面。首先，使用线框工具栏来创建要拉伸的曲线，通常这些曲线是位于分型面上的，平面可以是任意基准面或二维面，分型面会进行延伸并稍微超过一些所选的平面，在操作过程中"曲线"是选择要被拉伸的曲线，"端平面"是选择与拉伸方向正交的端平面。

4）使用驱动曲线放样生成曲面。通过沿着曲线（或分型曲线）扫描一条直线，或一条线性边扫掠，直到遇到另外一条直线或边才结束的方式，来创建一个新的面，这个方法主要用于在转角创建分型面，在创建过程中要求输入"起始曲线"，即选择开始扫描的一条线性曲线或边；"终止曲线"，即选择结束扫描的一条线性曲线或边；"轨迹"，即选择连接两条线或边的扫描轨迹曲线。

5）反转面边环。使用该命令通过转化一个面的修剪环创建面。选择的面保持完整并创建新的面，能在之前面上有修剪孔的地方创建面，新的面将与选择面的数学特性匹配。

在模具设计中，当零件模型在其拓扑结构中有环（如手机的键盘），且转化其修剪环可以直接转化为分型面的修剪面的情况下，该命令可用于创建分型面。在创建过程中要求输入"面"即选择想转化其修剪环的面；"边"即在要转化的环上选择边或中击选择所有环。

可选输入为"界限"即设定基本参数范围，可以从"非修剪面"（使用未修剪基础面定义新面的范围）和"外环"（使用未修剪面的最外层环定义新面的范围）进行选择。

6）在相邻面之间创建圆角。在两个相邻的分型面之间，创建一个特定的圆角。这些圆角具有线性变化的半径，在靠近分型的一端半径为 0，在向外的一端则是一个指定的半径，必要时，分型面进行修剪，然后通过圆角再次缝合在一起，在创建过程中要求输入"顶点"即选择靠近零件的边进行圆角操作，此处的半径将为零；"半径"即指定圆角外端的半径（远离分型线）。

7）创建分型面过渡到边界曲线。使用这个命令，来实现用于分型面的过渡区域的自动化创建。通过这个命令，可使一个面的复杂面集按指定的角度向上或向下过渡到一个简化曲线集，然后继续向外经过指定的参考平面，在创建过程中要求输入"面"即选择分型面；"曲线"即选择用于过渡的边界曲线；"端平面"即选择与拉伸方向正交的平面；"方向"即选择拉伸的方向；"角度"指定过渡的角度。

13. 合并

根据任务书要求，该零件设计成一模一腔模具，无需进行合并操作。

14. 工件

中望 2016 教育版可以通过 3 种方式来创建工件，即"箱体""圆柱"和"草图"。由"箱体"创建的工件是个长方体，它可以通过 X、Y、Z 三个方向的尺寸设置箱体的大小；由"圆柱"创建的工件是个圆柱，可以通过 Z 向尺寸和半径值设置圆柱的大小；由"草图"创建的工件是通过绘制二维草图后再调整 Z 方向的尺寸来得到所需的工件，至于采用哪一种方式，应根据零件的形状和设计要求进行选用，在本例中 3 种方式均可满足使用要求，作为功能介绍，本例用"圆柱"来创建工件。

选择"模具"选项卡下的"工件"命令，"造型"选项框和"原始点"选项框系统会自动填入，半径和轴向的长度由设计者定义，在满足要求的情况下尽量减小体积，可以节约材料和减小模具的整体大小，同时也要根据坯料尺寸来设计，在这里将"半径"修改为100mm，"Z 向尺寸"改为 100mm，"+Z 尺寸"改为 70mm，如图 1-28 所示。

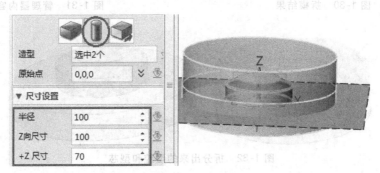

图 1-28　工件设置

★注意：工件的目的是约束型芯、型腔的大小和位置，设计不合理会影响后续的制作，工件的大小最好小于灰色分型面，即工件需处于灰色分型面内，以确保后续拆模的顺利进行。

★说明："Z 向尺寸"指工件的总长度，"+Z 尺寸"是指前面刚创建的灰色分型面之上的那部分高度。

15. 拆模

选择"模具"选项卡下的"拆模"命令，"工件"选择刚制作的圆形毛坯 S35，"分型"选中 32 个，在确保选中"创建型芯"和"创建型腔"复选框后按"√确定"退出，如图 1-29所示，这里暂时忽略"可选输入"的设置。确定后系统继续提示"创建型腔和型芯成功，并已析出到指定的部件"，按"继续"完成拆模操作，拆模结果如图 1-30 所示。

至此整个分模流程基本结束，单击 DA 工具栏上的"退出"命令，可以看到管理器中的内容并没有发生变化，如图 1-31 所示。如果要查看型腔或型芯，可以通过双击"风罩-分模

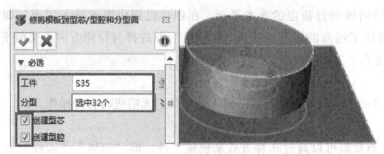

图 1-29　拆模设置

"_Cavity"或"风罩-分模_Core"进行查看，如图 1-32 所示。

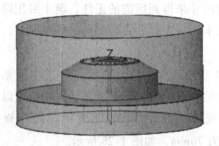

图 1-30　拆模结果

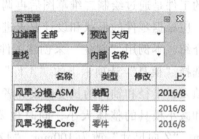

图 1-31　管理器内容

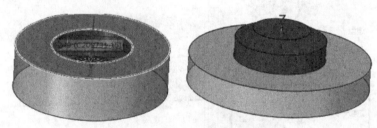

图 1-32　拆分出来的型腔和型芯

★注意："分型"框内零件的选取用鼠标框选所有零件较为方便。拆模的目的是创建型芯、型腔，并自动导入相应的资料卡中，方便后续的设计和加工。

★说明：当一个零件的模芯和模腔已经使用分离型芯/型腔分开，分型面已经使用创建分型面做好，并且做好模具的模坯料，就可以使用分割上下模的命令将零件分割成上下模，即拆模。在拆模过程中，必须输入"工件"，即要求选择模坯料，模坯的创建可以利用造型下的"拉伸"命令手动创建，也可以利用模具下的辅助工具中的"拉伸坯料"命令创建，这里直接利用先前创建的工件即可；"分型"即选择创建好的分型面。

在"可选输入"中"型芯"用于选择已经创建好的下模的特征；"型腔"用于选择已经创建好的上模的特征；如果勾选"保留合并后型芯修剪曲面"选项，则表示保存合并后型芯修剪曲面；"图层名称"用于输入一个图层名称，合并后型芯修剪曲面将保存在该图层，方便管理。

16. 保存文件

保存后可退出分模程序。

　　在这个学习任务中，主要是通过将一个电机风罩拆分出型腔和型芯的过程来学习项目的建立、产品零件的原点位置不在所要求的位置的处理方法，以及在拆模之前产品零件的预处理，如零件壁厚分析、脱模斜度分析等，以确保拆模过程的顺利进行。另外，任务中还介绍了区域分析、补孔方法、分型面创建、毛坯工件的建立等分模过程必须完成的重要步骤，最后通过拆模工具将电机风罩零件拆分为型腔和型芯（或称上模、下模）两个部分，以便进行后续的数控编程与数控加工。

任务二　电话面盖分模设计

任务描述

　　根据用户提供塑料产品的 stp 格式的三维数据以及塑料制品二维参考图，如图 1-33 所示，完成模具主要零件的设计任务。

　　后续模具结构设计要求如下。

　　1）模腔数：一模两腔，浇口痕迹小。

　　2）优先选用标准模架及相关标准件。

　　3）以满足塑件要求、保证质量和制件生产效率为前提条件，兼顾模具的制造工艺性及制造成本，充分考虑主要零件材料的选择对模具的使用寿命的影响。

　　4）保证模具使用时的操作安全，确保模具修理、维护方便。

　　5）选择注射机，模具应与注射机相匹配，保证安装方便、安全可靠。

学习重点

　　1. 巩固分模设计工具的使用及分模的流程。

　　2. 掌握产品零件预处理的内容及方法。

　　3. 掌握任务管理器的使用。

　　4. 掌握一模两腔的布局定义，了解一模多腔的布局定义、编辑。

　　5. 掌握手动补孔和曲面工具的使用。

任务分析

　　本任务的实施与上个任务相似，也是要对所给的零件进行认真的分析，这是保证模具设计成功的关键，然后创建合适的分型面，最后分离出型芯和型腔，其关键步骤如图 1-34 所示。容易看出分型面的创建是本任务的核心内容，对于内分型面而言都是一些简单的孔特征，一般采用分型造型补孔即能解决，而外分型并不是一个简单的平面，而是由多个不同高度的平面构成的阶梯状分型面，解决方案一：不进行分型面的任何处理，按分离时中望 3D 软件默认的分型线来创建自然分型面，这种方式简单明了。解决方案二：在分型面的非进胶

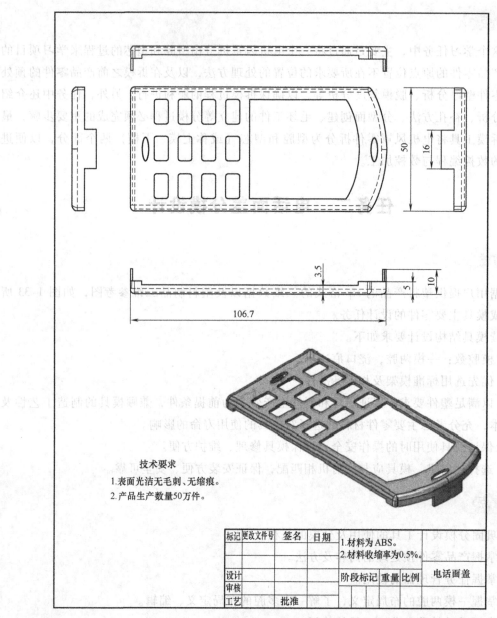

技术要求
1.表面光洁无毛刺、无缩痕。
2.产品生产数量50万件。

标记	更改文件号	签名	日期	1.材料为ABS。 2.材料收缩率为0.5%。	
设计					电话面盖
审核			阶段标记	重量	比例
工艺		批准			

图 1-33 塑料制品二维参考图

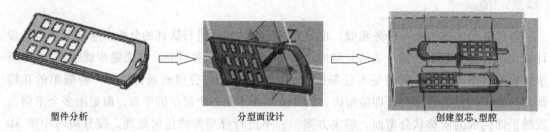

塑件分析　　　　　　　　分型面设计　　　　　　　创建型芯、型腔

图 1-34 关键步骤

处做枕位处理,它更有利于数控加工和模具闭合时的定位作用,本例将采用这种方式创建分型面。

另外,在产品分布时,除了采用一般的旋转或对称布局外,本例还可以尝试非旋转方式的并列布局,使分型面的构建更为简单。

任务实施

一、产品零件预处理

1. 导入零件

双击桌面"中望 3D 2021 教育版"打开中望 3D 软件,进入中望 3D 工作环境,选择"打开文件",将"文件类型"选择 STEP Files,在相应的目录路径如"D:\中望 3D 注塑模具设计基础\项目一 分型设计\任务二 电话面盖分模设计\练习素材"中找到"电话面盖.stp",确定打开,如图 1-35 所示,导入后的零件如图 1-36 所示。

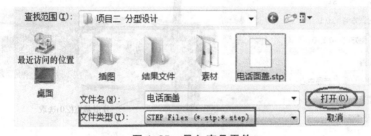

图 1-35 导入产品零件

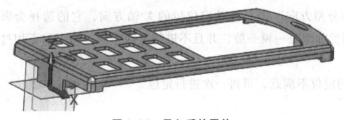

图 1-36 导入后的零件

2. 产品定位

导入素材零件后很明显可以看到,这个坐标原点不利于后续的分模设计,必须对零件的坐标原点进行重新定位,选择"模具"选项卡,弹出分模设计的主要工具栏。

"造型"选择要分模的整个电话面盖;"主分型方向"通过右击工作区的空白处,在弹出的快捷菜单中选择"面法向",这里"面"可以选取

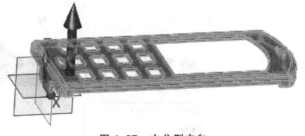

图 1-37 主分型方向

零件顶端的面板平面，"点"选择所选平面内的任意一点，结果如图 1-37 所示，图中的大箭头方向即为主分型方向，即开模方向；"侧分型方向"选择与开模方向垂直的一条边，这里可以选择图 1-38 所示的轮廓长边；"分型基点"选择图 1-39 所示的位置；"位置"采用默认的产品中心即可。

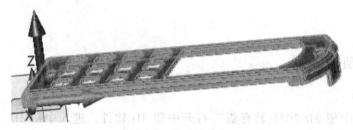

图 1-38　侧分型方向

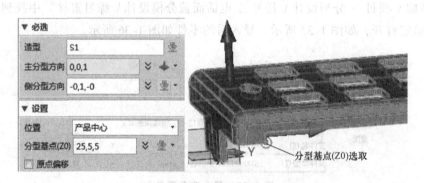

图 1-39　分型基点（Z0）选取

★注意："侧分型方向"即是产品定位后的 X 轴方向，它的选择会影响到后续零件的"布局"设置，当然如果是一模一腔，并且不进行零件布局，则可以不用过多考虑"侧分型方向"的选择。

如果对前面的定位不满意，可再一次进行定位。

3. 脱模分析

选择"模具"选项卡下的"脱模"命令，弹出"分析面"对话框，采用默认的"脱模检查显示"，"方向"选择"0，-0，1"，"角度"换成 0°或默认的 3°（对本例而言影响不大），如图 1-40 所示。分析结果是电话面盖为 3 种颜色，垂直面为"灰色"，外表面为绿

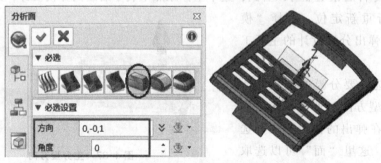

图 1-40　脱模分析

色，内表面为红色，没有出现红绿交叉等现象，属正常零件，可以继续往下设计。

结论：电话面盖垂直部分的高度都较小，不影响产品的脱模，在设计时稍加注意即可，另外在分型面设计时还可以合理考虑，优化模具结构，减小脱模阻力，避免脱模时所附加的变形。

★注意："方向"的选择可以通过右击鼠标，在弹出的快捷菜单中选取"Z轴"。

4. 厚度分析

选择"模具"选项卡下的"厚度"命令，弹出"厚度"分析对话框，"面"框内的数据可以用鼠标框选整个模型零件，将"检查结果"中的"最大值"改为"2"，其他选项暂时采用默认设置，单击"开始分析"，如图 1-41 所示，分析完成后将显示"完成厚度分析"，选择"继续"，单击"检查结果"下的"浏览厚度"，再将鼠标指针移到零件上即可动态显示产品的壁厚信息，其中的 T 即是壁厚，结果如图 1-42 所示。

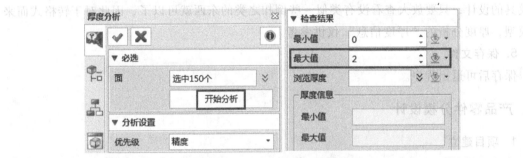

图 1-41 厚度分析选项设置

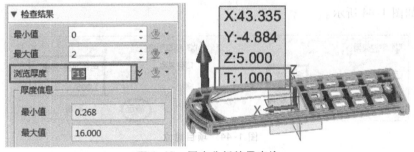

图 1-42 厚度分析结果查询

分析结果还可以从"厚度信息"下的"最小值/最大值"中查看，厚度信息显示"最小值"只有"0.268"，显然是不符合模具设计壁厚的基本要求。

缺陷分析：根据彩条的颜色来判断问题所在，如图 1-43 所示，图中的彩条在"1.0"处是红、绿交界点，厚度分析后的模型总体呈红色，这说明

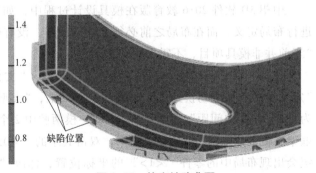

图 1-43 检查缺陷曲面

零件的壁厚总体是在"1.0"或在"1.0"以内。将模型放大后可以看到一些红、绿交错处，绿色表明厚度是在"1.0"以上，图中出现的小面积红、绿交错处就是缺陷处，这些小面积有可能是一些孤立的开放面，也可能是零件经过多次转化，原有的曲面受到一定的破坏。

缺陷处理：将个别曲面移除，查看零件内部是否有孤立曲面；使用"修复"选项卡下的"显示开放边"命令检查缺陷曲面；使用"修复"选项卡下的"缝合"命令将模型零件做缝合处理削除缺陷曲面；删除有缺陷的曲面，使用"曲面"选项卡下的各种曲面工具填补缺陷曲面。总之可以利用之前所学的知识解决曲面上的缺陷，但本例中的曲面缺陷是零件经过多次转化，原有的曲面受到一定的破坏而造成的，它不影响正常的分模过程，可以暂时继续往下设计。

★说明：中望 3D 软件有很强的修复模型功能，对于从其他软件转格式而来的模型上的一些非常细小的，甚至一般不会觉察到的破面用厚度检查功能就能检查出来，但不一定能影响模具的设计，只要放大查看没有类似一些倒扣之类的东西就可以了，因此对于转格式而来的模型，厚度分析的"厚度信息"仅供参考。

5. 保存文件

保存后可退出程序。

二、产品零件分模设计

1. 项目建立

选择"模具"选项卡下的"项目"命令，"型腔类型"根据任务书要求选择"多型腔"，"项目名称"填入"电话面盖-分模"，"缩水"按任务书给定的数值取 0.5% 即"1.005"，如图 1-44 所示。

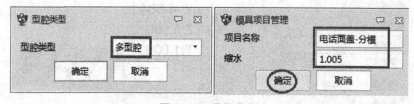

图 1-44　项目建立

2. 产品布局

中望 3D 软件 2016 教育版在模具设计过程中，如果是一模两腔或一模两腔以上，必须要进行布局定义，而在布局之前必须要建立项目，没有建立项目而进行产品布局，系统将提示"当前并非模具项目，不需要使用该命令"。

选择"模具"选项卡下的"布局"命令，"文件"和"部件"暂时不做选择，选择"定义布局"系统切换到"定义布局"对话框，"类型"为默认的"矩形"，"Y 向数目"改为"2"，"Y 向间距"改为"90"，即一模两腔中 2 个零件中心-中心在 Y 方向的距离，单击框架右侧的双箭号，展开"框架"，双击其中的"<0>"或"<1>"，这里选择"<1>"，系统会出现布局中的零件"<1>"的坐标位置，修改"Z 向角度"为"180"，勾选"对准中心"选项，其余设置采用默认值，如图 1-45 所示，完成布局定义返回上一界面继续操作。

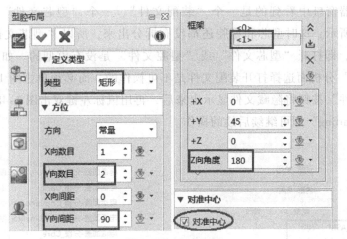

图 1-45　定义布局

"文件"填入的内容可以通过单击右侧的文件夹图标，查找需要分模的产品如"D：\中望 3D 注塑模具设计基础 \ 项目一 分型设计 \ 任务二 电话面盖分模设计 \ 练习素材"中找到刚保存的"电话面盖"文件并确定打开，单击"部件"中的电话面盖，"名称"栏会自动填入"电话面盖"。"基准"选择已布局好的 2 个布局坐标系，如图 1-46 所示，确定设置、勾选退出。

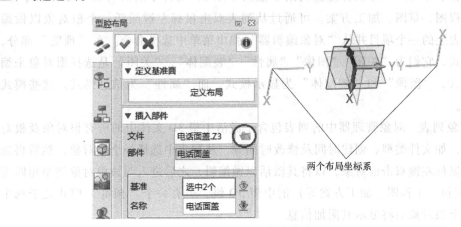

两个布局坐标系

图 1-46　定义基准面

★注意：在一模两腔模具设计中，是"X 向数目"为 2 还是"Y 向数目"为 2，要根据定位时"侧分型方向"的设定，即 X 轴的设定，本例中 X 轴方向设为电话面盖的长方向，所以可以在 Y 轴方向布局 2 个零件；而"Y 向间距"要根据产品零件短方向的最大轮廓尺寸来确定，还要考虑流道的分布。

★说明：中望 3D 软件支持多对象管理模式，在一个文件中可能有多个部件，但本例中的"电话面盖"文件不是多对象文件，在确认打开电话面盖文件后其部件也是电话面盖，并且处于默认选中状态，"名称"的输入是通过单击部件栏中的操作对象自动填入的。

如果产品已完成布局并保存后退出了中望 3D 软件，下一次再打开"电话面盖-分模"

文件时，在管理器窗口中看到的是一个"装配文件"、一个"型芯文件"、一个"型腔文件"，如图 1-47 所示，这时型芯和型腔还都没有拆分出来，所以"型芯文件"和"型腔文件"都是空文件，即打开"型芯文件"或"型腔文件"是没有模型的。如果要进行后续的操作，如"区域"分析而选择打开装配文件是不可操作的，而必须单击图 1-47 中"显示或隐藏未列出的零件"按钮将隐藏文件显示出来后，再用鼠标左键双击图 1-48 中的分模文件，即"电话面盖_Parting"即可继续后续的操作。

图 1-47 管理器

名称	类型	修改
电话面盖-分模_ASM	装配	
电话面盖-分模_Cavity	零件	
电话面盖-分模_Combine	装配	
电话面盖-分模_CombinePro	零件	
电话面盖-分模_Core	零件	
电话面盖-分模_Layout	装配	
电话面盖_Parting	零件	
电话面盖_Product	装配	
电话面盖_RegionDef	零件	
电话面盖_Shrink	零件	

图 1-48 显示隐藏文件

★延伸阅读：中望 3D 对象管理器列出了激活中望 3D 文件中的所有根对象，如零件、工程图包、工程图、草图、加工方案。可通过从列表双击鼠标左键激活一个根对象以做编辑，可右击列表上的一个项目并从"对象编辑器"弹出菜单中选择命令。在"预览"部分，有四种工作模式，它们为"关闭""图像""属性""装配体"，"关闭"是选择根对象来编辑时的默认模式，"图像"和"装配体"为显示模式，而"属性"为信息模式。这些模式详细讨论如下。

（1）根对象列表 对象管理器中的列表包含了激活中望 3D 文件中的所有根对象及根对象的一些信息，如文件类型、创建时间及修改时间等，从列表中选择一个根对象，然后再选择编辑选项或鼠标左键双击根对象，以将其激活以做编辑，之后进入与该根对象类型相匹配（零件、工程图包、工程图、加工方案等）的中望 3D 级，若有一个"预览"模式处于选中状态，选择一个根对象后将显示其附加信息。

（2）选择选项 "过滤器"位于管理器的顶部，使用此选项过滤根对象列表，仅显示选中类型的根对象；"查找"用于输入关键字，搜索符合条件的根对象；"选择所有"用于选中列表中的所有根对象；"取消选择"取消选中列表中的所有根对象。

（3）部分右键菜单选项 "编辑"激活选中的根对象以做编辑，将会进入该对象对应的中望 3D 级；"重命名"对选中根对象重新命名，在文本输入字段中输入一个新名称；"删除"删除根对象，每次删除都被记录为一次历史操作，可使用"快速访问工具栏"的"撤消"将其恢复，在"3D 配置"对话框中可设置最大允许撤消/重做的步骤数，值得注意的是若删除一个根对象，其内包含的所有实体（如几何图形、草图、属性等）也将被删除；"剪切"可剪切根对象，该命令是将剪切的根对象移至 3D 剪贴板，然后可使用"粘贴"命令，将其粘贴至任何激活的中望 3D 文件，直到粘贴后，剪切的根对象才会从激活文件中删除；"关联剪切"是将被选对象及其关联的工程图对象移至 3D 剪贴板；"输出"可输出根对象到其他的标准格式；"分离"可将一个拥有多对象的文件分离成独立的文件。

3. 区域分析

选择"模具"选项卡下的"区域"命令，在弹出的"型芯/型腔区域定义"对话框下，单击"计算"按钮，系统会自动选择模型零件"S1"填入"造型"之后的选项框，"方向"可以选择开模方向+Z，也可以不选取直接选择【√】确定，系统自动计算出的未定义面和本产品需要分配给型芯或型腔的面并标记颜色。

经系统自动计算后显示型腔数量为"13"，型芯数量为"21"，还有 116 个竖直面系统无法自行分配，需要用户根据产品的设计要求或使用要求进行归属。任务书要求表面光洁无毛刺，为此应将这 116 个面定义为型腔侧，具体操作是勾选"竖直面"复选框，再单击"设置为型腔"然后确定退出，如图 1-49 所示。

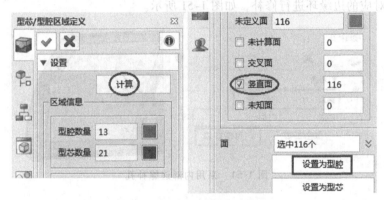

图 1-49 型芯/型腔区域定义

★注意：进行区域分析时，系统会将一个布局好的分模零件隐藏，只显示一个零件进行操作，以节约有限的设计区域，但对显示零件的操作内容，中望 3D 软件同样会对另一个隐藏的零件进行操作。

区域分析的最终结果要求"未计算面""交叉面""竖直面""未知面"必须全部为 0，即模型上的所有曲面都必须设置在型腔和型芯上。

★说明：竖直面设置为型腔时，模具的碰撞面处于电话面盖内表面，而设置为型芯时，模具的碰撞面处于电话面盖外表面，在塑件生产中如果出现毛边，这些毛边就会出现在外表面。

4. 补孔

继续选择"模具"选项卡下的"补孔"命令，在"类型"选项中将默认的"内部边缘"改为"分型造型"，并在"造型"列表框中用鼠标指针选择需要修补的产品模型，然后确定，如图 1-50 所示。

使用"补孔"命令虽然简单、高效、快捷，但它只能处理一些简单的孔，当模型的孔稍复杂一点时，采用"补孔"命令就很难有好效果甚至还补不上孔，这时就要通过其他方式来完成，如曲面中的各种工具，或采用"补孔"命令的"内部边缘"对所选择的面进行

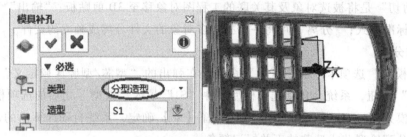

图 1-50　采用分型造型补孔

手动补孔，下面简单介绍"内部边缘"命令的使用。

在"模具"选项卡下选择"补孔"命令后，在"类型"选项中使用默认的"内部边缘"，选取"型芯/右边"选项，单击"边缘"框后就可以用鼠标指针依次选取边缘线，系统会自动寻找对应的边缘环进行修补，如图 1-51 所示。

图 1-51　采用内部边缘补孔

★思考：这里为什么要选择"型芯/右边"选项，用"型腔/左边"选项行吗？

★说明：如果在区域分析之前进行补孔操作，选择普通边缘时，次序可以随意，但是必须能构成封闭的环才可以进行修补。

"边缘"是用于选择需要修补孔的边，系统提供两种修补方案，即决定修补的面是属于型芯还是型腔。

5. 分离

选择"模具"选项卡下的"分离"命令，确认必选内容为"区域面"，"造型"选择整个产品模型，确认"设置"中的"创建分型边缘"复选框已勾选（表示特征分离后在开放的边界产生分型线，是系统的默认选项），其他选项内容按默认即可，如图 1-52 所示，完成后打勾确定，系统提示"共计 2 新创建的区域造型体"表示分离成功，按"继续"完成分离操作。

★思考：在必选项中本例能选择"分型线"来分离型芯和型腔吗？

★注意：分离后在模型的边缘有一圈绿色的曲线即是模型的外部分型线。

★说明："保留原始造型"表示特征分离后保留原来的产品特征，保留的产品原图会自动加入 moldpart_org 的图层中隐藏，这个选项可以选用也可以不选用；"创建内部分型线环"是将在被选造型的内部分型边缘位置产生分型线，这些内部分型线主要用于补孔，在本内容之前已经完成补孔操作，所以不必要选用；本例分模较简单，不需要选用"多区域强制分

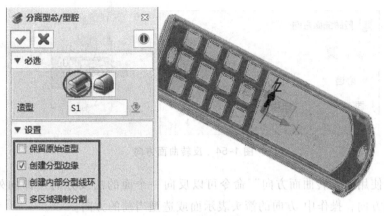

图 1-52　分离设置

割"处理。

6. 分型线设计

在"中望 3D 教育版"中，分型线在分离建立时已经创建，这里可以省略。

7. 分型面建立

选择"模具"选项卡下的"分型面"命令，选择第一个"从分型线创建分型面"选项，在"距离"框中保留默认值 60mm，其他内容暂不设置，如图 1-53 所示，确认操作继续后面的步骤。

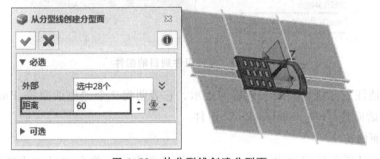

图 1-53　从分型线创建分型面

★说明："中望 3D 教育版"中，使用"从分型线创建分型面"十分简单和快捷，是软件的又一个亮点。在使用这种方法创建分型面时，"外部"中的内容是系统自动选取的，"距离"是分型面的大小，是指从分型线向外拉伸的距离，这个距离并非精确数值，而只是个大概值，在本例中取默认的"60"就够了，因为在布局时两个坐标的间距只有 90mm。

8. 反转曲面方向

在完成分型面的创建后，分型面的红色端朝向 +Z 方向，而灰色端朝下，如果不习惯这种显示方式，可以使用曲面工具进行修改。选择"曲面"选项卡下的"反转曲面方向"命令，在"面"框中选择刚创建的分型面，如图 1-54 所示，确认后继续后面的步骤。

★说明："反转曲面方向"命令在这里仅仅是用于修改面（即曲面）的显示，对分模设

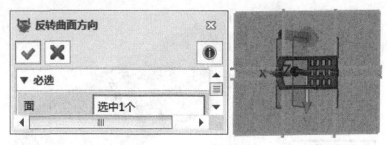

图 1-54 反转曲面方向

计没有影响，使用"反转曲面方向"命令可以反向一个面的法线方向（即向外）或改变一个或多个面的方向，操作中 方向的箭头表示面或造型当前的方向。

9. 合并

选择"模具"选项卡下的"合并"命令，系统会显示另一个隐藏的分模零件，在"组件"中选择 2 个刚创建的分型面，如图 1-55 所示，确认操作后继续后面的步骤。

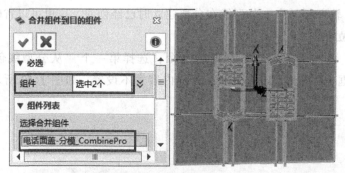

图 1-55 合并组件到目的组件

★注意：请注意"组件列表"内容的提示，它表明将 2 个"电话面盖_Product"组件合并为一个"电话面盖-分模_CombinePro"组件。

10. 分型面修剪

单击 DA 工具栏上的"退出"命令，返回管理器窗口，单击"显示或隐藏未列出的零件"将隐藏文件显示出来后，再用鼠标左键双击图 1-56 中的先前合并的组件，即"电话面盖-分模 _CombinePro"组件，返回模具设计工作区域。

★思考：为什么要先退出前面的任务，再打开"电话面盖-分模_CombinePro"组件？

选择"曲面"选项卡下的"曲面修剪"命令，在"面"选项中选择其中的一个分型面，"修剪体"选择 XZ 基准面，并注意箭头方向，如果箭头方向不正确，可以通过勾选"保留相反侧"进行转换，如图 1-57 所示，其余选项采用默认即可。

同样对另一个分型面进行修剪，结果如图 1-58

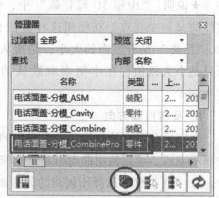

图 1-56 打开电话面盖-
分模_CombinePro 组件

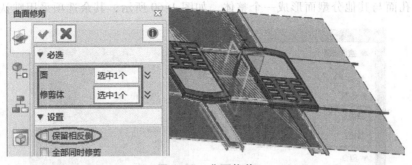

图 1-57 曲面修剪

所示。

★注意：在选择修剪体时，可通过"属性过滤器"来选择 XZ 基准面，如将过滤器设为"面/基准面"以方便选择。

★延伸阅读："曲面修剪"命令用于修剪面或造型与其他面、造型和基准平面相交的部分，修剪的对象可以是自己与自己相交，

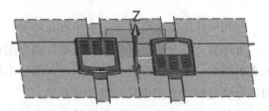

图 1-58 曲面修剪后的效果

该命令也可以用于修剪一个实体，但获得的结果是一个开放的造型。其可选输入说明如下。

1）"保留相反侧"是通过箭头指示要保留的一侧，勾选此框来翻转剪头，保留另外一侧。

2）"全部同时修剪"使用此选项，指定修剪操作是连续执行（按顺序）还是同时执行，此选项对一些自相交的面会产生不同的效果。

3）"延伸修剪面"选中此框自动地延伸修剪面，跨越要修剪的造型（如果可能）。

4）"保留修剪面"选中此框保留用于修剪的面（如修剪面）。

5）"公差"设置局部公差，该公差仅对当前命令有效，命令结束后，后续建模仍然使用全局公差。

11. 修补分型面

交错面经过修剪后在竖直方向会出现一些孔洞，如图 1-59 所示，这个小孔虽然不影响后续的拆模，但最好还是使用强大的曲面工具将它补上。

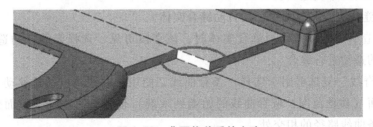

图 1-59 曲面修剪后的小孔

选择"曲面"选项卡下的"直纹曲面"命令，在出现的选项中"路径 1"选择小方孔的一条短边，"路径 2"选择小方孔的另一条短边，可以通过勾选"缝合实体"复选框，将

填补上的小孔面与其他分型面形成一个整体，如图 1-60 所示，其余选项采用默认即可。

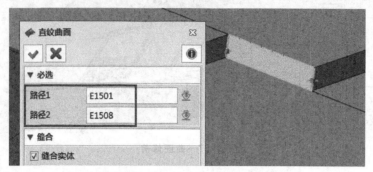

图 1-60　用直纹曲面修补后的小孔

使用同样的方法将另外一个小方孔填补，完成分型面的修补。

★注意：在分模过程中，模型零件或分型面上的一些小孔对中望 3D 软件而言并不会有太大的影响，强大的分模功能照样可以拆分出型腔和型芯，但一般而言，已经发现的一些破面或分模过程产生的小孔应该及时补上。

另外还应该注意，在选取路径 1 和路径 2 时，选取点应该尽量在小方孔中心线的一侧，如果选取的点是在小方孔中心线两侧，就可能出现图 1-61 所示的情况，只要重新选择点的位置即可。

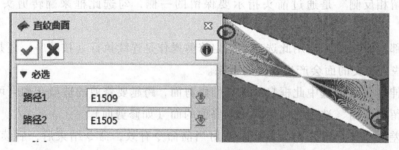

图 1-61　用直纹曲面修补后的小方孔

★延伸阅读：使用"直纹曲面"命令是根据两条曲线路径间的线性横截面创建一个直纹曲面，必选输入包括两条路径曲线，可选输入包括使用脊线并在需要时赋予特征一个唯一名称。可选输入的几个复选项说明如下。

a. 勾选"缝合实体"复选框，则自动缝合实体。

b. 勾选"造型"复选框仅当缝合实体时，该字段可见，选择要缝合的造型，若为空，则默认对所有的造型进行缝合。

c. 勾选"脊线"复选框用于选择一条脊曲线，使用脊曲线，可通过移动一个与中心线垂直的无限平面（移动范围：从脊曲线的始端到末端）创建该直纹面，该面仅在无限平面与脊曲线和两条曲线路径的相交处。

d. 勾选"保留曲线"复选框，保留上述必选输入选择的曲线，否则该曲线将删除。

e. 勾选"公差"复选框用于设置局部公差，该公差仅对当前命令有效，命令结束后，后续建模仍然使用全局公差。

12. 分型面枕位创建（选择）

分型面枕位创建的目的是减少或简化型芯、型腔的加工工序，也可以起到一定的定位作用。

（1）绘制草图 选择"造型"选项卡下的插入"草图"命令，在出现的选项框中"平面"选取 XY 基准面，确定。在草绘平面中，使用"绘图"命令，在距离枕位 10mm 或 15mm 的地方作一条垂直穿过枕位的一条直线（枕位线），如图 1-62 所示，完成后退出草绘。

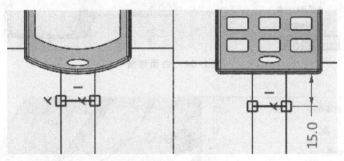

图 1-62 绘制草图

（2）拉伸草图 选择"造型"选项卡下的"拉伸"命令，"轮廓 P"选用刚绘制的草图，"拉伸类型"为 2 边，"起始点 S"为 0，"结束点 E"只要大于枕位高度 5mm 即可，"布尔运算"选择"加运算"，"脱模斜度"−5°，其他参数采用默认设置，如图 1-63 所示，完成后退出拉伸。

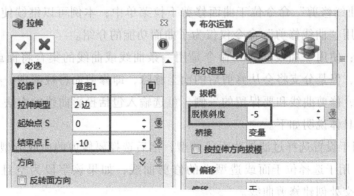

图 1-63 拉伸草图

（3）曲面修剪 选择"曲面"选项卡下的"曲面修剪"命令，"面"选择枕位的 6 个外表面，"修剪体"选择刚制作的面，其他参数采用默认设置，如图 1-64 所示，完成后确定修剪。

★注意：在选择修剪体时，可通过"属性过滤器"来选择 6 个外表面和刚拉伸的面。

（4）曲线修剪 选择"曲面"选项卡下的"曲线修剪"命令，"面"选择前面刚拉伸的 2 个面，"曲线"选择枕位与拉伸面相交的所有曲线，"保留面"为曲线内的拉伸面中随意一点，如图 1-65 所示，其余选项按默认即可，完成后确定修剪。

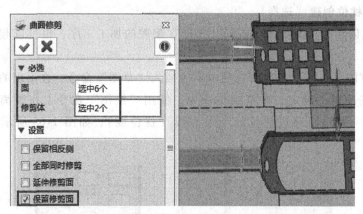

图 1-64　曲面修剪

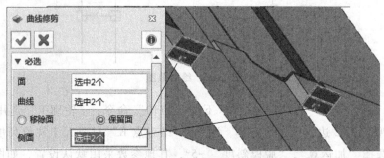

图 1-65　曲线修剪

★注意："曲线修剪"命令位于曲面修剪下拉菜单中；本例可以继续使用"曲面修剪"命令来完成，使用"曲线修剪"命令仅仅为了曲面功能的介绍。

★延伸阅读：使用"曲线修剪"命令是用一条曲线或曲线的集合将面或造型修剪，曲线可以互相交叉，但是分支将会从修剪后的面上移除，即修剪面将被清理。必选输入包括要修剪的面或造型，修剪曲线和要保留的一侧。可选输入包括投影曲线的方法、自动保留相关网格面的选项。具体说明如下。

1）"面"用于设置选择过滤器为面或造型，然后选择要修剪的面或造型。

2）"曲线"用于选择位于面或造型上的修剪曲线，如果该字段为空且所选的面相交，系统会自动在相交处创建修剪曲线。

3）"侧面"在每个要保留的侧面上，选择一个点。

4）"投影"用于控制修剪曲线投射在目标面的方法，当命令完成时，此选项总是默认设定回"不动（无）"。其中的"不动（无）"是指没有投影，曲线必须位于要修剪的面上；"曲面法向"是指曲线在要修剪的面的法向上投射；"单向"用于指定投射方向，可以在图形窗口中右键单击鼠标，在弹出菜单中选择方向输入选项；"双向"是允许在所选的投影轴的正负方向同时进行投射，如果修剪曲线与要修剪的面有交叉，该选项可以简化此修剪过程。

5）"方向"与上面的投影选项一起使用，用于选择一个不同的投射方向。

6)"修剪到万格盘"当选择此框时，所选的每个保留区域将自动选择相应的网格区域，否则修剪后只保留那些选择的区域。

7)"延伸曲线到边界"是尽可能地将修剪曲线自动延伸至要修剪的曲面集合的边界上，延伸是线性的，且开始于修剪曲线的端部，如果上文的投射方法设置为"不动（无）"，选择此框，它将被重置为曲面法向，这有助于避免可能的曲线延伸问题。

8)"保留曲线"指保留上述必选输入选择的修剪曲线，否则该曲线将删除。

9)"公差"设置局部公差，该公差仅对当前命令有效，命令结束后，后续建模仍然使用全局公差。

（5）扫掠曲面 选择"造型"选项卡下的"扫掠"命令，"轮廓P1"选择"E1533"，"路径P2"选择"E1534"，"布尔运算"为"加运算"，其他参数采用默认设置，如图1-66所示，完成后确定扫掠结果。

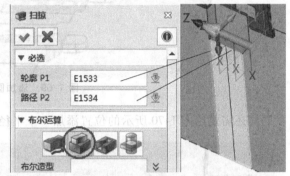

图 1-66 扫掠曲面

重复前面操作的绘制草图、拉伸草图、曲面修剪、曲线修剪、扫掠曲面步骤，完成后的枕位效果如图1-67所示。

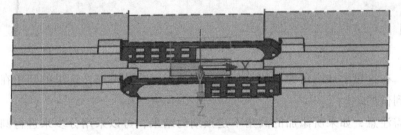

图 1-67 完成后的枕位效果

（6）合并面 选择"曲面"选项卡下的"合并面"命令，"面"选择处于同一个平面上的6个面，如图1-68所示，完成后确定合并结果。重复合并面步骤，将另外6个面也进行合并。

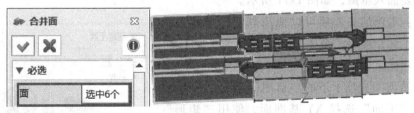

图 1-68 合并面

★说明：使用"合并面"命令是将拥有公共边界的面合并成一个连续的面，这些面不一定属于同一个造型，两个面的边线分界线必须在几何公差范围内，这个值可以通过"零件设置"对话框或"设定特征公差"命令来确定，合并后的面可以不断与其他面再次合并。

如果进行了合并面操作，可使用：查询（下拉列表）—面—"控制多边形"命令来检查最终结果是否正确，有时得到的结果并不是所需要的，通常情况下，可以合并两个共线的平面或同心的圆柱面，合并一个平面和一个曲面可能达不到预期效果。

（7）添加圆角 选择"造型"选项卡下的"圆角"命令，"边 E"选择枕位上的 8 条边，"半径 R"设为"5"，其他参数采用默认设置，如图 1-69 所示，完成后确定圆角添加。

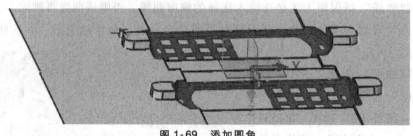

图 1-69 添加圆角

同样还需要给图 1-70 所示的位置添加 4 个半径为 3mm 的圆角。

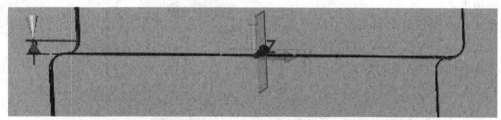

图 1-70 添加 4 个圆角

★注意：在这里添加圆角的目的是基于数控加工工艺的考虑，这里的圆角在数控加工时是无法铣削到位的。

另外还需注意，如果所添加的圆角不是预期的结果，可以采用分步来进行圆角操作；如果无法进行圆角操作，可尝试先缝合后圆角。

13. 工件

选择"模具"选项卡下的"工件"命令，在出现的对话框中将必选项由默认改为"草图"，"造型"框中的内容中望 3D 软件会自动选取，并且鼠标指针也自动停在"草图"框中，提示需要插入草图，如图 1-71 所示。

★注意：本例的必选项可以使用默认的"箱体"命令来创建工件，使用"草图"命令仅仅为了介绍如何使用草图功能来创建工件。

选择"造型"选项卡下的"草图"命令，在出现的对话框中"平面"选择 XY 基准面，使用"矩形"命令绘制一个 180mm×210mm 的矩形，如图 1-72 所示，完成后确定草绘结果，系统返回"创建工件"对话框，并自动选取刚绘制的草图，填入工件总高度即"Z 向尺寸"，如 80mm，再填入分型面之上的毛坯高

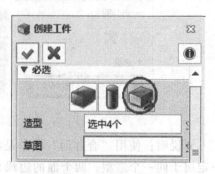

图 1-71 选择草图选项

度（型腔毛坯高度），即"+Z尺寸"如50mm，如图1-73所示。

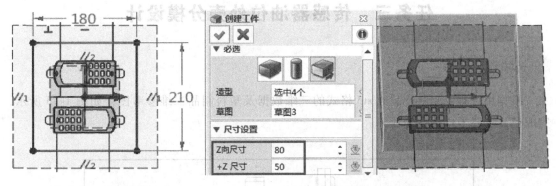

图 1-72　绘制草图　　　　　　　　　图 1-73　创建工件

★说明：工件的尺寸应考虑模架的尺寸，工件的高度应考虑冷却水路的分布及整个模具的结构进行综合选取，这里只进行分模设计，暂不考虑这些因素。但必须在满足使用要求的情况下尽量减小体积，以节约材料和减小模具的整体尺寸。

14. 拆模

选择"模具"选项卡下的"拆模"命令，"工件"选择刚制作的长方体，"分型"用鼠标左键框选整个零件，检查是否勾选"创建型芯"和"创建型腔"复选框，如图1-74所示，完成后确定操作。这时如果前面的操作步骤都正确，系统会提示型腔和型芯已成功析出。

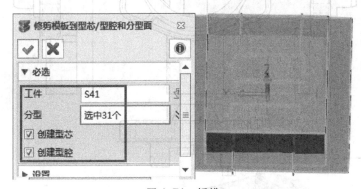

图 1-74　拆模

15. 保存文件

保存后可退出程序。

学习小结

本任务在复习分模流程的基础上，结合介绍了"造型"选项卡和"曲面"选项卡下的一些常用命令的使用，明确分模过程除了使用分模流程上的工具外，还可以使用其他一切可以使用的工具，并且分模流程也不是固定不可改变的，设计过程应明确逻辑关系，明白设计的机理，理解软件的"工具"作用。

任务三　传感器油位外壳分模设计

　　根据用户提供塑料产品的 stp 格式的三维数据及塑料制品二维参考图，如图 1-75 所示，完成模具主要零件的设计任务。

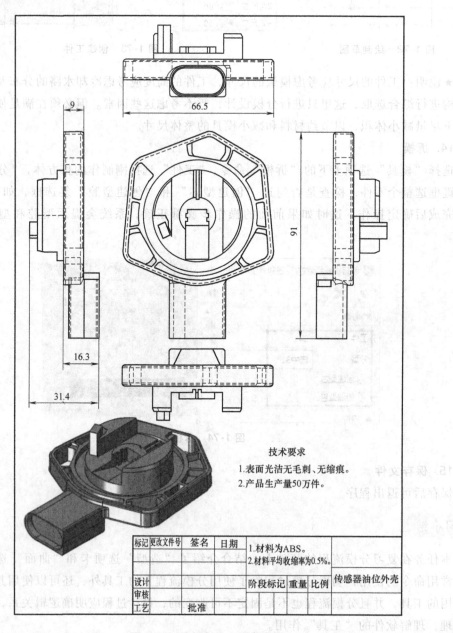

技术要求

1.表面光洁无毛刺、无缩痕。

2.产品生产量50万件。

标记	更改文件号	签名	日期	1.材料为ABS。		
				2.材料平均收缩率为0.5%。		
设计				阶段标记	重量	比例	传感器油位外壳
审核						
工艺		批准				

图 1-75　塑料制品二维参考图

后续模具结构设计要求如下。

1）模腔数：一模四腔，浇口痕迹小。

2）优先选用标准模架及相关标准件。

3）以满足塑件要求、保证质量和制件生产效率为前提条件，兼顾模具的制造工艺性及制造成本，充分考虑主要零件材料的选择对模具的使用寿命的影响。

4）保证模具使用时的操作安全，确保模具修理、维护方便。

5）选择注射机，模具应与注射机相匹配，保证安装方便、安全可靠。

学习重点

1. 熟练掌握分模设计工具的使用，知道分模的一般过程。

2. 掌握产品零件的编辑及修复方法。

3. 掌握一模四腔的布局定义和侧向抽芯零件的创建。

4. 掌握型芯零件、型腔零件及侧向抽芯零件的输出。

任务分析

本任务要求一模四腔设计，在布局时首先应该考虑侧向抽芯零件的方向，这是保证模具设计总体结构合理的关键，其次应该在认真分析模型零件的基础上，合理设计分型面。在本例中分型面也不是在一个平面上，可能需要对零件上的一些面进行适当的分割才能处理，再决定分割面的归属，这个过程应该注意脱模的后续设计中的顶出等。

任务实施

一、产品零件预处理

1. 导入零件

双击桌面"中望 3D 2021 教育版"打开中望 3D 软件，进入中望 3D 工作环境，选择"打开文件"，将"文件类型"选择 STEP Files，在相应的目录路径如"D:\中望 3D 注塑模具设计基础\项目一 分型设计\任务三 传感器油位外壳分模设计"中找到"传感器油位外壳.stp"，确定打开，导入后的零件如图 1-76 所示。

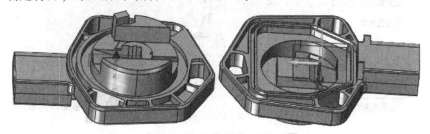

图 1-76 传感器油位外壳产品图

2. 产品定位

导入素材零件后，必须对零件的坐标原点进行重新设定，选择"模具"选项卡，在弹出的分模设计工具栏中选择"定位"命令。

"造型"选择要分模的整个零件;"主分型方向"通过右击工作区的空白处,在弹出的菜单中选择"面法向",接着在"面"框中选取零件顶端的面板平面,"点"选择所选平面内的任意一点,如图 1-77 所示,图中的大箭头方向即为主分型方向,即开模方向。

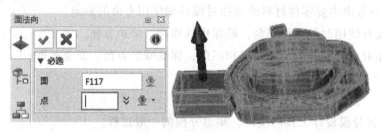

图 1-77 主分型方向

"侧分型方向"选择与开模方向垂直的一条边,这里选择图 1-78 所示的轮廓边;"侧分型方向"即是产品定位后的 X 轴方向,它的选择会影响到后续零件的"布局"设置。

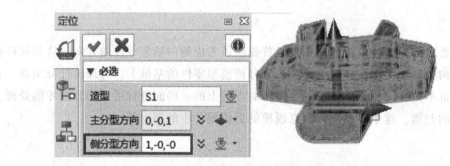

图 1-78 侧分型方向

"分型基点(Z0)"用于选择产品模型上某一点来定位产品中心点所在的高度,即 XY 平面的高度,默认为产品中心点的高度。将鼠标移到图 1-79 所示的位置,系统会自动捕捉到一点作为分型基点(Z0);"位置"采用默认的产品中心,完成这些操作后确认并退出定位。

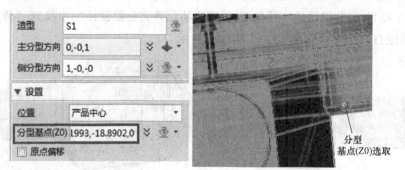

图 1-79 分型基点(Z0)选取

★注意:不同版本的中望 3D 软件,图中箭头的颜色可能有所不同。另外,分型基点(Z0)必须处于零件轮廓最大处。

3. 脱模分析

选择"模具"选项卡下的"脱模"命令，弹出"分析面"对话框，仍然采用最直观的"脱模检查显示"，"方向"选择 Z 轴即开模方向，"角度"换成 0°，如图 1-80 所示。分析结果是产品模型为 3 种颜色，垂直面为灰色，外表面为绿色，内表面为红色，没有出现红绿交叉等现象，属正常零件，可以继续往下设计。

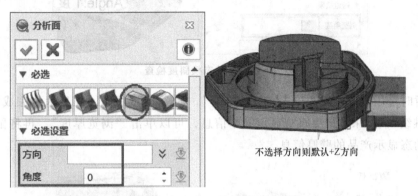

不选择方向则默认+Z方向

图 1-80 角度为 0°的脱模斜度检查

★注意：当"方向"不进行选择时，系统会默认 Z 轴，当"方向"选择−Z 轴时，图中红绿显示也对调。

本例还可以做进一步的检查，如保留其他选项不变，将"角度"由 0°改为 1°，多出了蓝色和玫红色，表明存在+1°以上（含+1°）的脱模斜度和存在−1°以下（含−1°）的脱模斜度，即该模型有一定的脱模斜度，如图 1-81 所示。

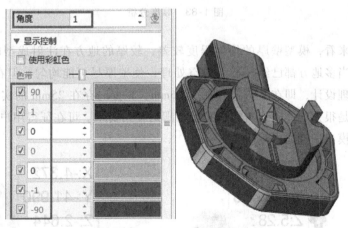

图 1-81 角度为 1°的脱模斜度检查

如果希望动态检测模型的脱模斜度，可以用鼠标单击"浏览角度"框，然后将鼠标放在模型上即可显示所放置点的脱模斜度，如图 1-82 所示。

4. 厚度分析

（1）厚度分析 选择"模具"选项卡下的"厚度"命令，弹出"厚度"分析对话框，"面"框内的数据可以用鼠标框选整个模型，将"检查结果"中的"最大值"改为"3"，

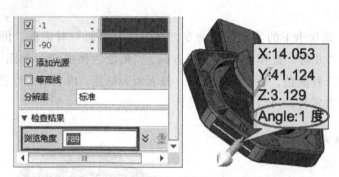

图 1-82　动态模斜度检查

其他选项暂时采用默认设置，单击"开始分析"，如图 1-83 所示，在显示"完成厚度分析"后选择"继续"。如果希望更直观显示壁厚信息，可以单击"浏览厚度"，再将鼠标移到零件上即可动态显示产品的壁厚信息。

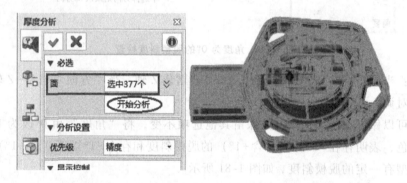

图 1-83　厚度分析

从分析结果来看，模型壁厚的均匀程度较差，较厚的地方在注射成型时可能会出现缩痕，在模型上相当多地方都已经进行了掏空处理，使壁厚尽可能均匀。但在图 1-84 所示处存在明显的不合理设计，即在 Z 方向存在 13.6mm、Y 方向存在 25mm 的实心塑料，这在注射成型时的收缩是很大的，既浪费塑料又很难满足使用要求。可在征得用户方同意，不影响使用的情况下对模型进行适当修改。

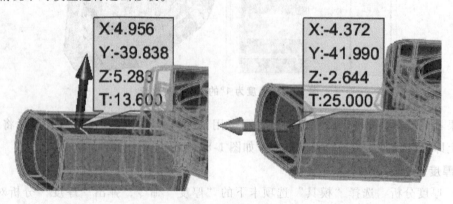

图 1-84　厚度显示

（2）面偏移　选择"造型"选项卡下的"面偏移"命令，弹出"面偏移"对话框，选择"常量"，"面 F"框内用鼠标点取需要偏移的曲面，将"偏移 T"中的值设置为"−20"，其他选项暂时采用默认设置，如图 1-85 所示，确认后该曲面向内侧偏移 20mm。

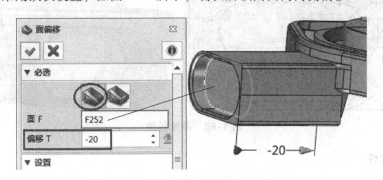

图 1-85　面偏移

★延伸阅读："面偏移"命令用来偏移一个或多个外壳面，壳体可以是一个开放或封闭的实体，必选输入包括要偏移的面和偏移的距离。其中"面 F"是用于选择要偏移的面；"偏移 T"用于指定偏移距离，负值表示向内部偏移，正值表示向外部偏移。

设置内容有侧面、延伸和相交三个方面。

1）侧面选项用来确定如何创建侧面（如果有），用于重新连接偏移面和原实体。

①"不创建"是将边分开且面被偏移，结果是一个不连接的面或实体。

②"创建"能将所有边界边重新计算，需要则创建侧面。

③"强制创建"是在任何情况下都会创建侧面，不会重新计算边界边，类似"不创建"选项，不同的是间隙会由新的侧面来填充。

2）延伸选项用于控制偏移面的路径，选项类似于"偏移三维曲线"命令。

①"线性"是延伸时沿一条线性路径，即延伸从端点开始一直沿着切线方向，但是曲率不匹配，这会造成视觉上的不连续。

②"圆形"是在延伸时将沿着曲率方向形成一个圆形轨迹，这种类型的优点是前后曲率匹配，但是延伸过长将会沿着切线反方向折返回来，如果想延伸到其他曲线或曲面，这种方法是不可行的。

③"反射"是在延伸时沿着与曲率方向相反的反射路径，类似于"偏移三维曲线"命令。

④"曲率递减"它兼具了线性和圆弧延伸的优点，在起始处保持曲率匹配，但是随着曲率的逐渐减小，延伸将会变为线性，逐渐远离原来的曲线或曲面。

3）相交选项用来删除自相交的面。"不移除"即忽略自相交的面；"全部移除"用于移除自相交部分。

★注意：如果凹/凸角的偏移距离等于或大于圆角的半径，则该命令可能无法成功执行。

（3）草绘拉伸　经过面的偏移处理后，部分壁厚已满足模具设计要求，但仍有部分壁厚较厚，可继续做一些简单处理。选择"造型"选项卡下的"草图"命令，"草绘平面"选择刚偏移后的平面，确定后进入草绘环境，然后再选择"拉伸"命令，将"布尔运算"

设置为"减运算",拉伸深度为 3mm,确认后结果如图 1-86 所示。

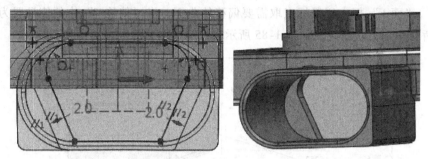

图 1-86   草绘拉伸

5. 保存文件

二、产品零件分模设计

1. 项目建立

选择"模具"选项卡下的"项目"命令,"项目类型"根据任务书要求选择"多型腔","项目名称"填入"油位外壳-分模","缩水"按任务书给定的数值取 0.5%即"1.005"。

2. 产品布局

在模具设计过程中,如果一模两腔或一模两腔以上,必须要进行布局定义,而在布局之前必须要建立项目,没有建立项目而进行产品布局,系统将提示"当前并非模具项目,不需要使用该命令"。

选择"模具"选项卡下的"布局"命令,选择"定义布局"进入"型腔布局"对话框,"类型"为默认的"矩形","Y 向数目"改为"2","X 向间距"改为"120","Y 向间距"改为"140"。单击框架右侧的双箭号,展开"框架",双击其中的"<1>",系统会出现布局中的零件"<1>"的坐标位置,修改"Z 向角度"为"180",再选取"<3>",将它的"Z 向角度"修改为"180",勾选"对准中心"选项,其余设置采用默认值,如图 1-87所示,完成布局定义返回上一界面继续操作。

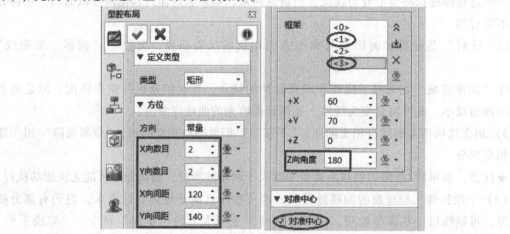

图 1-87   定义布局

★注意：这里是将"+Y"框中值为"70"的2个坐标系进行旋转，将模型中包含侧向抽芯的一端朝向外侧。如果之前的"侧分型方向"设定的方式与本教程不同，可能需要旋转的坐标系也不同。

★思考：能否将<0>和<2>两个对象进行坐标系的旋转？

单击"文件"右侧的文件夹图标，查找需要分模的产品如"D:\ 练习文件 \ 项目一 \ 任务三 传感器油位外壳分模设计"中找到刚保存的"传感器油位外壳"文件并确定打开，单击"部件"中的传感器油位外壳，在"名称"栏会自动填入"传感器油位外壳"。"基准"选择已布局好的4个布局坐标系，如图1-88所示，确定设置、勾选退出。

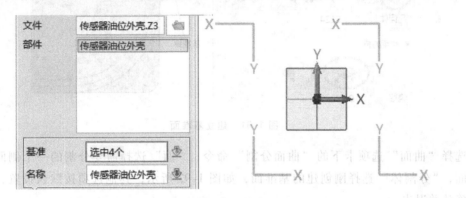

图 1-88 定义基准面

一模四腔经过前面的布局后，"X向数目"和"Y向数目"都为"2"，最后结果如图1-89所示。

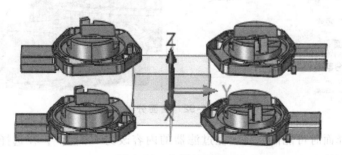

图 1-89 布局效果图

3. 区域分析

（1）区域初步分析 选择"模具"选项卡下的"区域"命令，系统会自动隐藏其余3个零件，并弹出"型芯/型腔区域定义"框。单击"计算"按钮，"方向"可以选择开模方向+Z并确定操作，系统自动计算出未定义面和本产品需要分配给型芯或型腔的面并标记颜色。从分析结果明显看出，图1-90中的画圈处曲面需要进行分割处理，选择X退出分析。

（2）曲面分割 选择"造型"选项

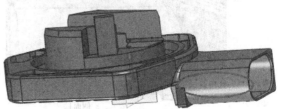

图 1-90 区域分析

卡下的"基准面"命令，在必选项中选择"平面"，在页面方向中选择"对齐到几何坐标的 XY 面"，单击"几何体"列表框，然后选择图 1-91 所示位置的一个点新建 XY 基准面，完成操作后确认并退出。

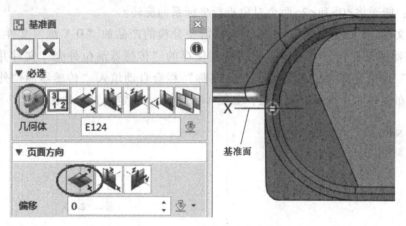

图 1-91　建立基准面

选择"曲面"选项卡下的"曲面分割"命令，"面"选择需要分割的一个侧面和一个竖直面，"分割体"选择刚创建的基准面，如图 1-92 所示，其他选项按默认设置，完成操作后确认并退出。

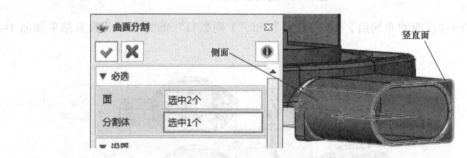

图 1-92　曲面分割

★注意：选择面时可能需要将属性过滤器的内容改为"曲面"；在选择分割体时，再一次修改属性过滤器的内容为"面/基准面"。

再一次对曲面进行分割。选择"曲面"选项卡下的"曲面分割"命令，"面"选择需要分割的圆角面、侧面 1 和侧面 2（"分割体"选择 XY 基准面），如图 1-93 所示，其他选

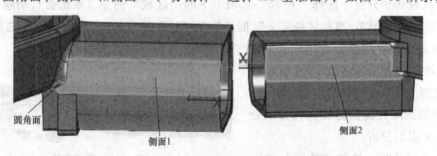

图 1-93　再次曲面分割

项按默认设置，完成操作后确认并退出。

（3）创建分割体 选择"造型"选项卡下的"草图"命令，草绘"平面"选择 YZ 基准面，确定后进入草绘环境。选择"参考"命令，必选项为"曲线"即选取曲线为参考线，单击"曲线/面"列表框后选取刚刚分割的交界线为参考线，如图 1-94 所示。

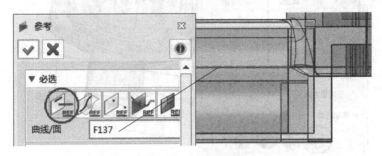

图 1-94 创建分割体

继续上面步骤，选择"绘图"命令绘制图 1-95 所示的草图，完成操作后确认并退出草图环境。

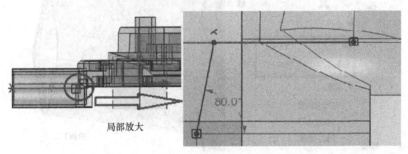

局部放大

图 1-95 绘制草图

★注意：如果需要直接利用参考线，可以用鼠标右键单击参考线，在出现的快捷菜单中选择"解除参考"，再一次右键单击该曲线，在出现的快捷菜单中选择"切换类型（构造型/实体型）"，就可以将参考线转变为实体线。

选择"造型"选项卡下的"拉伸"命令，"轮廓 P"选择刚绘制的草图，"拉伸类型"为"2 边"，拉伸的起点和终点只要 2 边都超出模型即可，"布尔运算"选择"基体"，如图 1-96 所示，完成操作后确认并退出拉伸。

★注意：由于该草图较小，且草图所在的位置不好选取，因此"轮廓 P"的选取可以将属性过滤器设置为草图，然后再用鼠标框选。

★思考：这里"布尔运算"能否选择"加运算"？

（4）继续分割曲面 选择"曲面"选项卡下的"曲面分割"命令，"面"选择前面分割的条形小曲面 1 和其对称方向上的另一个长条形小曲面，"分割体"选择刚通过拉伸创建的曲面，如图 1-97 所示，其他选项按默认设置，完成操作后确认并退出。

（5）删除多余面 至此曲面分割处理完毕，通过拉伸创建的面体不再需要，选择拉伸面体右键鼠标，在出现的快捷菜单中选择"删除"，同样，也可以删除创建的参考平面。

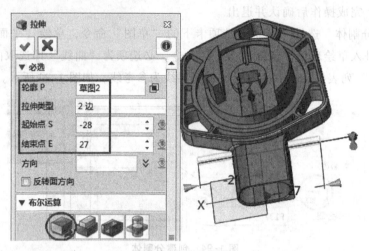

图 1-96 拉伸类型

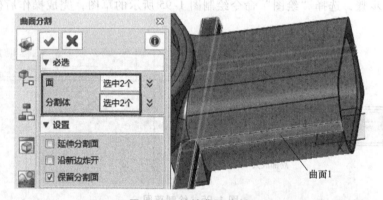

图 1-97 继续曲面分割

（6）合并面 选择"曲面"选项卡下的"合并面"命令，"面"选择几何体上连续且相切的 3 个圆柱面，如图 1-98 所示，其他选项按默认设置，完成操作后确认并退出。

图 1-98 合并面

★说明：这些曲面未必都要合并，但合并后可以减少曲面的数量，对将来的数控加工可以节省刀具路径计算时间，并且外观上也会更好看一些。

（7）区域分析 选择"模具"选项卡下的"区域"命令，单击"计算"按钮，直接确定操作，系统自动计算出"交叉面"为"2"，"竖直面"为"23"，"未知面"为"19"，如图 1-99 所示,这些面都必须有所归属。

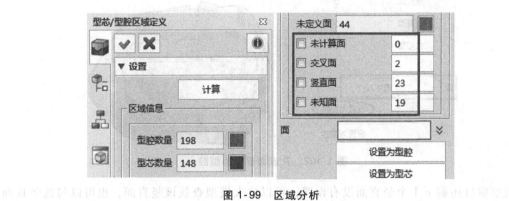

图 1-99 区域分析

勾选"交叉面"前面的复选框,系统会自动选取这 2 个交叉面,旋转模型查看这 2 个交叉面的位置,如图 1-100 所示,显然这 2 个面应该属于型芯,单击"设置为型芯",交叉面的数量应该变为 0。

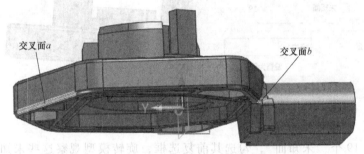

图 1-100 交叉面

(8)修改面属性 认真观察模型可以看到,由前面通过拉伸面体而分割出来的 2 个小曲面,系统自动将它们设置为型腔,从脱模的角度来考虑这样做是合理的,但是从分型面设计的角度考虑又不是很合理,还是将它们作为型芯处理。选取这 2 个小曲面,如图 1-101 所示,单击"设置为型芯"。

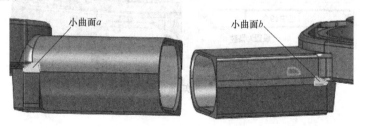

图 1-101 小曲面设置为型芯

★注意:选取小曲面时,可能要事先将过滤器列表框改为"面",如果前面操作中没有单击。

逐个选取图 1-102 中三个孔的 22 个内表面,并将它们设置为型腔,注意曲面数量的变化。

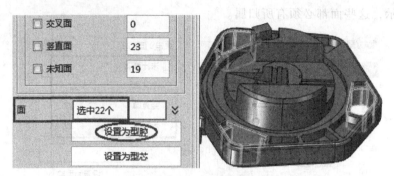

图 1-102　孔表面设置为型腔

观察窗口还剩下 1 个竖直面没有设置，可以放大模型查找该竖直面，也可以勾选竖直面前面的复选框，如图 1-103 所示，该竖直面会以不同的亮度显示，以便查找并将它设置为型芯。

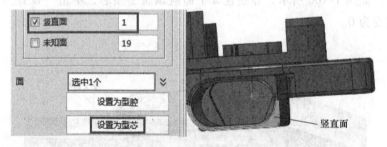

图 1-103　竖直面设置为型芯

现在只剩下 19 个"未知面"，勾选其前复选框，旋转模型观察这些未知面，容易看出它们都是需侧向抽芯孔的内表面，可以暂时设置为型芯，如图 1-104 所示。这时"未定义面"为 0，区域分析结束，确认操作、退出分析。

图 1-104　未知面设置为型芯

4. 补孔

继续选择"模具"选项卡下的"补孔"命令，在"类型"选项中选择"分型造型"，并在"造型"列表框中用鼠标选择需要修补的产品模型，确定后结果如图 1-105 所示。

★注意：如果使用"分型造型"命令不能将 3 个孔补上，应该认真检查前面的区域分析和区域定义，如果这时补孔改用"内部边缘"并选择"型芯/右边"选项，虽然可以将 3 个孔补好，但到分离型芯和型腔时仍可能会出现问题。

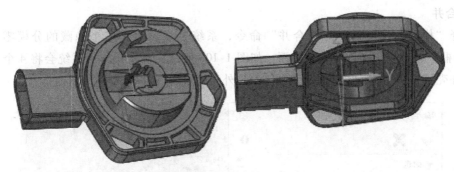

图 1-105　分型造型补孔

5. 分离

选择"模具"选项卡下的"分离"命令，必选项内容为"区域面"，"造型"选择整个产品模型，勾选"设置"中的"创建分型边缘"复选框，其他选项内容按照默认设置，如图 1-106 所示，完成后打钩确定，系统提示"共计 2 新创建的区域造型体"，按"继续"完成分离操作。

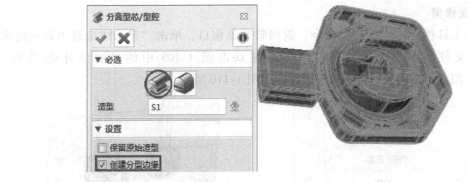

图 1-106　分离型芯/型腔

6. 分型面建立

选择"模具"选项卡下的"分型面"命令，选择第一个"从分型线创建分型面"选项，在"距离"框中保留默认值 60mm，其他内容暂不设置，如图 1-107 所示，确认操作继续后面的步骤。

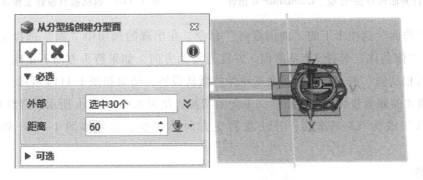

图 1-107　从分型线创建分型面

7. 合并

选择"模具"选项卡下的"合并"命令,系统会显示另外三个隐藏的分模零件,在"组件"框中选择 4 个刚创建的分型面,如图 1-108 所示,确认操作后系统会将 4 个"传感器油位外壳_Product"组件合并为一个"油位外壳-分模_CombinePro"组件。

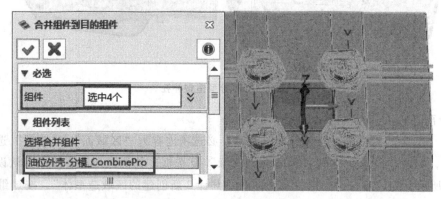

图 1-108　合并组件到目的组件

8. 分型面修剪

单击 DA 工具栏上的"退出"命令,返回管理器窗口,单击"显示或隐藏未列出的零件"将隐藏文件显示出来后,再用鼠标左键双击图 1-109 中的"油位外壳-分模_CombinePro"组件,返回模具设计工作区域,如图 1-110 所示。

图 1-109　打开油位外壳-分模_ CombinePro 组件

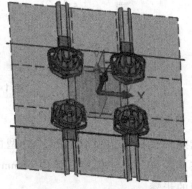

图 1-110　返回模具设计工作区域

选择"曲面"选项卡下的"曲面修剪"命令,在出现的选项中"面"选择交错中的两个分型面,"修剪体"选择 XZ 基准面,并注意箭头方向,如果箭头方向不正确,可以通过勾选"保留相反侧"进行转换,其余选项保持默认设置,结果如图 1-111a 所示。

重复刚才的修剪步骤,并注意箭头方向的切换,结果如图 1-111b 所示。继续修剪步骤,将"修剪体"改为 YZ 基准面,并注意箭头方向的切换,结果如图 1-111c 和图 1-111d 所示。

9. 工件

选择"模具"选项卡下的"工件"命令,系统自动创建一个矩形毛坯,只要将选项中

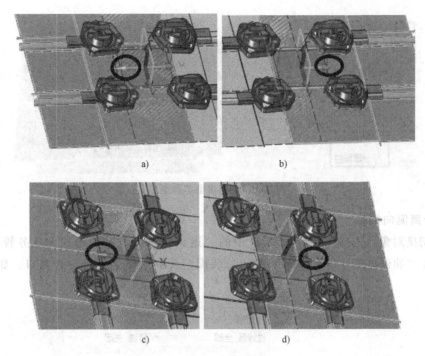

图 1-111 曲面修剪

的参数进行合理的修改即可。必选项仍使用默认的"箱体","造型"框中的内容中望 3D 软件会自动选取，修改参数："X 向尺寸"="260"，"Y 向尺寸"="290"，系统自动修改"+X尺寸"="130"，"+Y 尺寸"="145"，"Z 向尺寸"改为"110"，"+Z 尺寸"改为"60"，如图 1-112 所示。

图 1-112 创建工件

★注意：工件的大小应考虑侧向抽芯的设计。

10. 拆模

选择"模具"选项卡下的"拆模"命令，"工件"选择刚制作的长方体，"分型"用鼠标左键框选整个零件，检查是否勾选"创建型芯"和"创建型腔"，如图 1-113 所示，完成后确定操作。这时如果前面的操作步骤都正确，系统会提示型腔和型芯已成功析出。

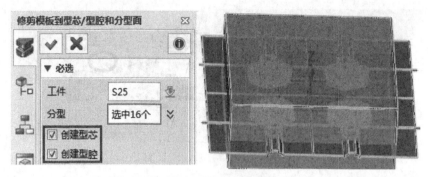

图 1-113　创建型芯和型腔

11. 分离侧向抽芯

（1）切换对象　选择"DA"工具栏中的"退出"命令，系统退回到任务管理器的窗口，再双击"油位外壳-分模_ASM"激活总装配，系统返回到模具设计窗口，如图 1-114 所示。

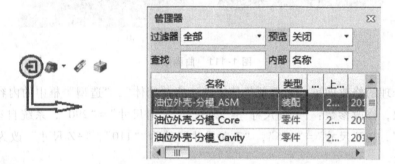

图 1-114　激活总装配

★思考：为什么切换工作对象，即激活总装配？

单击图 1-115 中管理器图标，将"历史管理"换成"装配管理"，并单击"油位外壳-分模_Cavity"前面的方框，将型腔暂时隐藏，在后续的操作中暂时不需要型腔部分。

图 1-115　装配管理

★注意：油位外壳-分模_ASM 激活后在装配管理中以蓝色高亮显示。

（2）新建组件　选择"装配"选项卡下的"插入组件"命令，或在模具设计空白处右击鼠标，在弹出的快捷菜单中选择"插入组件"命令。必选项为"从现有文件插入"，单击

"输入新零件的名称"并输入"滑块",在"位置"一栏输入"0",如图1-116所示。

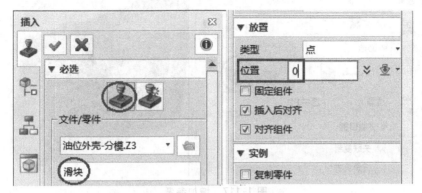

图1-116 插入滑块组件

★延伸阅读:使用"插入组件"命令可以插入一个组件,作为当前激活零件的子零件,它允许用户可从激活组件或其他文件插入组件。必选输入包含从现有文件插入和从新建文件插入,其中几个选项说明如下。

1)"零件配置"指定插入的组件所使用的零件配置。

2)"类型"可选择点或坐标两种类型。当选择点时,提供点点重合约束,但选择的插入点必须在实体上,如点、边/线、面等,否则无法附加此约束;当选择坐标时,提供平面/基准面的重合约束,插入点选择必须是平面或基准面,若其他类型,则无法附加此约束。

3)"位置"当类型选择点时,拾取插入点,如果单击右键并选择关键点作为输入选项,光标将对齐到现有组件中的特征点。

4)"坐标"当类型选择坐标时,拾取平面或基准面。

5)"固定组件"使用"固定组件"命令将组件固定在全局原点。

6)"插入后对齐"如果插入零件包含装配处理,在插入时勾选此选项以使用该处理,基于包含的对齐方式,将提示相应的对齐输入。如果未勾选,对齐处理将会忽略;如果已勾选,但不包含任何对齐处理,则"对齐组件"命令将会自动启动;如果创建了新的组件,此选项将忽略。

7)"对齐组件"勾选该选项,在插入组件时直接在插入位置附加重合约束。

8)"复制零件"如果勾选,当创建原零件的一个复制体时,复制体而非原零件将引用到激活装配中,复制体与原组件不关联,不随着原组件的改变而改变,如果复制体进行了修改,该复制体的组件示例将会自动更新。

9)"重生成"当从选项中选择"无"时,在父级重新生成时,该组件不重新生成。

(3)增加参考 前面的步骤只是创建了一个空的滑块组件,该组件可以从型芯零件中分离而成。选择"装配"选项卡下的"参考"命令,修改参考对象为"造型",然后在"造型"列表框中选择整个型芯部分,如图1-117所示。应该明确:添加了型芯作为参考后,这时的滑块组件就是整个型芯零件。

★注意:进行该操作时应确保装配管理中"油位外壳-分模_Core"前面有个红色小钩,如果仍没有显示型芯零件,可以单击DA工具栏上的"显示目标"命令,如图1-118所示。

图 1-117　增加参考

图 1-118　显示目标

另外还应该记住：完成参考操作后，再将其红色小钩去除，将型芯零件隐藏，以保证后面的滑块操作针对参考体而非型芯零件。

★延伸阅读：3D 参考几何体用于将一个装配组件内的点、曲线、边、基准面、造型或者面参考到另一个装配体的组件中，当一个组件需参考另一个组件进行设计时，3D 参考几何体十分有用。例如，一个组件中的法向周长可参考到另一个组件并用于驱动另一个特征。

1)"曲线"命令用于创建曲线或边的外部参考，该曲线或边可以存在于激活零件的父对象、子对象或其他组件内，可选择激活零件外部的任意曲线或边，也可同时选择多条曲线或边。

2)"平面"命令用于创建一个基准面的外部参考，该基准面可以位于激活零件的父对象、子对象或其他组件内。

3)"点"命令用于创建一个点的外部参考，该点可以位于激活零件的父对象、子对象或其他组件内，各选中点将出现三角形参考点符号，此外还可用新建参考点替代现有参考点。

4)"面"命令用于创建一个面的外部参考，该面可以位于激活零件的父对象、子对象或其他组件内。

5)"造型"命令用于创建一个造型的外部参考，该造型可以位于激活零件的父对象、子对象或其他组件内。

除了上述选项外还有几个可选输入说明如下。

1)"关联复制"选项用于创建与被参考的外部几何体关联的参考几何体，每次当被参考几何体重生成时，参考几何体都会进行重新评估，如果不勾选，将只创建一个静态复制的参考几何体。在历史管理中，图标则显示与动态参考不同。

2)"记录状态"选项用于纪录提取参考几何体的零件的历史状态，当重生成含有时间戳的参考几何体时，被参考的零件会在参考几何体重评估之前先回滚到记录的历史状态。

3）"使用装配位置"如果勾选该选项，则参考体的位置为被参考体所在的位置；否则，参考体的位置为被参考体所引用的原始零件的位置。

4）"参考零件"显示所选几何体所在的文件。

（4）绘制草图 选择"造型"选项卡下的"草图"命令，"平面"选择 Y 方向的一个端面，"向上"选择型芯零件的一条 Z 方向短边或选择工作区窗口左下方的 Z 坐标轴，如图 1-119 所示。

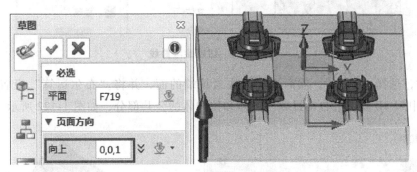

图 1-119　选择草图平面

★注意："向上"是可选项，在选择草绘平面时还可以通过"向上"的选择来保证草绘的方向，它对草绘的结果没有影响，但可能会影响草绘时的直观性。

进入草绘环境后，选择"草图"选项卡下的"参考"命令，必选项设置为"曲线"，选取图 1-120 所示的分型轮廓作为参考曲线，完成选取后退出参考。

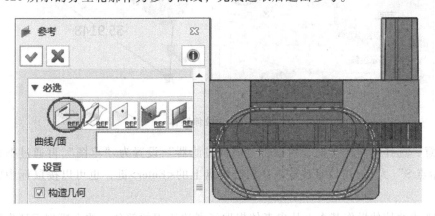

图 1-120　选取参考曲线

★注意：由于线条多且复杂，在选择参考线时可以结合<Ctrl>+<F>快捷键，将着色模型与线框模型进行切换以便选择所需的曲线。

框选所有参考线，右键单击鼠标，在弹出的快捷菜单中选择"解除参考"，再一次框选，右键鼠标选择"切换类型"，这样就可以将参考曲线转换成黑色实线，如图 1-121 所示。

（5）拉伸实体 选择"造型"选项卡下的"拉伸"命令，"轮廓 P"选择刚绘制的草图，"拉伸类型"选择 2 边，"起始点 S"为 0，"结束点 E"选择时，在设计工作区空白处

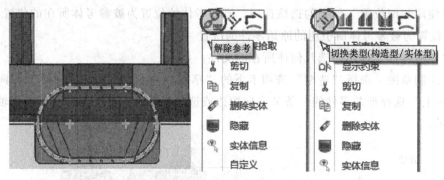

图 1-121　切换参考曲线

按鼠标右键，选择"到面"，然后选择滑块最顶端的面，并将"布尔运算"设置为"交运算"，这样中望 3D 软件会自动提取参考体和拉伸体的公共部分，如图 1-122 所示。

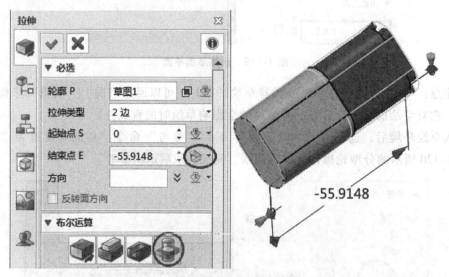

图 1-122　拉伸实体

★注意：选择"草图"时，可以将"属性过滤器"设置为"草图"再通过框选较为方便。"起始点 S"为 0，可以直接输入 0 后按键盘上的<Enter>键，也可以按鼠标中键将它设置为 0。

通过刚才的拉伸操作基本上从参考体提取了滑块所需的部分，放大模型后还发现有多余拉伸体，这可以通过鼠标右键，在弹出的快捷菜单中选择"删除"，将多余拉伸体做删除处理，如图 1-123 所示。

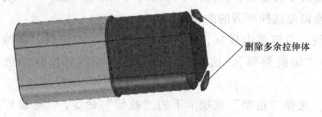

图 1-123　删除多余拉伸体

（6）拉伸滑块头　选择"造型"选项卡下的"草图"命令，"平面"选择滑块的长圆形端面，"向上"选择工作区窗口左下方的 Z 坐标轴，如图 1-124 所示。

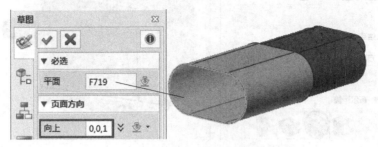

图 1-124　选择草图平面

进入草绘环境后，选择"草图"选项卡下的"绘图"命令，初步绘制大概轮廓，然后再使用"约束"选项卡下的"快速标注"命令完成整个草图的约束，如图 1-125 所示，完成后退出草绘环境。

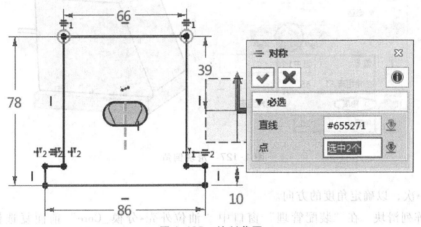

图 1-125　绘制草图

★注意：如果斜导柱角度按 20° 来考虑，滑块的工作长度 26.6mm，则滑块的高度至少需要 73.1mm，这里选用 78mm，留 5mm 左右的间隙；在对草图进行约束时，适当用一些几何约束会使草图简洁、高效，如该草图是左右对称的，通过中点捕捉绘制一直线后再将它转为参考线，然后选择对称点进行约束。

（7）拉伸实体　选择"造型"选项卡下的"拉伸"命令，"轮廓 P"选择刚绘制的草图，"拉伸类型"选择 1 边，"结束点 E"输入"90"，"布尔运算"选择"加运算"，如图 1-126 所示。

选择"造型"选项卡下的"倒角"命令，必选项为"不对称倒角"，"边 E"为需要倒角的一条边，然后在滑块尾部端面单击一下，以确定角度的方向，"倒角距离 S1"为"65"，"角度 A"为"20°"，制作与锲形块配合的部分，如图 1-127 所示。

★注意："倒角"命令用于创建等距、不等距倒角。使用不对称倒角命令，创建具有不同缩进距离的倒角，在选择了"边 E"以后，要选择缩进距离的一侧，本例是在尾部端面滑

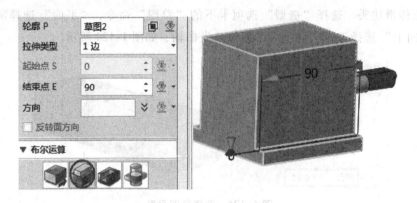

图 1-126   拉伸实体

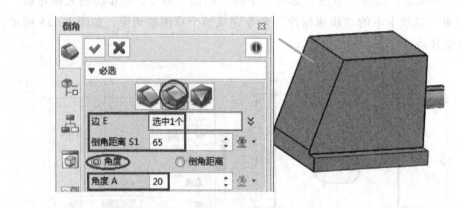

图 1-127   滑块倒角

块再单击一次，以确定角度的方向。

（8）阵列滑块   在"装配管理"窗口中"油位外壳-分模_Core"前面复选框中打钩，将型芯作为阵列的参照。再选择"造型"选项卡下的"阵列几何体"命令，必选项为"线性"，"基体"选择整个滑块（可通过属性过滤器进行选择），"方向"选择 X 坐标轴或滑块上的一水平边，"数目"为"2"，"间距"为"120"，其余选项采用默认设置，如图 1-128 所示。

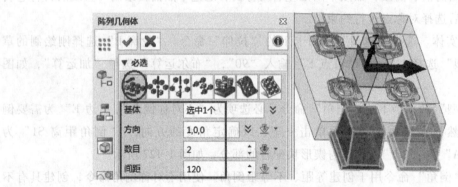

图 1-128   线性阵列

再一次选择"造型"选项卡下的"阵列几何体"命令，必选项改为"圆形"，"基体"选择 2 个滑块，"方向"选择 Z 坐标轴，"数目"为"2"，"角度"为"180"，其余选项采用默认设置，如图 1-129 所示。

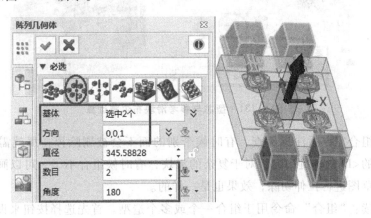

图 1-129　圆形阵列

★注意：在进行圆形阵列时，系统会自动算出阵列直径，不需要填写。

12. 分割型芯

在"装配管理"窗口中双击"油位外壳-分模_Core"激活型芯，这时型芯呈蓝色高亮显示。然后选择"装配"选项卡下的"参考"命令，参考的类型选择"造型"，然后选择四个滑块，勾选"记录状态"以便提取参考几何体的零件的历史状态，其余选项采用默认设置，如图 1-130 所示。

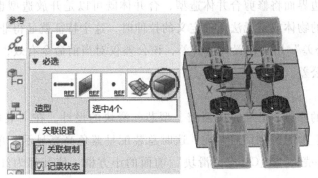

图 1-130　参考滑块到型芯

★注意：建立参考后，一般要求将"装配管理"窗口中的"滑块"前面的红色小钩去除，隐藏滑块，确保在后续的型芯切除中，是用参考体切除而非原来的滑块，希望读者在设计过程中都有这样的习惯。

选择"造型"选项卡下的"组合"命令，"基体"选择型芯，"合并体"选择四个滑块，将必选项改为"减运算"，其余选项采用默认设置，如图 1-131 所示，确认后完成型芯部分的切除。

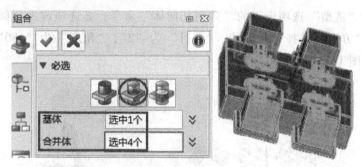

图 1-131　型芯与参考滑块布尔减运算

★注意：组合完以后注意检查，有时候个别的面不会被删除掉，那就需要自己手动选择，按键盘上的<Delete>键删除。对于复杂的滑块，有时候组合不了，可以画一个和制作滑块头时一样的草图进行拉伸切除，效果也是一样的。

★延伸阅读："组合"命令用于组合一个或多个造型。首先选择按钮来设置加运算、减运算或交运算造型，然后选择需要修改的基体造型，最后选择运算造型。可以保留运算造型，或选择任意边界面来限定运算范围。更详细的信息，可参见下列选项设置。

1）必选输入有基体和合并体。"基体"造型是在其上进行运算的造型，在命令结束之后依然存在。而"合并体"运算造型是应用到基准造型的造型，如果没有勾选保留造型选项，在命令结束后这种造型会被丢弃。

2）可选输入中有保留移除实体、边界和公差。"保留移除实体"勾选这个选项以保留添加、删除或交叉的造型，即这些造型不会被丢弃。"边界"可以选择任意边界面，合并体必须与基体相交，边界面将修剪合并体造型，合并体既可以是开放造型也可以是闭合造型，当基体是一个薄薄的物体或是无法精确定义的拉伸时，这个特征就显得非常重要，如在水杯上加一个把柄。"公差"用于设置局部公差，该公差仅对当前命令有效，命令结束后，后续建模仍然使用全局公差。

13. 保存文件

经过上述步骤的操作，已经完成型腔、型芯、滑块的设计。在"装配管理"窗口中双击"油位外壳-分模_ASM"激活总装配，这时总装配呈蓝色高亮显示。单击"油位外壳-分模_Cavity""油位外壳-分模_Core""滑块"前面的小方框，使其都为红色的小钩，即将 3 个组件都显示，结果如图 1-132 所示，最后保存该文件到相应原文件夹中。

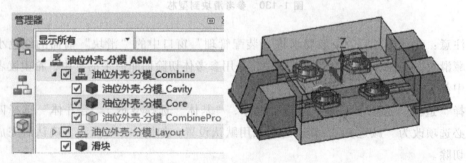

图 1-132　型腔、型芯和滑块

14. 输出文件

选择 "DA" 工具栏中的 "退出" 命令，系统退回到任务管理器的窗口，用鼠标右键单击 "油位外壳-分模_Cavity"，在弹出的快捷菜单中选择 "分离" 命令，如图 1-133a 所示。接着出现 "分离对象到文件" 对话框，在 "保存目录" 框中打开后面的文件夹选择合适的保存位置，接受其他默认选项，确定选择，如图 1-133b 所示。

用同样的方法将型芯和滑块也分离出来，以供数控编程与加工。

a) b)

图 1-133 分离型腔

学习小结

本任务虽为分模设计，但在设计过程中大量使用 3D 建模方面的知识，再一次突出一体化的设计所带来的便捷，它无需进行频繁的界面切换，一定程度降低了使用软件的难度。另外本任务在内容上是作为前文中一模两腔的补充，更能扩展到更多腔的模具布局学习。

任务四　接线盒分模设计

任务描述

根据用户提供塑料产品的 stp 格式的三维数据及制品二维参考图，如图 1-134、图1-135 所示，完成模具主要零件的设计任务。

后续模具结构设计要求如下。

1）模腔数：一模两腔，两腔相异，浇口痕迹小。

2）优先选用标准模架及相关标准件。

3）以满足塑件要求、保证质量和制件生产效率为前提条件，兼顾模具的制造工艺性及制造成本，充分考虑主要零件材料的选择对模具的使用寿命的影响。

4）保证模具使用时的操作安全，确保模具修理、维护方便。

5）选择注射机，模具应与注射机相匹配，保证安装方便、安全可靠。

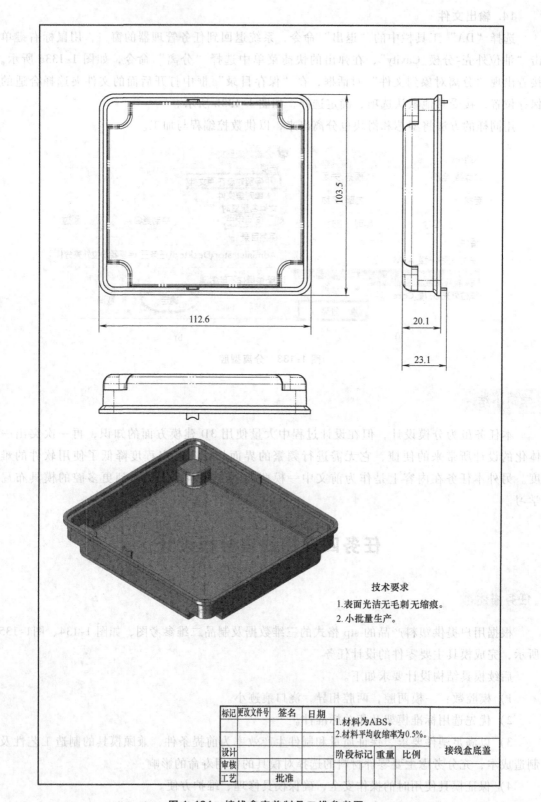

技术要求
1.表面光洁无毛剌无缩痕。
2.小批量生产。

标记	更改文件号	签名	日期	1.材料为ABS。		
				2.材料平均收缩率为0.5%。		
设计				阶段标记	重量	比例	接线盒底盖
审核						
工艺		批准				

图 1-134 接线盒底盖制品二维参考图

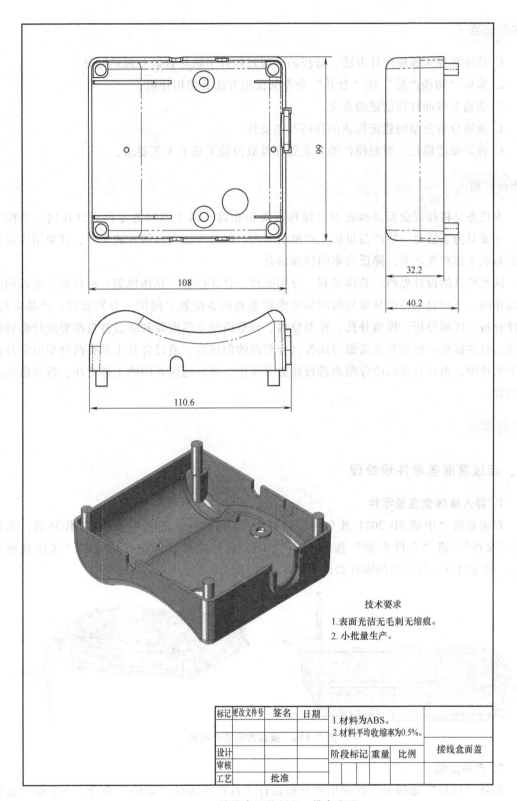

技术要求
1.表面光洁无毛刺无缩痕。
2. 小批量生产。

标记	更改文件号	签名	日期	1.材料为ABS。		
				2.材料平均收缩率为0.5%。		接线盒面盖
设计				阶段标记	重量	比例
审核						
工艺		批准				

图 1-135　接线盒面盖制品二维参考图

1. 熟练掌握家族模设计方法、分模的一般过程并了解与普通分模的同异。
2. 掌握"切换产品"和"合并"命令的使用方法及使用环境。
3. 明确分型面枕位创建的意义。
4. 能够分析分型创建定位块的作用及必要性。
5. 理解型芯模仁、型腔模仁的工艺处理及数控加工基本工艺要求。

任务分析

本任务是将接线盒面盖和底盖（简称面盖和底盖）两个不同的零件设计在同一个模具上，主要是为了满足一些产品虽然生产批量不大，但又不能用其他方式生产，且采用注射成型更有利于提高生产率，降低成本的特殊场合。

这类模具的设计思路：总体规划、分别处理、合并拆模。总体规划：项目建立面盖和底盖需在同一个项目中，产品布局时应该考虑面盖和底盖位置、间距。分别处理：产品定位、塑件分析、区域分析、模型补孔、模型分离、分型面建立等面盖和底盖各自都要进行必要的处理。合并拆模：面盖和底盖都写成各自分型面的创建后，通过合并工具将两分型面合并在一个组件中，再对合并后的分型面进行修剪等操作，最后通过共同的工件毛坯，拆分出型芯和型腔。

任务实施

一、接线盒底盖零件预处理

1. 导入接线盒底盖零件

双击桌面"中望 3D 2021 教育版"打开中望 3D 软件，进入中望 3D 工作环境，选择"打开文件"，将"文件类型"选择 STEP Files，在相应的目录路径中找到"接线盒底盖.stp"确定打开，导入后的零件如图 1-136 所示。

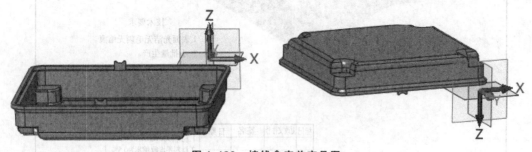

图 1-136 接线盒底盖产品图

2. 产品定位

选择"模具"选项卡，在弹出的分模设计工具栏中选择"定位"命令。"造型"选择要分模的整个零件；"主分型方向"通过右击工作区的空白处，在弹出的菜单中选择"面法

向"，接着在"面"框中选取零件底端的平面，"点"选择所选平面内的任意一点，如图
1-137所示。

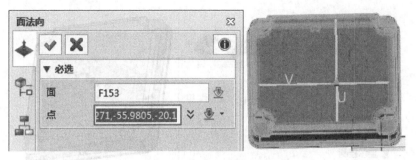

图 1-137 主分型方向

"侧分型方向"选择与开模方向垂直的一条边（选择模型零件短方向的一条边线），如
图 1-138 所示。

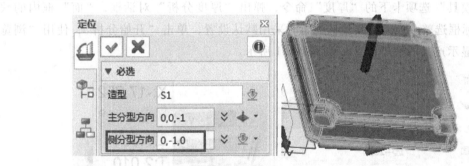

图 1-138 侧分型方向

★思考："侧分型方向"选择轮廓短边与长边对布局有何影响？

"分型基点（Z0）"选择产品模型在分型面上的任意一点来定位产品中心点所在的高
度，可将鼠标移到图 1-139 所示的位置，系统会自动捕捉到一点作为分型基点，"位置"采
用默认的产品中心，完成这些操作后确认并退出定位。

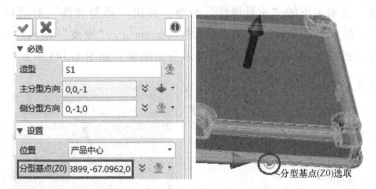

图 1-139 分型基点（Z0）选取

3. 脱模分析

选择"模具"选项卡下的"脱模"命令，弹出"分析面"对话框，必选项为"脱模检

查显示","角度"换成 0°，如图 1-140 所示。分析结果外表面为绿色，内表面为红色，可以继续往下设计。

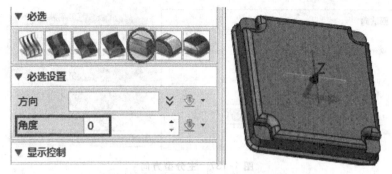

图 1-140 角度为 0°的脱模斜度检查

4. 厚度分析

选择"模具"选项卡下的"厚度"命令，弹出"厚度分析"对话框，"面"框内的数据可以用鼠标框选整个模型，其他选项暂时采用默认设置，单击"开始分析"，使用"浏览厚度"动态显示产品的壁厚信息，如图 1-141 所示。

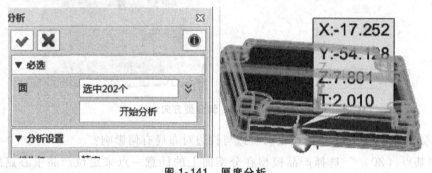

图 1-141 厚度分析

5. 质量分析

选择"查询"选项卡下的"质量属性"命令，弹出"质量属性"对话框，"造型"选择整个模型零件，将"密度单位"改为克/厘米³（g/cm³），"密度"输入"1.05"，其他选项采用默认设置，如图 1-142 所示，确认后显示分析结果，如图 1-143 所示。

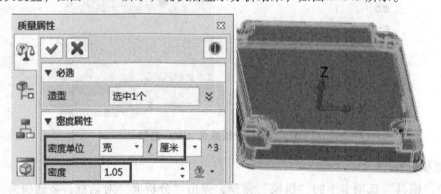

图 1-142 质量属性

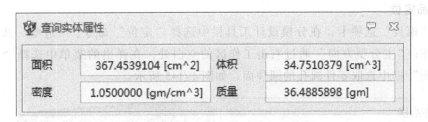

图 1-143 质量分析结果

★延伸阅读："质量属性"命令，可求解和显示所选造型（开放或封闭）、组件或整个装配的质量属性信息（如体积、面积和质量等）。在一个装配内的隐藏和禁用组件，在求解期间将忽略。（曲面）面积是开放式造型唯一合理、可靠的值，当选择了一个开放式造型时，会出现一条警告消息，用户可采用"选项"对话框在激活零件历史中记录变量，此变量等于每个质量属性参数，然后该变量可用于任何表达式、公式或中望 3D 宏指令。需将数据保存到文件时，可选择重写或附加，然后输入路径和文件名称，再单击或选择文件夹图标并从文件浏览器选取一个文件。

必选输入只有一个"实体"用于选择造型或组件，或单击鼠标中键选择激活零件或装配。可选输入有"质量单位"用于指定质量的测量单位，即单位体积内的重量，如 kg/m^3。"密度"选项用于指定所用材料的密度，设置该选项时，"材料属性"对话框所设的密度值将被覆盖，密度单位由质量单位决定，如果不使用默认值 0，密度将取决于以前应用到造型里的材料属性。"变量名"选项可在激活零件历史中记录变量，此变量等于每个质量属性参数，然后该变量可用于任何表达式、公式或中望 3D 宏指令。"记录查询信息"可以在列表里勾选想要记录的变量，默认勾选三个变量，分别是 Part_Area、Part_Volume、Part_Mass。"创建距心"选项用于在造型、组件或装配的重力中心上创建一个点实体。

6. 保存文件

保存接线盒底盖零件，并退出中望 3D 工作环境。

二、接线盒面盖零件预处理

1. 导入接线盒面盖零件

重新打开中望 3D 软件，进入中望 3D 工作环境，选择"打开文件"，将"文件类型"选择 STEP Files，在相应的目录路径中找到"接线盒面盖 .stp"确定打开，导入后的零件如图 1-144 所示。

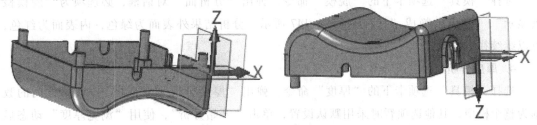

图 1-144 接线盒面盖产品图

2. 产品定位

选择"模具"选项卡，在分模设计工具栏中选择"定位"命令。"造型"选择要分模的整个零件；"主分型方向"通过右击工作区的空白处，在弹出的菜单中选择"中心线"，接着在"面"框中选取零件圆孔的圆柱面，如图 1-145 所示。

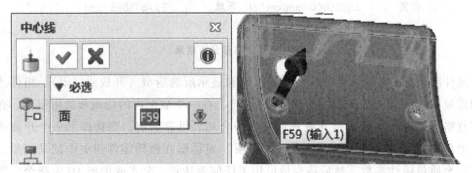

图 1-145　主分型方向

"侧分型方向"选择与开模方向垂直的一条边（选择模型零件短方向的一条边线），如图 1-146 所示。"分型基点（Z0）"选择产品模型在分型面上的任意一点来定位产品中心点所在的高度，可将鼠标移到图 1-146 所示的位置，系统自动捕捉到一点作为分型基点，"位置"采用默认的产品中心，完成这些操作后确认并退出定位。

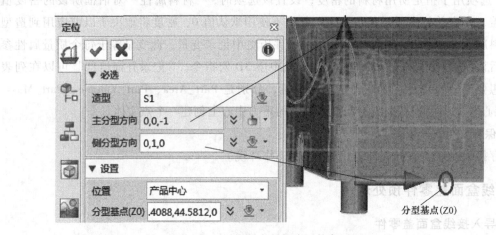

图 1-146　侧分型方向与分型基点（Z0）

3. 脱模分析

选择"模具"选项卡下的"脱模"命令，弹出"分析面"对话框，必选项为"脱模检查显示"，"角度"换成"1°"，如图 1-147 所示。分析结果外表面为绿色，内表面为红色，可以继续往下设计。

4. 厚度分析

选择"模具"选项卡下的"厚度"命令，弹出"厚度分析"对话框，"面"框内的数据为整个模型，其他选项暂时采用默认设置，单击"开始分析"，使用"浏览厚度"动态显示产品的壁厚信息，如图 1-148 所示，基本上为 2mm。

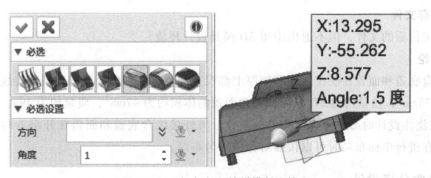

图 1-147 角度为 1°的脱模斜度检查

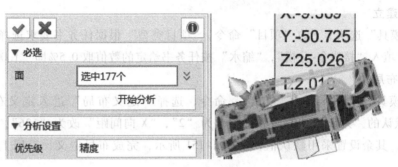

图 1-148 厚度分析

5. 质量分析

选择"查询"选项卡下的"质量属性"命令,弹出"质量属性"对话框,"造型"选择整个模型零件,将"密度单位"改为克/厘米³(g/cm³),"密度"输入"1.05",其他选项采用默认设置,如图 1-149 所示,确认后显示分析结果,如图 1-150 所示。

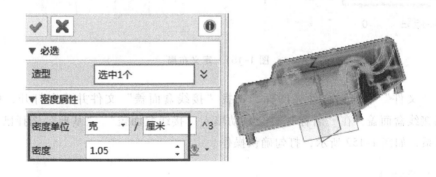

图 1-149 密度属性

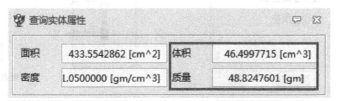

面积	433.5542862 [cm^2]	体积	46.4997715 [cm^3]
密度	1.0500000 [gm/cm^3]	质量	48.8247601 [gm]

图 1-150 质量分析结果

6. 保存文件

保存定位后的文件，但不退出中望 3D 模具设计环境。

7. 结论

接线盒底盖和面盖在脱模斜度和壁厚上都没有问题。对比质量分析结果，接线盒底盖的体积约为 $35cm^3$，质量约为 $37g$，而接线盒面盖的体积约为 $47cm^3$，质量约为 $49g$，相差约为 $1/4$，故在浇注设计时必须考虑流程上的差异。另外接线盒底盖和面盖在开型方向的投影基本相同，在进行坐标布局时可以按照对称或均匀布局。

三、接线盒分模设计

1. 项目建立

选择"模具"选项卡下的"项目"命令，"项目类型"根据任务书要求选择"多型腔"，"项目名称"填入"接线盒-分模"，"缩水"按任务书给定的数值取 0.5% 即"1.005"。

2. 产品布局

选择"模具"选项卡下的"布局"命令，选择"定义布局"进入定义布局对话框，"类型"为默认的"矩形"，"X 向数目"改为"2"，"X 向间距"改为"136"，勾选"对准中心"选项，其余设置采用默认值，如图 1-151 所示，完成布局定义，返回上一界面继续操作。

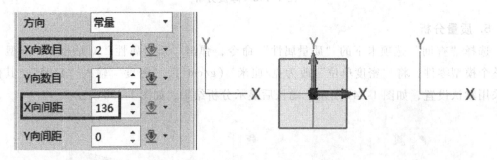

图 1-151 定义布局

单击"文件"右侧的文件夹图标，查找"接线盒面盖"文件并确定打开，单击"部件"中的接线盒面盖，在"名称"栏会自动填入"接线盒面盖"。"基准"选择已布局好的右侧坐标系，如图 1-152 所示，打勾确认操作。

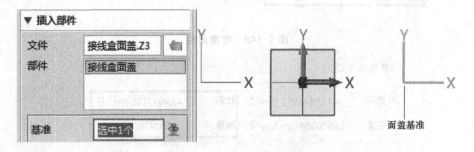

图 1-152 插入接线盒面盖

再次选择"模具"选项卡下的"布局"命令，打开"文件"右侧的文件夹图标，查找"接线盒底盖"文件并确定打开，单击"部件"中的接线盒底盖，在"名称"栏会自动填入"接线盒底盖"。"基准"选择已布局好的左侧坐标系，如图1-153所示，完成后确认退出，布局效果图如图1-154所示。

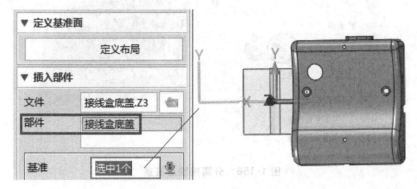

图1-153 插入接线盒底盖

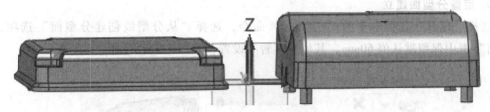

图1-154 布局效果图

3. 底盖区域分析

选择"模具"选项卡下的"区域"命令，单击"计算"按钮，直接确定操作，系统自动计算出"未定义面"数量为8个，且这些未定义面均为"竖直面"，勾选"竖直面"前面的复选框，将8个面都设置为型腔，如图1-155所示。

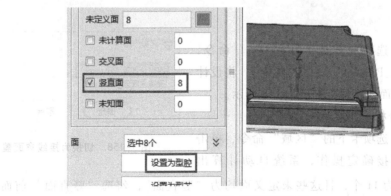

图1-155 接线盒底盖区域分析

4. 底盖分离

选择"模具"选项卡下的"分离"命令，必选项内容为"区域面"，"造型"选择整个产品模型，勾选"设置"中的"创建分型边缘"复选框，其他选项内容按照默认设置，如

图 1-156 所示，完成后打勾确定，系统提示"共计 2 新创建的区域造型体"，按"继续"完成分离操作。

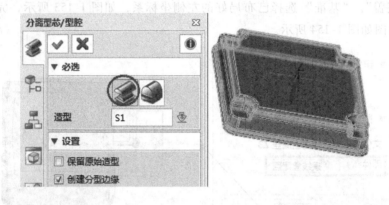

图 1-156 分离接线盒底盖

5. 底盖分型面建立

选择"模具"选项卡下的"分型面"命令，选择"从分型线创建分型面"选项，在"距离"框中保留默认值 60mm，其他内容暂不设置，如图 1-157 所示。

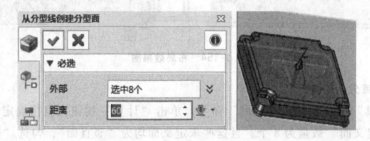

图 1-157 创建接线盒底盖分型面

6. 切换产品

选择"模具"选项卡下的"切换产品"命令，选择"接线盒面盖_Product"后按"确定"，将设计零件切换为接线盒面盖零件，如图 1-158 所示。

7. 面盖区域分析

选择"模具"选项卡下的"区域"命令，单击"计算"按钮，直接确定操作，系统自动计算出

图 1-158 切换为接线盒面盖

"未定义面"数量为 11 个，且这些未定义面均为"竖直面"，勾选"竖直面"前面的复选框，将 11 个面都设置为型腔，如图 1-159 所示。

8. 面盖补孔

选择"模具"选项卡下的"补孔"命令，在"类型"选项中选择"分型造型"，并在"造型"列表框中用鼠标选择需要修补的产品模型，确定后结果如图 1-160 所示。

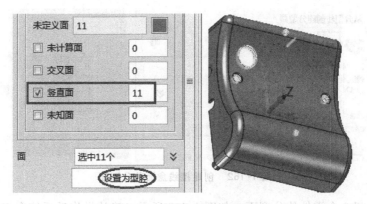

图 1-159　接线盒面盖区域分析

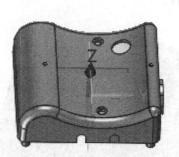 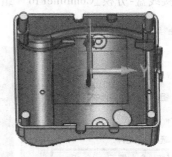

图 1-160　分型造型补孔

9. 面盖分离

选择"模具"选项卡下的"分离"命令，必选项内容为"区域面"，"造型"选择整个产品模型，勾选"设置"中的"创建分型边缘"复选框，其他选项内容按照默认设置，如图 1-161 所示。

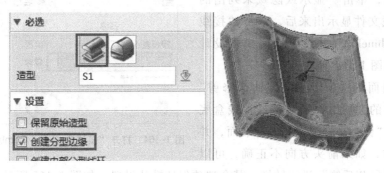

图 1-161　分离接线盒面盖

10. 面盖分型面建立

选择"模具"选项卡下的"分型面"命令，选择"从分型线创建分型面"选项，在"距离"框中保留默认值 60mm，其他内容暂不设置，如图 1-162 所示。

11. 合并

选择"模具"选项卡下的"合并"命令，系统会显示另外一个隐藏的分模零件，在

图 1-162 创建接线盒面盖分型面

"组件"框中选择 2 个零件的分型面，如图 1-163 所示，确认操作后系统会将 2 个 Product 组件合并为一个"接线盒-分模_CombinePro"组件。

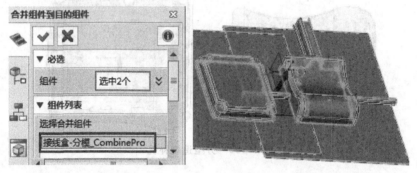

图 1-163 合并组件到"接线盒-分模_CombinePro"组件

12. 分型面修剪

单击 DA 工具栏上的"退出"命令，返回管理器窗口，单击"显示或隐藏未列出的零件"将隐藏文件显示出来后，双击"接线盒-分模_CombinePro"组件，返回模具设计工作区域，如图 1-164 所示。

选择"曲面"选项卡下的"曲面修剪"命令，在出现的选项中"面"选择接线盒底盖的分型面，"修剪体"选择 YZ 基准面，并注意箭头方向，如果箭头方向不正确，可以

图 1-164 打开"接线盒-分模_ CombinePro"组件

通过勾选"保留相反侧"进行转换，其余选项保持默认设置，如图 1-165 所示。

重复上述修剪步骤，并注意箭头方向的切换，在选项中"面"选择接线盒面盖的分型面，"修剪体"仍为 YZ 基准面，并注意箭头方向，如图 1-166 所示。

13. 删除曲面

选择图 1-167 中的 12 个曲面，单击鼠标右键选择"删除"。

14. 修补分型面

（1）创建直纹曲面 选择"曲面"选项卡下的"直纹曲面"命令，"路径 1"选择长方

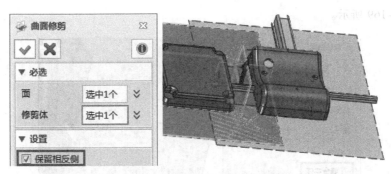

图 1-165　修剪接线盒底盖分型面

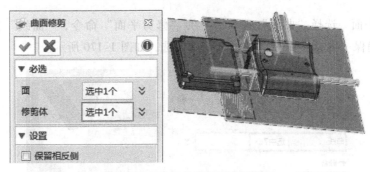

图 1-166　修剪接线盒面盖分型面

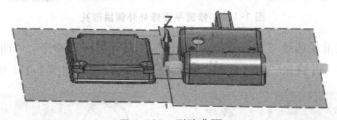

图 1-167　删除曲面

形孔的一条边，"路径 2"选择长方形孔的另一条边，并确保"缝合实体"前的复选框已勾选，如图 1-168 所示。

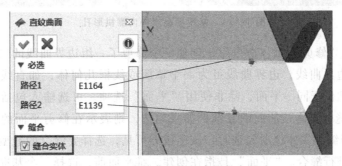

图 1-168　直纹曲面修补内侧长方形孔

（2）修剪面　按鼠标中键重复"曲面"选项卡下的"修剪面"命令，"路径 1"选择长方形孔的一条边，"路径 2"选择长方形孔的另一条边，并确保"缝合实体"前的复选框已勾选，如图 1-169 所示。

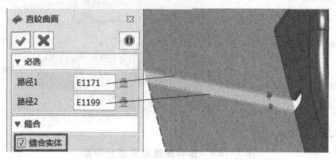

图 1-169　直纹曲面修补外侧长方形孔

（3）修剪平面　选择"曲面"选项卡下的"修剪平面"命令，"曲线"选择拱形孔上的 7 条边，并确保"缝合实体"前的复选框已勾选，如图 1-170 所示。

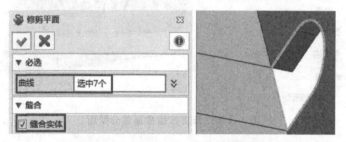

图 1-170　修剪平面修补外侧拱形孔

单击鼠标中键重复选择"曲面"选项卡下的"修剪平面"命令，"曲线"选择另一边拱形孔上的 7 条边，并确保"缝合实体"前的复选框已勾选，如图 1-171 所示。

图 1-171　修剪平面修补内侧拱形孔

★延伸阅读："修剪平面"命令用于创建一个修剪了一组边界曲线的二维平面，必选输入包括要修剪的边界曲线，边界曲线可为一个草图或线框几何体，如直线、弧线、圆或曲线，但它们都必须位于同一平面，除非使用"平面"选项。可选输入包括要投射的基准面或平面。其中"缝合实体"前面的复选框如果勾选，则表示在修剪平面的同时自动缝合实体。"造型"仅当缝合实体选项勾选时，该字段方可见，选择要缝合的造型，若为空，则默认对所有的造型进行缝合。"平面"是指在创建二维平面前，选择一个基准面或平面将曲线投射在上面，曲线必须形成一个闭合的环，以创建二维平面，可指定拟合曲线使用的公差。"保留曲线"如果勾选此项，则会保留上述必选输入选择的曲线，否则该曲线将删除。"公差"用于设置局部公差，该公差仅对当前命令有效，命令结束后，后续建模仍然使用全局公差。

15. 分型面枕位创建（选择）

（1）绘制草图 选择"造型"选项卡下的插入"草图"命令，选取 XY 基准面作为草绘平面，并使用"绘图"命令，在距离枕位 10mm 或 15mm 的地方作一条垂直穿过枕位的直线，如图 1-172 所示，完成后退出草绘。

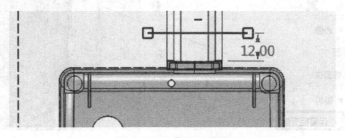

图 1-172 草绘枕位线

（2）拉伸草图 选择"造型"选项卡下的"拉伸"命令，"轮廓 P"选用刚绘制的草图，"拉伸类型"为 1 边，"结束点 E"只要大于枕位高度即可，"布尔运算"选择"基体"，"脱模斜度"-5°，其他参数采用默认设置，如图 1-173 所示。

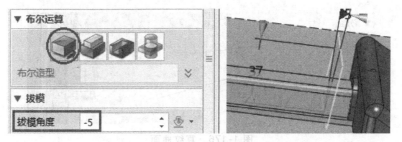

图 1-173 拉伸曲面

（3）曲面修剪 选择"曲面"选项卡下的"曲面修剪"命令，"面"选择枕位的 9 个外表面，"修剪体"选择刚拉伸的面，使用保留相反侧，其他参数采用默认设置，如图 1-174 所示。

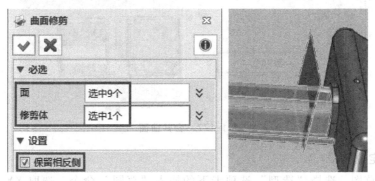

图 1-174 修剪枕位曲面

★注意：在选择修剪体时，可通过"属性过滤器"来选择 9 个外表面和刚拉伸的面。

按鼠标中键重复选择"曲面"选项卡下的"曲面修剪"命令,"面"选择前面刚拉伸的平面,"修剪体"选择 9 个枕位面,使用保留相反侧,其余选项按默认设置,如图 1-175所示。

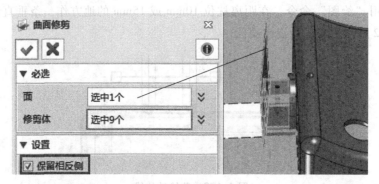

图 1-175 修剪拉伸面

(4)直纹曲面 选择"曲面"选项卡下的"直纹曲面"命令,"路径 1"选择长方形孔的一条边,"路径 2"选择长方形孔的另一条边,并确保"缝合实体"前的复选框已勾选,如图 1-176 所示。

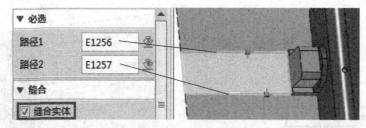

图 1-176 直纹曲面

(5)合并曲面 选择"曲面"选项卡下的"合并面"命令,"面"选择处于同一个平面上的 6 个面,如图 1-177 所示。

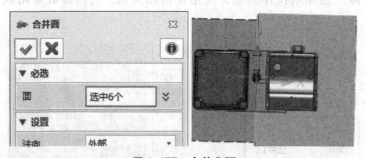

图 1-177 合并曲面

16. 创建定位

(1)绘制草图 选择"造型"选项卡下的插入"草图"命令,选取 XY 基准面作为草绘平面,并使用"矩形"命令绘制一个矩形,再使用"约束"选项卡下的"快速标注"命令标注 25mm×25mm 的正方形,如图 1-178 所示。

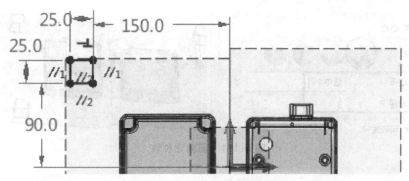

图 1-178　绘制正方形

选择"草图"选项卡下的"镜像"命令，"实体"选择 25mm×25mm 的正方形，"镜像线"选择 Y 坐标轴，完成左、右草图镜像，继续选择"实体"为原正方形和镜像好的正方形，"镜像线"选择 X 坐标轴，完成上、下草图镜像，如图 1-179 所示，完成后退出草绘环境。

（2）拉伸定位　选择"造型"选项卡下的"拉伸"命令，"轮廓 P"选用刚绘制的 4 个正方形草图，"拉

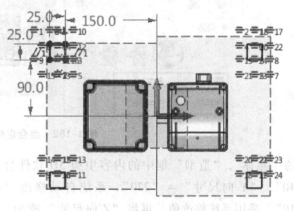

图 1-179　镜像草图

伸类型"为"1 边"，"结束点 E"为"20"，"布尔运算"选择"基体"，"脱模斜度"为"-5°"，其他参数采用默认设置，如图 1-180 所示。

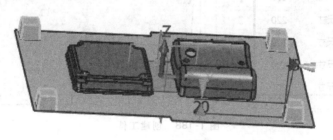

图 1-180　拉伸草图

（3）圆角定位　选择"造型"选项卡下的"圆角"命令，"轮廓 P"选取定位块上的 4 条内侧边，"半径 R"为 8mm，其他参数采用默认设置，如图 1-181 所示。

（4）组合定位　选择"造型"选项卡下的"组合"命令，必选项为"加运算"，"基体"选择分型面，"合并体"选取 4 个定位块，如图 1-182 所示。

★思考：为什么要进行定位块与分型面的组合，并且"布尔运算"是"加运算"？

17. 工件

选择"模具"选项卡下的"工件"命令，系统自动创建一个矩形毛坯，必选项使用默

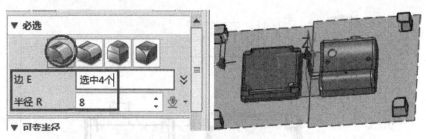

图 1-181　圆角定位块

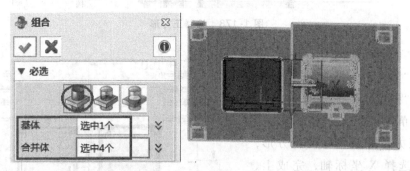

图 1-182　组合定位块

认的"箱体","造型"框中的内容中望 3D 软件会自动选取，修改参数："X 向尺寸" = "340"，"Y 向尺寸" = "220"，系统自动修改 "+X 尺寸" = "170"，"+Y 尺寸" = "110"，采用系统修改值。再将 "Z 向尺寸" 改为 "110"，"+Z 尺寸" 改为 "80"，如图 1-183所示。

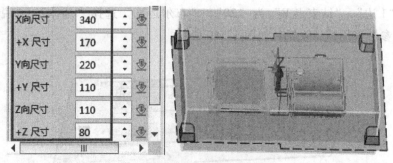

图 1-183　创建工件

★注意：工件的大小不应超过 4 个定位块的边界。

18. 拆模

选择"模具"选项卡下的"拆模"命令，"工件"选择刚制作的长方体，"分型"用鼠标左键框选整个零件，检查是否勾选"创建型芯"和"创建型腔"，如图 1-184 所示，完成后确认操作，系统提示型腔和型芯已成功析出。

19. 激活型芯

选择"DA"工具栏中的"退出"命令，系统退回到任务管理器的窗口，再双击"接线盒-分模_ Core"激活型芯，系统返回到模具设计窗口，如图 1-185 所示。

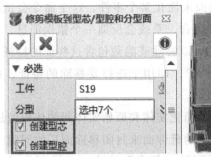

图 1-184 创建型腔和型芯

图 1-185 激活型芯

★思考：为什么需要激活型芯？

20. 型芯工艺处理

（1）偏移端面 选择"造型"
选项卡下的"面偏移"命令，必选项
为"常量"，"面 F"选择四个定位块
的顶端平面，"偏移 T"为"-1"即
向下偏移 1mm，其余选项采用默认设
置，如图 1-186 所示。

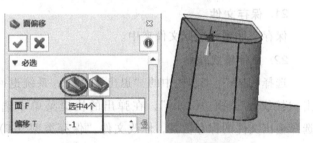

图 1-186 偏移定位块顶端平面

（2）简化圆角面 选择"造型"
选项卡下的"简化"命令，"实体"选择定位块上的 4 个圆角面，其余选项采用默认设置，
如图 1-187 所示，确认后 4 个圆角面被删除并成为尖角。

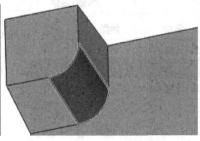

图 1-187 简化圆角面

★延伸阅读:"简化"命令通过删除所选面来简化某个零件,这个命令会试图延伸和重新连接面来闭合零件中的间隙,如果不能合理闭合,系统会反馈一个错误消息,选择要删除的面,然后单击鼠标中键进行删除。另外,也可以移除或隐藏包含这些面的特征。

"简化"命令的必选输入只有一个"实体 E",即用于选择要移除的特征、面和要填充的间隙边。可选输入有最小体积差和最少延伸面。

"最小体积差"如果勾选该选项,则生成的简化实体和原始实体间的体积差最小。

"最少延伸面"如果勾选该选项,则用最少的延伸面来封闭移除面后的间隙。

(3)定位块倒角 选择"造型"选项卡下的"倒角"命令,必选项为对称"倒角","边 E"选择四个定位块的内侧 Z 方向的 4 条短边,"倒角距离 S"为 8mm,其余选项采用默认设置,如图 1-188 所示。

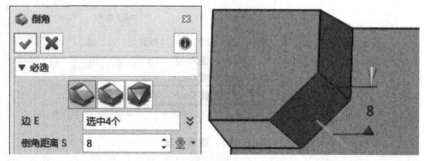

图 1-188　倒角

21. 保存文件

保存文件到相应原文件夹中。

22. 文件格式转换

选择"DA"工具栏中的"退出"命令,系统退回到任务管理器的窗口,用鼠标右键单击"接线盒-分模_ Cavity",在弹出的快捷菜单中选择"输出"命令,如图 1-189a 所示。选择输出文件的保存位置,修改文件"保存类型(T)"为 STEP 格式文件,确定选择,如图 1-189b 所示。

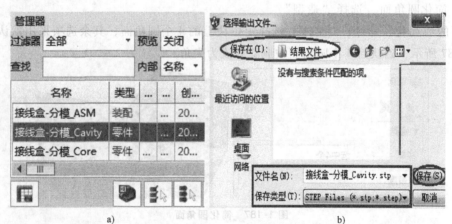

a)　　　　　　　　　　　　　　b)

图 1-189　型腔、型芯格式转换

用同样的方法将型芯零件进行格式的转换，以供其他 3D 软件使用。

学习小结

本任务的 2 个模型零件都较简单，学习重点不在于分模技巧，也不在于分型面创建的难度，而在于一种工作模式。在任务中新增了"切换产品"和"合并"命令的使用，复习了"直纹曲面""修剪面""删除曲面""合并面""圆角""倒角""组合""偏移""简化"等命令，在设计理念上增加了定位块介绍以及创建定位块后应该重视定位块的工艺处理，以满足实际生产的要求，同时更应该理解定位块创建是否有必要，灵活地将定位块的设计应用于将来的模具设计中。

练习

1. 根据用户提供塑料产品的 stp 格式的三维数据及零件二维参考图，如图 1-190 所示，完成模具主要零件的设计任务，要求模腔数为一模一腔。

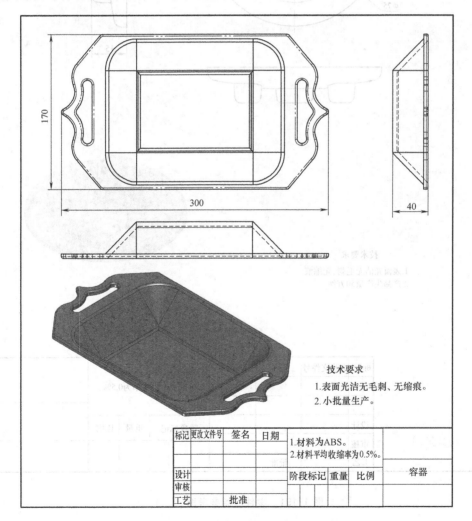

技术要求
1. 表面光洁无毛刺、无缩痕。
2. 小批量生产。

标记	更改文件号	签名	日期	1.材料为ABS。 2.材料平均收缩率为0.5%。			
设计				阶段标记	重量	比例	容器
审核							
工艺		批准					

图 1-190　零件二维参考图（一）

2. 根据用户提供塑料产品的 x_ t 格式的三维数据及零件二维参考图，如图 1-191 所示，完成模具主要零件的设计任务，要求模腔数为一模六腔，圆形分布。

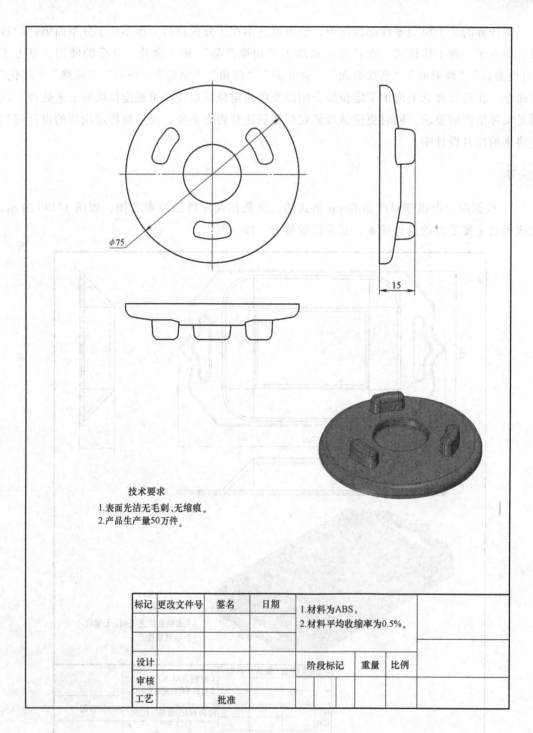

$\phi75$

15

技术要求
1.表面光洁无毛刺、无缩痕。
2.产品生产量50万件。

标记	更改文件号	签名	日期	1.材料为ABS。			
				2.材料平均收缩率为0.5%。			
设计				阶段标记	重量	比例	
审核							
工艺		批准					

图 1-191　零件二维参考图（二）

3. 根据用户提供塑料产品的 stp 格式的三维数据及零件二维参考图，如图 1-192 所示，完成模具主要零件的设计任务，要求模腔数为一模两腔。

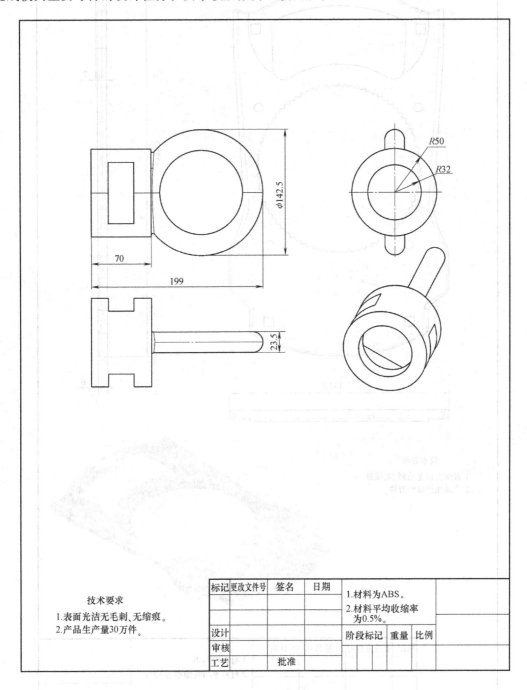

70

199

ϕ142.5

23.5

R50

R32

技术要求
1. 表面光洁无毛刺、无缩痕。
2. 产品生产量30万件。

标记	更改文件号	签名	日期	1. 材料为ABS。		
				2. 材料平均收缩率 为0.5%。		
设计				阶段标记	重量	比例
审核						
工艺		批准				

图 1-192   零件二维参考图（三）

4. 根据用户提供塑料产品的 igs 格式的三维数据及零件二维参考图，如图 1-193 所示，完成模具主要零件的设计任务，要求模腔数为一模两腔。

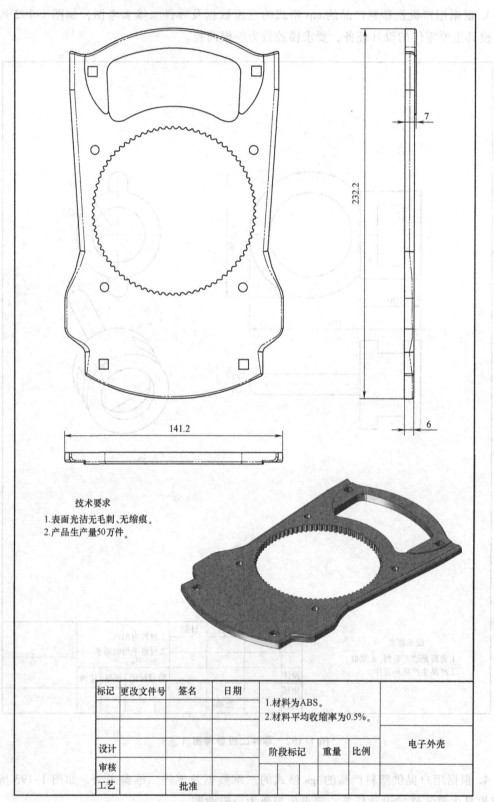

技术要求
1.表面光洁无毛刺、无缩痕。
2.产品生产量50万件。

标记	更改文件号	签名	日期	1.材料为ABS。			
				2.材料平均收缩率为0.5%。			
设计				阶段标记	重量	比例	电子外壳
审核							
工艺		批准					

图 1-193　零件二维参考图（四）

5. 根据用户提供塑料产品的 igs 格式的三维数据及零件二维参考图，如图 1-194 所示，完成模具主要零件的设计任务，要求模腔数为一模两腔。

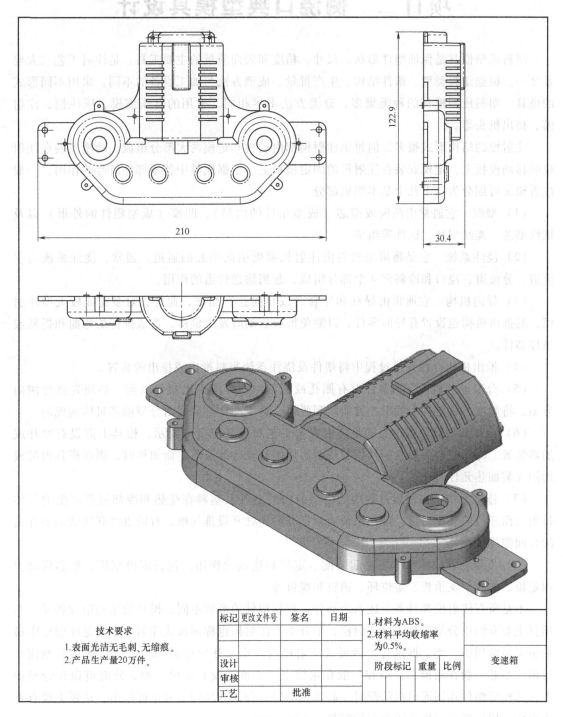

标记	更改文件号	签名	日期	1.材料为ABS。		
				2.材料平均收缩率为0.5%。		
设计				阶段标记	重量	比例	变速箱
审核						
工艺		批准				

技术要求
1.表面光洁无毛刺、无缩痕。
2.产品生产量20万件。

图 1-194 零件二维参考图（五）

5. 根据如图模型与产品要求，并确定各要项尺寸，推算完成各模具型腔尺寸，测算上凹模宽度、高度和宽度，并按照各工艺要求完成设计。

项目二 侧浇口典型模具设计

塑料成型模具是保证塑件形状、尺寸、精度和表面质量的主要工具，是注射工艺三大要素之一。根据塑料类型、塑件结构、生产批量、成型方法与加工设备的不同，采用不同形式的模具。塑料成型模具的种类繁多，分类方法不尽相同，常用的有压缩模、压注模、注射模、挤出机头等。

注射模的结构形式很多，但每副注射模都由动模和定模两大部分组成，动模安装在注射机的移动模板上，定模安装在注射机的固定模板上。根据模具中各零部件所起的作用，一般注射模又可细分为以下几个基本组成部分。

（1）型腔 它通常由凸模或型芯（成型塑件的内形）、凹模（成型塑件的外形）以及螺纹型芯、螺纹型环、镶件等组成。

（2）浇注系统 它是将熔融塑料由注射机喷嘴引向型腔的通道。通常，浇注系统由主流道、分流道、浇口和冷料穴 4 个部分组成，起到输送管道的作用。

（3）导向机构 它通常由导柱和导套（或导向孔）组成，此外，对多腔或较大型注射模，其推出机构也设置有导向零件，以避免推板运动时发生偏移，造成推杆的弯曲和折断或顶坏塑件。

（4）推出机构 在开模过程中将塑件及浇注系统凝料推出或拉出的装置。

（5）分型轴芯机构 当塑件上有侧孔或侧凹时，开模推出塑件以前，必须先进行侧向分型，将侧型芯从塑件中抽出，方能顺利脱模，这个动作过程是由分型抽芯机构实现的。

（6）冷却和加热装置 为满足注射成型工艺对模具温度的要示，模具上需设有冷却或加热装置。冷却时，一般在模具型腔或型芯周围开设冷却通道；而加热时，则在模具内部或周围安装加热元件。

（7）排气系统 在注射过程中为将型腔内的空气及塑料在受热和冷却过程产生的气体排出去而开设的气流通道。排气系统通常在分型面处开设排气槽，有的也可利用活动零件的配合间隙排气。

（8）支承与紧固零件 主要起装配、定位和连接的作用。包括定模座板、型芯或动模固定板、垫块、支承板、定位环、销钉和螺钉等。

不是所有注射模都具备上述八个部分，根据塑件的形状不同，模具的结构组成各异。本项目主要介绍单分型面侧浇口注射模，单分型面注射模也称两板式注射模，它是注射模中最简单又最常用的一类。据统计，两板式注射模约占全部注射模的 70%。典型的单分型面注射模，型芯一般在动模上，型腔一般在定模上。主流道设在定模一侧，分流道设在分型面上，开模后塑件连同流道内的凝料一起留在动模一侧，并从同一分型面取出。动模上设有推出机构，用以推出塑件和流道内的凝料。

本项目是一个模具工程，内容较多，共分为三个任务来完成。任务一是上盖分模设计，任务二是浇注系统及抽芯机构设计，任务三是冷却及顶出系统设计。

任务一 上盖分模设计

任务描述

根据用户提供塑料产品的 Z3 格式的三维数据及上盖二维参考图，如图 2-1 所示，完成模具的设计任务。

后续模具结构设计要求如下。

1）模腔数：一模两腔，浇口痕迹小。

2）优先选用标准模架及相关标准件。

3）以满足塑件要求、保证质量和制件生产效率为前提条件，兼顾模具的制造工艺性及制造成本，充分考虑主要零件材料的选择对模具的使用寿命的影响。

4）保证模具使用时的操作安全，确保模具修理、维护方便。

5）选择注射机，模具应与注射机相匹配，保证安装方便、安全可靠。

学习重点

1. 理解塑件结构分析及质量分析在模具设计中的作用和意义。

2. 掌握侧向抽芯及斜顶的分离方法。

3. 掌握"造型""曲面""装配"选项卡中基本工具的使用。

任务分析

本任务是模具工程中首先需要完成的任务，由提供的模型可知，该产品分型面较简单。内分型面都是简单的孔，优先考虑用"分型造型"补孔，如果还有补不上的再考虑"内部边缘"完善补孔，对于简单孔而言，使用这两个工具基本能够解决，如果在补孔中发现补面不理想或者这两个命令无法修补，则可以考虑使用"造型"和"曲面"命令进行修补。另外模型的外分型面是平面，在设计中没有难度，它也可以使用"造型"和"曲面"命令来完成。

本例的设计难点在于既有侧向抽芯又有斜顶，在设计前期这两个部分暂时不做太多考虑，只要注意布局时侧向抽芯的朝向即可，而斜顶一般对布局的影响不是很大，而对于后续设计的冷却水路的布局可能有一定的影响。所以侧向抽芯和斜顶可以在拆分出型芯和型腔零件后，再从型芯或型腔中分离出侧向抽芯和斜顶。

任务实施

一、上盖零件预处理

1. 导入上盖零件

双击桌面"中望 3D 2021 教育版"打开中望 3D 软件，进入中望 3D 工作环境，选择

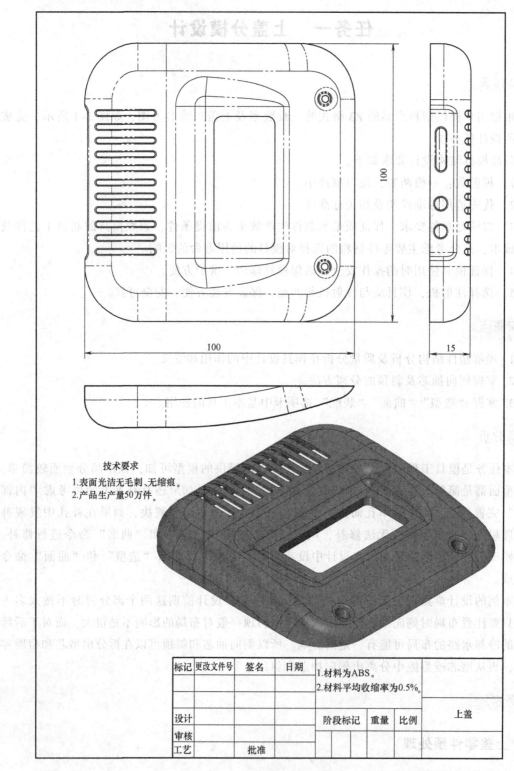

技术要求
1.表面光洁无毛刺、无缩痕。
2.产品生产量50万件。

标记	更改文件号	签名	日期	1.材料为ABS。				
				2.材料平均收缩率为0.5%。				
								上盖
设计				阶段标记	重量	比例		
审核								
工艺		批准						

图 2-1 上盖二维参考图

"打开文件"，在"文件类型"相应的目录路径中找到"上盖.Z3"确定打开，导入后的零件如图2-2所示。

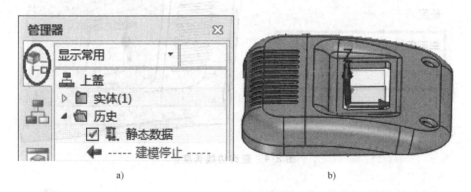

a) b)

图2-2　上盖产品图

上盖零件导入后可以看出该零件在模具设计过程中不仅需要侧向抽芯，而且还需要设计内侧抽芯或斜顶。另外零件产品的定位似乎已满足设计要求，但仍需进一步确认。

★注意：查看零件的视图方向可以按住键盘上的<Ctrl>+<←><↑><→><↓>4个方向键中的一个进行切换查看。

2. 产品定位分析

（1）创建坯料　选择"模具"选项卡下的"坯料"命令，"实体"选择整个零件产品，必选项为默认的"长方体"，其余选项均为默认，如图2-3所示。

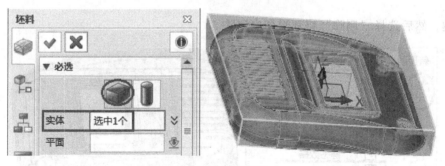

图2-3　创建坯料

（2）测量坯料　选择"查询"选项卡下的"长度"命令，在"曲线"框中选取需要查询的边线，可以看到所查询的当前曲线的长度，如图2-4所示。

★说明：所查询长方体长、宽的长度均为100mm。

再次选择"查询"选项卡，选择"距离"命令，在"点1"框中选取长方体的一个顶点，在"点2"框中选取坐标系原点，结果显示X方向与Y方向距离均为50mm，Z方向距离为15mm，如图2-5所示。显然，目前的坐标系已经可以满足模具设计的要求，无需进行产品定位，但需要记住模型中的X方向。

★注意：完成前面的分析后坯料已不再需要，可以在"历史"窗口中单击"坯料1"前面的小方框，使绿色小钩不再显示，即将所创建的坯料隐藏，如图2-6所示，也可以单击

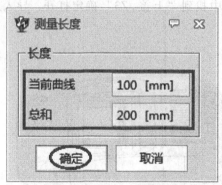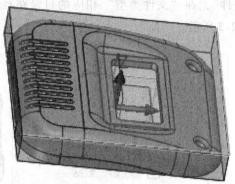

图 2-4　查询边线长度

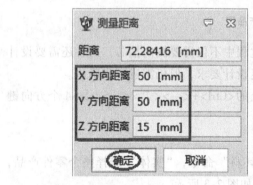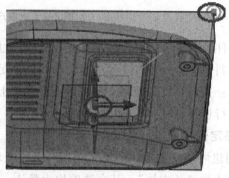

图 2-5　查询顶点-原点长度

鼠标右键，然后选择"删除"将坏料彻底删除。

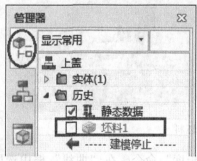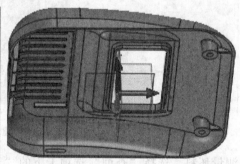

图 2-6　隐藏坏料

3. 脱模分析

选择"模具"选项卡下的"拔模"命令，弹出"分析面"对话框，必选项为"拔模检查显示"，"角度"换成 0°，分析结果外表面为绿色，内表面为红色，侧面有部分竖直面，如图 2-7 所示。

4. 厚度分析

选择"模具"选项卡下的"厚度"命令，"面"框内的数据选取整个模型，单击"开始分析"，使用"浏览厚度"动态显示产品的壁厚信息，壁厚为 1mm，如图 2-8 所示。

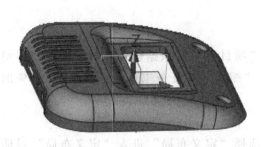

图 2-7 脱模斜度检查

X:-17.695
Y:-48.657
Z:9.997
T:1.000

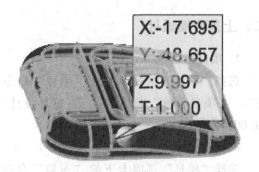

图 2-8 厚度分析

5. 质量分析

选择“查询”选项卡下的“质量属性”命令，“造型”选择整个模型零件，将“密度单位”改为克/厘米³（g/cm³），“密度”输入“1.05”，其他选项采用默认设置，确认后显示分析结果，如图 2-9 所示。

★说明：质量分析结果将用于注射机的选择参考。

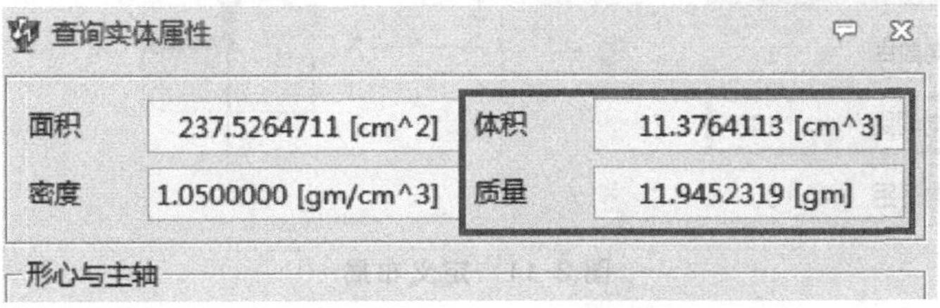

查询实体属性
面积
237.5264711 [cm^2]
体积
11.3764113 [cm^3]
密度
1.0500000 [gm/cm^3]
质量
11.9452319 [gm]
形心与主轴

图 2-9 质量分析结果

6. 开放边分析

检查零件是否封闭即是否为实体。选择“修复”选项卡下的“显示开放边”命令，中望 3D 软件自动计算产品零件的开放边数，如图 2-10 所示。开放边数为 0 说明零件为实体零件。

显示开放边
开放边数
0
边
0

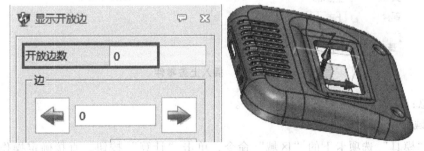

图 2-10 开放边分析

7. 保存文件

保存上盖零件，并退出中望 3D 工作环境。

二、上盖分模设计

1. 项目建立

选择"模具"选项卡下的"项目"命令,"项目类型"根据任务书要求选择"多型腔","项目名称"填入"上盖-模具设计","缩水"按任务书给定的数值取 0.5% 即"1.005"。

2. 产品布局

选择"模具"选项卡下的"布局"命令,选择"定义布局"进入"定义布局"对话框,"方向"改为"Y 向对称","X 向数目"为"2","X 向间距"改为"140",如图 2-11 所示,完成布局定义,返回上一界面继续操作。

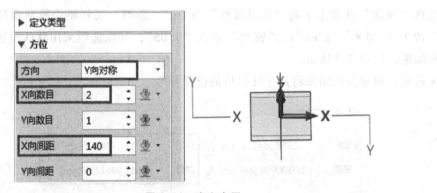

图 2-11 定义布局

单击"文件"右侧的文件夹图标,查找"上盖"文件并确定打开,"基准"选择已布局好的坐标系,如图 2-12 所示,打勾确认操作。

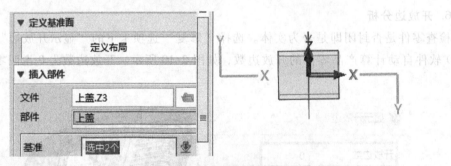

图 2-12 插入上盖零件

★注意:在布局后应确保滑块侧朝外。

3. 区域分析

选择"模具"选项卡下的"区域"命令,单击"计算"按钮,直接确定操作,系统自动计算出"未定义面"数量为 77 个,勾选"竖直面",放大模型查看这些面,均可将这 65 个面设置为型腔,再勾选"未知面"前面的复选框,放大模型查看这些面,均可暂时将这 12 个面设置为型芯,如图 2-13 所示。

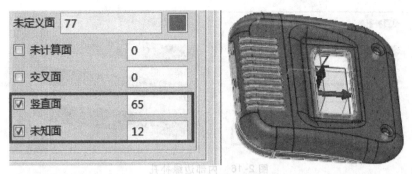

图 2-13　区域分析

这时"未定义面"已经为"0"了，放大模型后认真检查，认为侧向抽芯方向的几个面重新设置为型芯更为合理；选取 8 个面并设置为型芯，如图 2-14 所示。

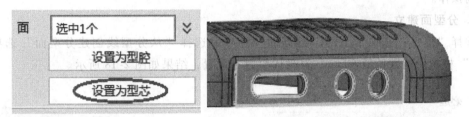

图 2-14　重新定义区域曲面

4. 上盖补孔

选择"模具"选项卡下的"模具补孔"命令，在"类型"选项中选择"分型造型"，"造型"选取需要修补的产品模型，如图 2-15 所示。

图 2-15　分型造型补孔

经过分型造型补孔后已经将比较简单的孔都补上了，但还剩下 11 个散热孔没有补好。按鼠标中键重复"模具补孔"命令，"类型"选项改为"内部边缘"并且选择"型芯/右边"，然后在"边缘"框中依次选取 11 个散热孔边线，如图 2-16 所示。

★说明：在进行补孔操作，即创建内分型面的过程中，对于一些稍微复杂的模型零件，往往需要同时使用分型造型和内部边缘方可完成。

5. 上盖分离

选择"模具"选项卡下的"分离"命令，必选项内容为"区域面"，"造型"选择整个

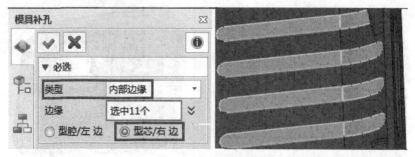

图 2-16　内部边缘补孔

产品模型，勾选"设置"中的"创建分型边缘"复选框，其他选项内容按照默认设置，如图 2-17 所示，完成后打勾确定，系统提示"共计 2 新创建的区域造型体"，按"继续"完成分离操作。

6. 分型面建立

选择"模具"选项卡下的"分型面"命令，选择"从分型线创建分型面"选项，在"距离"框中保留默认值 60mm，其他内容暂不设置，结果如图 2-18 所示。

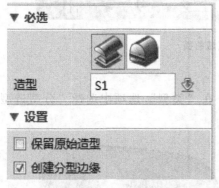

图 2-17　分离上盖

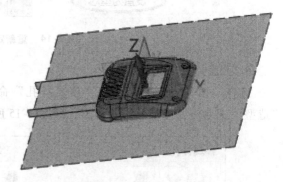

图 2-18　创建外分型面

★注意：如果此时粉红色的面朝向 +Z 方向，选中所有的外分型面，单击鼠标右键，选择"反转曲面方向"，如图 2-19 所示。

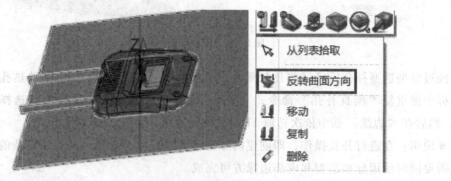

图 2-19　反转曲面方向

★延伸阅读：塑料模具的分型面是为了塑件的脱模和安放嵌件的需要，模具型腔必须分成两部分，模具上用以取出塑件和浇注系统凝料的可分离的接触表面称为分型面，也称合模面。一副模具根据需要可能有一个或两个以上的分型面。分型面可能垂直于合模方向或倾斜于合模方向，也可能平行于合模方向。所谓合模方向通常是上模与下模、动模与定模闭合的方向。

分型面的形状：分型面的形状有平面、斜面、阶梯面、曲面等。分型面应尽量选择平面，但是为了适应塑件成型的需要及便于塑件脱模，也可采用后三种分型面。后三种分型面虽然加工较麻烦，但型腔加工却比较容易。

分型面的选择：分型面的选择受到塑件的形状、壁厚、尺寸精度、嵌件位置及其形状、塑件在模具内的成型位置、脱模方法、浇口的形式及位置、模具类型、模具排气、模具制造及其成型设备结构等因素的影响。因此，在选择分型面时，应反复比较与分析，选取一个较为合理的方案。选择模具分型面时，通常应考虑以下几项基本原则。

1）便于塑件的脱模。在开模时塑件应尽可能留于下模或动模内；应有利于侧面分型和抽芯；应合理安排塑件在型腔中的方位。

2）考虑塑件的外观。

3）保证塑件尺寸精度的要求。

4）有利于防止溢料和考虑飞边在塑件上的部位。

5）有利于排气。

6）考虑脱模斜度对塑件尺寸的影响。

7）尽量使成型零件便于加工。

塑件的应用非常广泛，其制品多不胜数，条件互不相同，很难有一个固定的模式。因此，模具分型面的选择既是非常重要，又是一个非常复杂的问题。有时对于某一塑件，以上分型面选择原则可能发生矛盾，不能全部符合上述选择原则，在这种情况下，应根据实际情况，以满足塑件的主要要求为宜。

7. 合并

选择"模具"选项卡下的"合并"命令，系统显示另一个隐藏零件，在"组件"框中选择 2 个外分型面，将 2 个"Product"组件合并为一个"CombinePro"组件，如图 2-20所示。

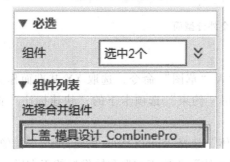
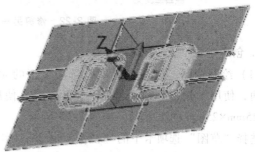

图 2-20 合并组件到"上盖-模具设计_ CombinePro"组件

★注意：务必明白"将 2 个'Product'组件合并为一个'CombinePro'"组件的含义。如果合并后保存并退出了模具设计环境，下一次继续设计时应该打开的是"CombinePro"组件，而不是总装配 ASM 文件。

★思考：如果在"将 2 个'Product'组件合并为一个'CombinePro'"组件之前保存并退出了模具设计环境，下一次继续设计时应该打开的是什么组件？

8. 外分型面修剪

单击 DA 工具栏上的"退出"命令，返回管理器窗口，单击"显示或隐藏未列出的零件"将隐藏文件显示出来后，双击"上盖-模具设计_ CombinePro"组件，返回模具设计工作区域。

选择"曲面"选项卡下的"曲面修剪"命令，在出现的选项中"面"选择上盖的分型面，"修剪体"选择 YZ 基准面，并注意箭头方向，如果箭头方向不正确，可以通过勾选"保留相反侧"进行转换，其余选项保持默认设置，如图 2-21 所示。

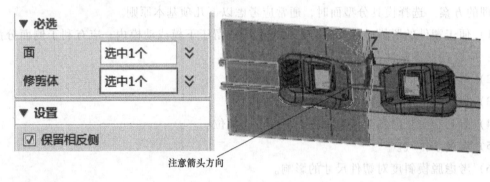

图 2-21 修剪外分型面

按鼠标中键，重复刚才的修剪步骤，并注意箭头方向的切换，在选项中"面"选择另一个外分型面，"修剪体"仍为 YZ 基准面，并注意箭头方向，如图 2-22 所示。

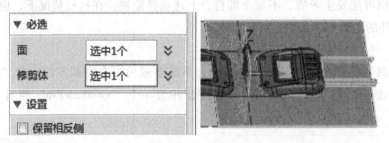

图 2-22 修剪另一个外分型面

9. 创建定位

（1）绘制草图 选择"造型"选项卡下的插入"草图"命令，选取 XY 基准面作为草绘平面，使用"矩形"命令绘制一个矩形，并使用"约束"选项卡下的"快速标注"命令标注 25mm×25mm 的正方形，如图 2-23 所示。

选择"草图"选项卡下的"镜像"命令，"实体"选择 25mm×25mm 的正方形，"镜像线"选择 Y 坐标轴，完成左、右草图镜像，继续选择"实体"为原正方形和镜像好的正方形，"镜像线"选择 X 坐标轴，完成上、下草图镜像，如图 2-24 所示，完成后退出草绘环境。

图 2-23 绘制正方形

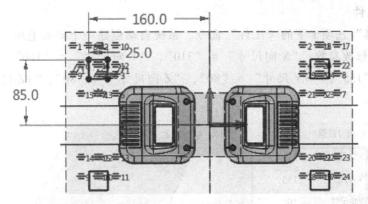

图 2-24 草图镜像

（2）拉伸定位　选择"造型"选项卡下的"拉伸"命令，"轮廓 P"选用刚绘制的 4 个正方形草图，"拉伸类型"为"1 边"，"结束点 E"为"15"，"布尔运算"选择"基体"，"脱模斜度"-5°，其他参数采用默认设置，结果如图 2-25 所示。

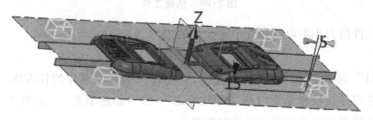

图 2-25 拉伸草图

★思考：拉伸高度为何选择 15mm？

（3）圆角定位　选择"造型"选项卡下的"圆角"命令，"轮廓 P"选取定位块上的 4 条内侧边，"半径 R"为 8mm，其他参数采用默认设置，结果如图 2-26 所示。

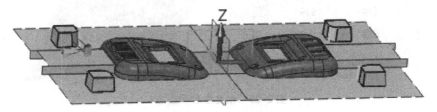

图 2-26 圆角定位块

（4）组合定位　选择"造型"选项卡下的"组合"命令，必选项为"加运算"，"基体"选择 2 个外分型面，"合并体"选取 4 个定位块，结果如图 2-27 所示。

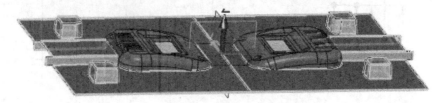

图 2-27　组合定位块

10. 创建工件

选择"模具"选项卡下的"工件"命令，系统自动创建一个矩形毛坯，必选项使用默认的"箱体"，修改参数："X 向尺寸" = "310"，"Y 向尺寸" = "160"，系统自动修改"+X 尺寸" = "155"，"+Y 尺寸" = "80"，"Z 向尺寸" = "80"，"+Z 尺寸" = "45"，如图 2-28 所示。

图 2-28　创建工件

★注意：工件的大小不应超过 4 个定位块的边界。

11. 拆模

选择"模具"选项卡下的"拆模"命令，"工件"选择刚制作的长方体，"分型"用鼠标左键框选整个零件，检查是否勾选"创建型芯"和"创建型腔"，如图 2-29 所示，完成后确认操作，系统提示型腔和型芯已成功析出。

图 2-29　创建型腔和型芯

12. 激活型芯

选择 "DA" 工具栏中的 "退出" 命令，系统退回到任务管理器的窗口，再双击 "上盖模具设计_ Core" 激活型芯，系统返回到模具设计窗口，如图 2-30 所示。

图 2-30　激活型芯

★说明：除了上述方法外，也可以在 "管理器" 窗口下选择 "装配管理"，双击 "上盖-模具设计_ Core" 激活型芯，如图 2-31 所示。

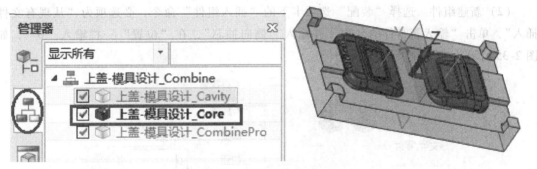

图 2-31　在装配管理器中激活型芯

13. 型芯工艺处理

（1）偏移端面　选择 "造型" 选项卡下的 "面偏移" 命令，必选项为 "常量"，"面" 选择四个定位块的顶端平面，向下偏移 1mm，其余选项采用默认设置，结果如图 2-32 所示。

（2）简化圆角面　选择 "造型" 选项卡下的 "简化" 命令，"实体" 选择定位块上的 4 个圆角面，将这 4 个圆角面简化为尖角，如图 2-33 所示。

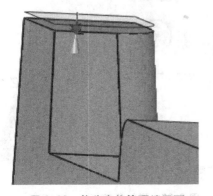

图 2-32　偏移定位块顶端平面

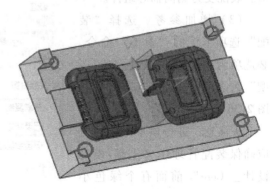

图 2-33　简化圆角面

★注意：选择 4 个圆角面时可通过"属性过滤器"进行过滤。

（3）定位块倒角　选择"造型"选项卡下的"倒角"命令，必选项为对称"倒角"，对四个定位块的内侧 Z 方向的 4 条短边进行 8mm 的倒角处理，如图 2-34 所示。

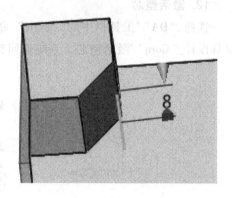

图 2-34　倒角

14. 分离侧向抽芯

（1）切换对象　选择"DA"工具栏中的"退出"命令，系统退回到任务管理器的窗口，再双击"上盖-模具设计_ ASM"激活总装配，系统返回到模具设计窗口。在"装配管理"中将型腔暂时隐藏，在后续的操作中暂时不需要型腔部分，只显示型芯部分即可，并且注意激活后的总装配以蓝色高亮显示。

（2）新建组件　选择"装配"选项卡下的"插入组件"命令，必选项为"从现有文件插入"，单击"输入新零件的名称"并输入"侧向抽芯"，在"位置"一栏输入"0"，如图 2-35 所示。

图 2-35　插入侧向抽芯组件

★注意：插入侧向抽芯组件后，仅仅建立了一个没有任何内容的空组件，并且激活状态由总装配变为侧向抽芯组件。

（3）增加参考　选择"装配"选项卡下的"参考"命令，必选项为"造型"，然后在"造型"列表框中选择型芯零件，如图 2-36 所示。

★注意：进行该参考操作时应确保装配管理中"上盖-模具设计_ Core"前面有个绿色小钩，参考操作完成后，再将其绿

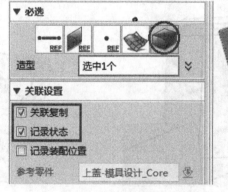

图 2-36　增加参考

色小钩去除，以保证后面的滑块操作是针对参考体。

（4）绘制草图　选择"造型"选项卡下的"草图"命令，"平面"选择 X 方向的一个端面，"向上"选择型芯零件的一条 Z 方向短边或选择工作区窗口左下方的 Z 坐标轴，如图 2-37 所示。

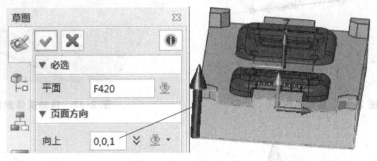

图 2-37　选择草绘平面

进入草绘环境后，选择"草图"选项卡下的"参考"命令，必选项设置为"曲线"，选取侧向抽芯上的 5 条轮廓线作为参考，如图 2-38 所示。

框选所有参考线，右键单击鼠标，在弹出的快捷菜单中选择"解除参考"，再一次框选，右键鼠标选择"切换类型"，这样就可以将参考曲线转换成黑色实线，如图 2-39 所示。

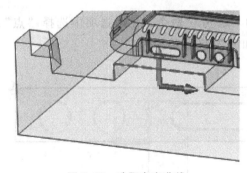

图 2-38　选取参考曲线

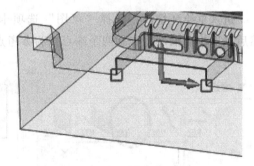

图 2-39　切换参考曲线

继续使用"草图"选项卡下的"直线"命令，连接草图中的 2 个开放点，将草图闭合，如图 2-40 所示。

（5）拉伸实体　选择"造型"选项卡下的"拉伸"命令，"轮廓 P"选择刚绘制的草图，"拉伸类型"选择 1 边，"结束点 E"选择时，在设计工作区空白处按鼠标右键，选择"到面"，然后选择侧向抽芯最顶端的面（型芯与侧向抽芯的交接面），并将"布尔运算"设置为"交运算"，这样中望 3D 软件会自动提取参考体和拉伸体的公共部分，如图 2-41 所示。

★注意：选择"草图"时，可以将"属性过滤器"设置为"草图"再框选较为方便。

（6）绘制草图　选择"造型"选项卡下的"草图"命令，"平面"选择侧向抽芯的端面，"向上"选择工作区窗口中的 Z 坐标轴，如图 2-42 所示。

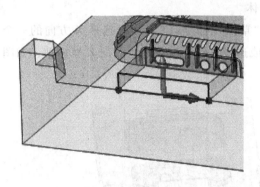

图 2-40　草绘直线

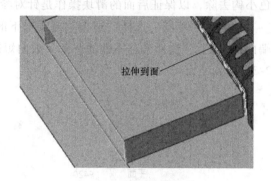

图 2-41　拉伸实体到面

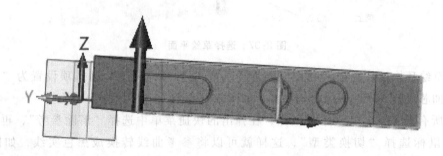

图 2-42　选择草绘平面

进入草绘环境后，选择"草图"选项卡下的"参考"命令，在必选项中选择"点"，然后选取侧向抽芯上方的两个端点作为参考点，如图 2-43 所示。

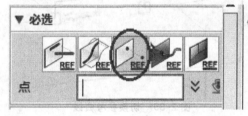

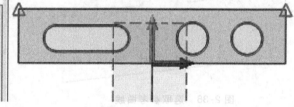

图 2-43　选择参考点

选择"草图"选项卡下的"绘图"命令，绘制一个左右对称的草图，再使用"约束"选项卡下的"快速标注"及"对称"命令完成整个草图的约束，如图 2-44 所示，完成后退出草绘环境。

（7）拉伸实体　选择"造型"选项卡下的"拉伸"命令，"轮廓P"选择刚绘制的草图，"拉伸类

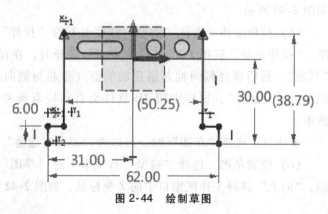

图 2-44　绘制草图

型"选择1边，"结束点E"输入"60"，"布尔运算"选择"加运算"，结果如图2-45所示。

选择"造型"选项卡下的"倒角"命令，必选项为"不对称倒角"，"边E"为需要倒角的一条边，然后在滑块尾部端面单击一下，以确定角度的方向，"倒角距离S1"为"32"，"角度A"为"20°"，制作与锲形块配合的部分，结果如图2-46所示。

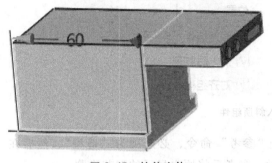

图 2-45　拉伸实体

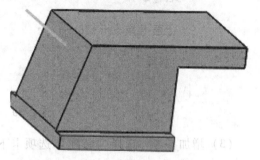

图 2-46　侧向抽芯倒角

★注意：在选择了"边E"以后，要选择缩进距离的一侧，本例是在尾部端面滑块再单击一次，以确定角度的方向。另外还要注意"属性过滤器"的设置。

（8）阵列滑块　在"装配管理"窗口中"上盖-模具设计_ Core"前面复选框中打勾，显示型芯组件作为阵列的参照。再选择"造型"选项卡下的"阵列几何体"命令，必选项为"圆形"，"基体"选择整个侧向抽芯（可通过属性过滤器进行选择），"方向"选择Z坐标轴，"数目"为"2"，"角度"为"180°"，其余选项采用默认设置，结果如图2-47所示。

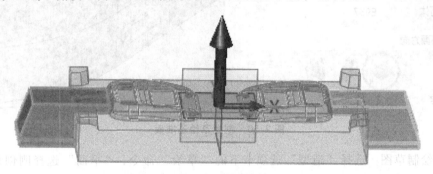

图 2-47　圆形阵列

15. 分割斜顶

（1）切换对象　在"管理器"窗口下选择"装配管理"，首先将显示型芯零件，再双击"上盖-模具设计_ ASM"激活总装配，如图2-48所示。

（2）新建组件　选择"装配"选项卡下的"插入组件"命令，必选项为"从现有文件插入"，单击"输入新零件的名称"并输

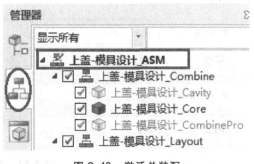

图 2-48　激活总装配

入"斜顶",在"位置"一栏输入"0",如图 2-49 所示,软件自动激活斜顶组件。

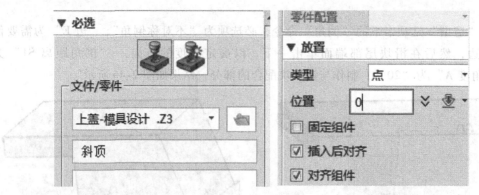

图 2-49 插入斜顶组件

(3)增加参考 选择"装配"选项卡下的"参考"命令,必选项为"造型",然后在"造型"列表框中选择型芯零件,如图 2-36 所示,参考后将原先显示的型芯隐藏。

(4)建立草绘基准面 选择"造型"选项卡下的"基准面"命令,必选项设置为"平面",几何体选择长圆边中点(可自动捕捉),页面方向选择"对齐到几何坐标的 XY 面",如图 2-50 所示。

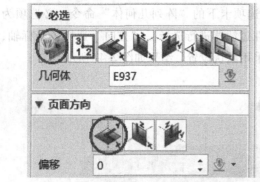
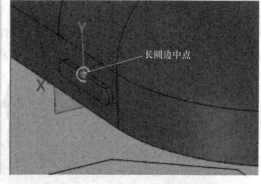

图 2-50 创建草绘基准面

(5)绘制草图 选择"造型"选项卡下的"草绘"命令,"平面"选择刚创建的基准面,"向上"选择型芯零件的一条 Z 方向短边或选择工作区窗口左下方的 Z 坐标轴,如图 2-51所示。

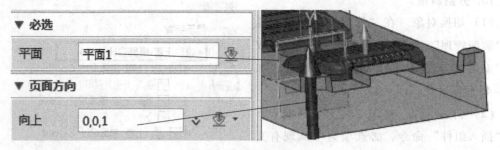

图 2-51 选择草绘平面

进入草绘环境后，选择"草图"选项卡下的"参考"命令，在必选项中选择"点"，然后选取侧向抽芯上方的两个端点作为参考点，如图 2-52 所示。

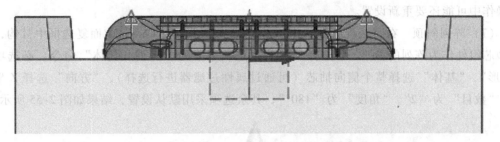

图 2-52 选择参考点

继续使用"草图"选项卡下的"绘图"命令，绘制一个宽为"10"，角度为"3°"，高度用约束限制的平行四边形，最后再使用"草图"选项卡下的"镜像"命令，以 Y 坐标轴或 YZ 基准面为镜像线，镜像整个平行四边形，如图 2-53 所示。

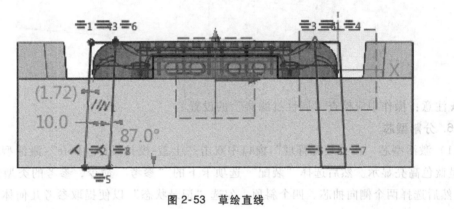

图 2-53 草绘直线

（6）拉伸实体 选择"造型"选项卡下的"拉伸"命令，"轮廓 P"选择刚绘制的"草图 1"，"拉伸类型"选择"对称"，"结束点 E"输入"5"，"布尔运算"选择"交运算"，如图2-54所示。

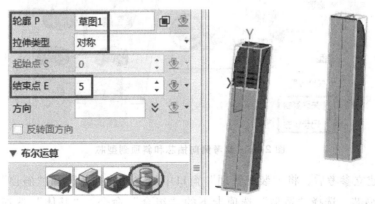

图 2-54 拉伸实体

★注意：草图大部分在实体内，在选择"轮廓 P"时，可将属性过滤器的设置改为"草图"，再用鼠标框选较方便。另外还需要注意，属性过滤器设置为"草图"后，在其后的操作中可能还要重新设置。

（7）阵列斜顶 在"装配管理"窗口"上盖-模具设计_ Core"前面复选框中打钩，显示型芯组件作为阵列的参照。再选择"造型"选项卡下的"阵列几何体"命令，必选项为"圆形"，"基体"选择整个侧向抽芯（可通过属性过滤器进行选择），"方向"选择 Z 坐标轴，"数目"为"2"，"角度"为"180°"，其余选项采用默认设置，结果如图 2-55 所示。

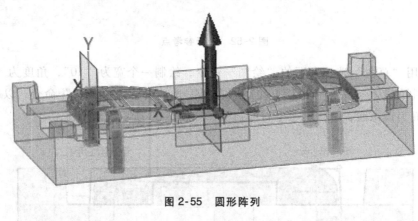

图 2-55 圆形阵列

★注意：操作中应检查"属性过滤器"的设置。

16. 分割型芯

（1）激活型芯 在"装配管理"窗口中双击"上盖-模具设计_ Core"激活型芯，这时型芯呈蓝色高亮显示。然后选择"装配"选项卡下的"参考"命令，参考的类型选择"造型"，然后选择两个侧向抽芯、四个斜顶，勾选"记录状态"以便提取参考几何体的零件的历史状态，其余选项采用默认设置，如图 2-56 所示。

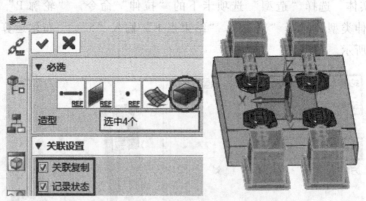

图 2-56 参考侧向抽芯和斜顶到型芯

★注意：建立参考后，将"装配管理"窗口中的"侧向抽芯"和"斜顶"隐藏。

（2）组合型芯 选择"造型"选项卡下的"组合"命令，"基体"选择型芯，"合并体"选择两个侧向抽芯和四个斜顶，将必选项改为"减运算"，其余选项采用默认设置，如

图 2-57 所示，确认后完成型芯部分的切除。

图 2-57 型芯与参考几何体布尔减运算

★注意：当选好基体后再选择合并体时用鼠标框选较方便。

17. 保存文件

将"装配管理"窗口中的总装配激活，并且将型腔、型芯、侧向抽芯和斜顶全部打勾显示，结果如图 2-58 所示，最后保存结果文件到相应的文件夹中。

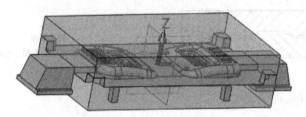

图 2-58 分模结果

学习小结

本任务在复习分模流程，即塑件分析、项目建立、产品布局、区域分析、补孔、分离、分型面建立、合并、分型面修剪、创建定位、曲面修剪、工件、拆模等的基础上，重点介绍分型面的创建和侧向抽芯及斜顶的分离方法。结合分模过程介绍了"造型""曲面"和"装配"等选项卡下的一些命令的使用，其中包括"创建坯料""测量""脱模分析""厚度分析""质量分析""开放边分析""反转曲面方向""圆角""组合""偏移""简化""倒角""插入组件""增加参考""阵列几何体"等命令，目的在于对中望 3D 软件没基础的人也可以边学边设计，降低软件学习的门槛。

任务二 浇注系统及抽芯机构设计

任务描述

根据本项目任务一提供的产品分模结果"上盖-模具设计"的三维数据及该分模的二维参考图，如图 2-59 所示，完成完整的浇注系统和抽芯机构的设计。

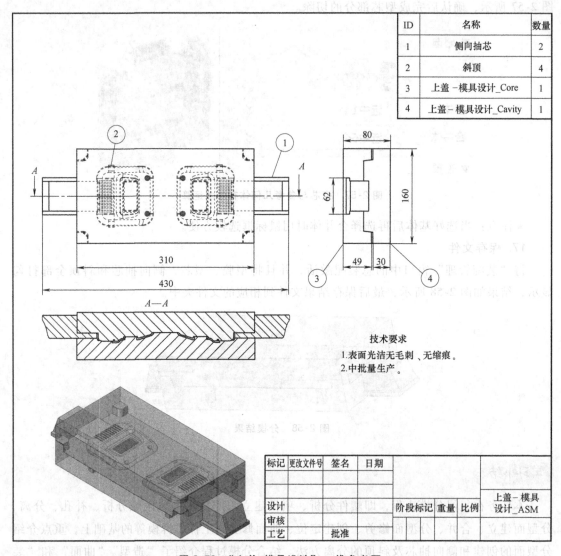

ID	名称	数量
1	侧向抽芯	2
2	斜顶	4
3	上盖－模具设计_Core	1
4	上盖－模具设计_Cavity	1

技术要求
1.表面光洁无毛刺、无缩痕。
2.中批量生产。

标记	更改文件号	签名	日期				上盖－模具设计_ASM
设计				阶段标记	重量	比例	
审核							
工艺		批准					

图 2-59 "上盖-模具设计" 二维参考图

模具结构设计要求如下。

1）模腔数：一模两腔，浇口痕迹小。

2）优先选用标准模架及相关标准件。

3）以满足塑件要求、保证质量和制件生产效率为前提条件，兼顾模具的制造工艺性及制造成本，充分考虑主要零件材料的选择对模具的使用寿命的影响。

4）保证模具使用时的操作安全，确保模具修理、维护方便。

5）选择注射机，模具应与注射机相匹配，保证安装方便、安全可靠。

学习重点

1. 熟练掌握浇注系统和抽芯机构的设计内容及一般方法。

2. 掌握模架的选用、编辑。

3. 掌握定位圈、浇口套、螺钉、弹簧、限位挡块、斜顶底座等标准件的选用及放置。

4. 掌握楔紧块、斜导柱及侧向抽芯机构相关零件的设计、计算。

5. 巩固"造型""曲面""装配"选项卡中工具的使用。

任务分析

任务书中要求完成完整的浇注系统和抽芯机构的设计。浇注系统中的主流道设计必须在加载模架后再采用标准件库中的浇口套和定位圈；分流道采用草绘的方式，画出流道的二维平面草图，再利用模具设计中的"流道"命令来完成；本例中的浇口较简单，可以通过简单的草绘再拉伸切除而成；冷料穴只能在分流道中设计一部分，主流道的冷料穴与后续任务中的拉料一并设计。

抽芯机构的设计需要完成两个内容：侧向抽芯和斜顶。侧向抽芯设计时首先需要在 A、B 板上切出槽腔并做出滑道，然后再进行滑道导滑板或定位板设计，最后还有斜导柱和楔紧块，所有这些都通过"草绘草图"和"拉伸""旋转"等命令来完成。在中望 3D 模具设计模块中，也提供完整的滑块设计工具，这将在下一个项目中介绍。斜顶的设计内容较简单，主要是斜顶底座的设计，可以直接选取标准件库中的零件来完成。

任务实施

一、浇注系统设计

浇注系统是模具中从接触注射机喷嘴开始到型腔为止的塑料流动通道。它的作用是使塑料熔体平稳且有顺序地填充到型腔中，并在填充和凝固过程中把注射压力充分传递到各个部位，以获得组织紧密、外形清晰的塑件。设计良好的浇注系统可以减小流道所损耗的压力，以及熔料在流道被带走的热量。

浇注系统可分为普通浇注系统和无流道凝料浇注系统两类。无流道凝料浇注系统是注射模具发展的一个重要方向，但不属于本任务的介绍范围。

浇注系统一般由主流道、分流道、浇口和冷料穴四个部分组成。

主流道是指从注射机喷嘴与模具的接触部位起，到分流道为止的一段流道，主流道与注射机喷嘴在一条线上，是熔融塑料进入模具时最先经过的通道。

分流道是指介于主流道和浇口之间的一段通道，它是熔融塑料由主流道流入型腔的过渡通道，能使塑料的流向得到平稳转换。

浇口又称进料口，它是分流道与型腔之间的狭窄部分，也是浇注系统中最短小的部分。这一狭窄、短小的浇口能使分流道输送来的熔融塑料加速形成理想的流动状态而充满型腔，同时还起着封闭型腔、防止塑料倒流的作用，并在成型后便于浇注系统凝料与塑件分离。

冷料穴是指直接对着主流道的孔或槽。其作用是储藏注射间隔期间产生的冷料头，以防止冷料进入型腔而影响塑件质量，甚至堵塞浇口而影响注射成型。当分流道较长时，其末端也应开设冷料穴。

需要指出：并不是所有浇注系统都具有上述各组成部分。浇注系统在设计时应该注意几个基本原则。

（1）适应塑料的成型工艺特性　在设计浇注系统时应综合考虑熔融塑料在浇注系统和型腔中的温度、压力和剪切速率等因素，以便在充模这一阶段能使熔融塑料以尽可能低的表观黏度和较快的速度充满整个型腔，而在保压这一阶段又能通过浇注系统使压力充分地传递到型腔的各个部位，同时还能通过浇口的适时凝固来控制补料时间，以获得外形清晰、尺寸稳定、质量较好的塑件。

（2）利于型腔内的气体排出　浇注系统应顺利、平稳地引导熔融塑料充满型腔的各个角落，在充模过程中不产生紊流或涡流，使型腔内的气体顺利排出。

（3）尽量减少塑料熔体的热量及压力损失　浇注系统应能使熔融塑料通过时其热量及压力损失最小，以防止因过快降温、降压而影响塑件的成型质量。为此，浇注系统的流程应尽量短，尽量减少折弯，表面粗糙度 Ra 值应小。

（4）避免熔融塑料直冲细小型芯或嵌件　经浇口进入型腔的熔融塑料的速度和压力一般都较高，应避免直冲型芯或嵌件，以防止细小型芯和嵌件产生变形或移位。

（5）便于修整，不影响塑件的外观质量　设计浇注系统时要结合塑件的大小、形状及技术要求综合考虑，做到去除、修整流道凝料方便，并且不影响塑件的美观和使用。

（6）防止塑件翘曲变形　当流程较长或需采用多浇口进料时，应考虑由于浇口收缩等原因引起塑件翘曲变形问题，采取必要的措施予以防止或消除。

（7）便于减少塑料耗量和减小模具尺寸　浇注系统的容积尽量小，以减少其占用的塑料量，从而减少回收料；同时浇注系统与型腔的布置应合理对称，以减小模具尺寸、节约模具材料。

1. 导入分模结果

双击桌面"中望 3D 2021 教育版"打开中望 3D 软件，进入中望 3D 工作环境，选择"打开文件"，将"文件类型"相应的目录路径中找到"上盖-模具设计 .Z3"确定打开，在出现的管理器窗口中，用鼠标双击"上盖-模具设计_ ASM"激活任务一中完成的分模总装配，如图 2-60 所示。

在接下来的流道和浇口设计需要同时对型腔和型芯进行操作，因此必须将型腔和型芯显示，所以在管理器窗口中应选择"装配管理"，标记上蓝色小勾，如图 2-61 所示。

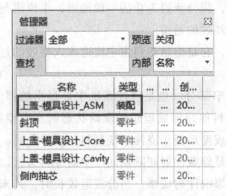

图 2-60　激活分模总装配

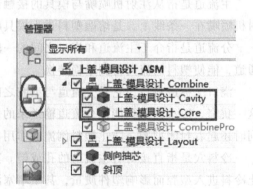

图 2-61　显示型腔和型芯

2. 分流道设计

小型塑件的单型腔模具常不设分流道，而塑件尺寸较大采用多点浇口进料的单型腔模具和所有多型腔模具都需设置分流道。分流道的设计应能使塑料熔体的流向得到平稳的转换并尽快地充满型腔，流动中温度降低（尽可能低），同时应能将塑料熔体均衡地分配到各个型腔。

实际选择分流道的截面形状时，应综合考虑塑料的注射成型需要和加工的难易程度。通常，从减少压力损失和热量损失考虑，采用圆形截面分流道最好。从便于加工考虑，宜采用梯形、U 形或半圆形分流道截面。

在多型腔注射模具中分流道的布置有平衡式和非平衡式两种，一般以平衡式布置为佳。所谓平衡式布置就是各分流道的长度、截面形状和尺寸都是对应相同的。这种布置可使各型腔能均衡地进料，同时充满各型腔。在加工平衡式布置的分流道时，应特别注意各对应部位尺寸的一致性，否则达不到均衡进料的目的。一般来说，其截面尺寸和长度误差以在 1% 以内为宜。

非平衡式布置的分流道由于各分流道长度不相同，为了达到各型腔同时均衡时料，必须将各浇口设计成不同的截面尺寸。但由于塑料的充模顺序与分流道的长短和截面尺寸等都有较大关系，要准确地计算各浇口尺寸比较复杂，需要经过多次试模和修整才能实现，故不适应成型精度较高的塑件。非平衡式布置的优点是型腔数较多时常可缩短流道的总长度。

设计分流道时，除了要正确选择分流道的截面形状和布置形式外，还应注意以下要点。

分流道的截面尺寸视塑件的大小和壁厚、塑料品种、注射速率和分流道长度等因素而定，一般当塑料为 ABS 或 AS 时，圆形截面分流道的直径可取 4.8~9.5mm，其中分流道长度短、塑件尺寸小时取较小值，否则取较大值，其他截面形状的分流道，其尺寸可根据与圆形截面分流道的比表面积相等的条件确定。分流道长度一般在 8~30mm，也可根据型腔数量和布置取得更长一些，但不宜小于 8mm，否则会给修剪带来困难。

在考虑型腔与分流道布置时，最好使塑件和流道在分型面上总投影面积的几何中心与锁模力的中心相重合。这对于锁模的可靠性和锁模机构受力的均匀性都是有利的，而且还可以防止发生溢料现象。当分流道较长时，其末端应设置冷料穴，以防止冷料头堵塞浇口或进入型腔而影响塑件的质量。

（1）绘制流道草图 选择"模具"选项卡下的"流道"命令，由于在此之前用于设计流道的曲线没有绘制，所以可以选择曲线框右边的"创建新草图"按钮进入草绘环境，也可以直接按鼠标中键插入草图，如图 2-62 所示。

进入草图需要选择草绘平面，可以直接鼠标中键选择默认的 XY 平面作为草图平面，绘制一个左右对称（对称约束），上下也对称的草图，并通过"约束"选项下的"快速标注"命令标注尺寸 60mm、52mm、29mm，如图 2-63 所示。

（2）创建流道 退出草图环境后，返回"创建流道"对话框，在"曲线"栏中选取长度为 60mm 的草绘曲线，"方向"采用默认方向，"轮廓"为圆形，并用鼠标单击"参数值"，然后输入"8"，即将该流道的直径设置为 8mm，在可选项中勾选"创建腔体"，"流

道侧"选择型芯/型腔,即将型芯侧和型腔侧两边都进行挖腔操作以得到流道,如图 2-64
所示。

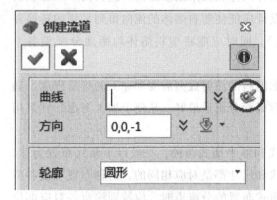

图 2-62 创建流道草图

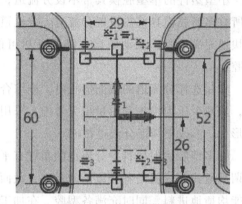

图 2-63 绘制流道草图

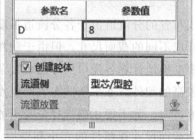

图 2-64 创建流道

★注意:选取草绘曲线时按<Ctrl>+<F>键,将实体模型转化为线框模型,如图 2-65 所示。

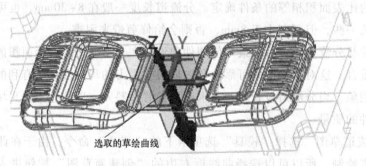

选取的草绘曲线

图 2-65 线框模型选取草绘曲线

按鼠标中键重复"创建流道"命令,"曲线"选取长为"29"的两条草绘曲线,"轮
廓"为"圆形",修改流道的直径为 6mm,在可选项中勾选"创建腔体","流道侧"选择
型芯/型腔,如图 2-66 所示。

★延伸阅读:流道是塑胶模具在充填模腔时从注射机喷嘴处流向浇口的通道。流道根据
模型特点及产品外观要求的不同有很多种设计方法,用户可以从流道库中选择不同的流道类
型,也可以自定义流道类型。当单击该命令时,系统自动进入 feed 组件。流道管道通过沿

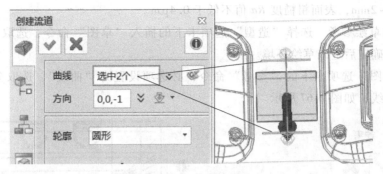

图 2-66 创建其他流道

引导线扫掠截面的方法来创建，用户可以根据自己的需求来决定是否对管道进行挖腔操作以得到流道，创建的管道是一个单一的文件，存放在 feed 组件中。在创建流道过程中必选输入如下。

1）"曲线"选择绘图区中的曲线或单击鼠标中键插入草图。

2）"方向"使用此选项定义一个不同的流道方向，默认情况下，方向为"-Z 方向"。

3）"轮廓"选择流道截面的类型，有圆形、六边形、抛物线、梯形，并可以在下面的表格中修改对应的参数值。

可选输入选项如下。

1）"创建腔体"即设计人员可以根据自己的需求来决定是否对管道进行挖腔操作以得到流道。

2）"流道侧"选项可供选择在哪个实体上创建流道，四种类型：型芯侧、型腔侧、型芯/型腔、其他。

3）"流道放置"当勾选"创建腔体"选项时，系统激活该选项，选择流道放置在哪个面上。

3. 浇口设计

浇口是位于分流道与成型空间的小通道，大多数情况下浇口是整个浇注系统中截面最小的部分（除直接浇口外）。它的作用就是使从流道过来的塑料能够以很快的速度充满型腔；型腔充满保压结束以后，浇口能够迅速冷却凝固，防止型腔里还没有凝固的塑料熔体倒流出来；此外狭小的浇口便于浇道凝料与塑件的分离，便于修整塑件，成型周期较短。

浇口的位置、数量、形状、尺寸等是否合适，直接影响到产品的外观、尺寸精度、物理性能和成型效率。浇口尺寸的大小要根据产品的重量、塑料材料特性及浇口形状来决定。在不影响产品机能及成型效率的前提下，浇口应尽量缩短其长度、深度、宽度。

但浇口截面尺寸不能过小，过小的浇口压力损失大、冷凝快、补缩困难、会造成塑件缺料、缩孔等缺陷，甚至还会产生熔体破裂、形成喷射现象，使塑件表面出现凹凸不平；同样，浇口截面尺寸也不能过大，过大的浇口注射速率低，温度下降快，塑件可能产生明显的熔接痕和表面云层现象。

一般浇口的尺寸很难用理论公式计算，通常根据经验取下限，然后在试模过程中逐步加以修正。一般浇口的截面面积为分流道截面面积的 3%~9%，截面形状常为矩形或圆形，浇口长度为 0.7~2mm，表面粗糙度 Ra 值不低于 0.4μm。

（1）添加草绘参考 选择"造型"选项卡下的插入"草图"命令，选取 YZ 基准面作为草绘平面，确定后进入草绘环境。

选择"草图"选项卡下的"参考"命令，必选项设置为"曲线"，选取分流道的投影面作为参考曲线，如图 2-67 所示。

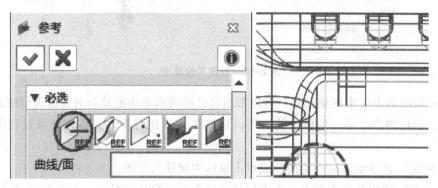

图 2-67　创建参考曲线

（2）绘制浇口草图 选择"草图"选项卡下的"圆"命令，必选项设置为"半径"，捕捉参考曲线的圆心，绘制 2 个半径为"1"的圆，如图 2-68 所示。

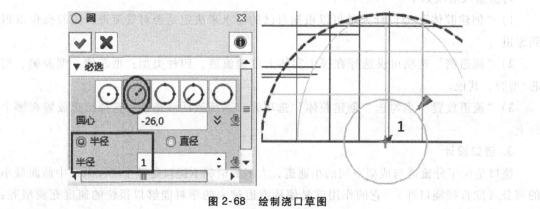

图 2-68　绘制浇口草图

（3）拉伸浇口 选择"造型"选项卡下的"拉伸"命令，"轮廓 P"可以用鼠标框选 2 个半径为 1mm 的草图，"拉伸类型"为对称，"结束点 E"输入"30"，"布尔运算"为"减运算"，如图 2-69 所示。

（4）浇口圆角 选择"造型"选项卡下的"圆角"命令，"边 E"选取浇口与流道间的 4 条交接线，圆角"半径 R"设为 2mm，结果如图 2-70 所示。

完成这些操作后，在"装配管理"中重新激活"上盖-模具设计_ ASM"总装配。

4. 主流道设计

主流道作用：接注射机喷嘴和模具的桥梁，是熔料进入型腔最先经过的部位。

主流道的截面尺寸直接影响塑料的流动速度和填充时间，如果主流道截面尺寸太小，则塑料在流动时的冷却面积相对增加，热量损失大，使熔体黏度增大，流动性降低，注射压力

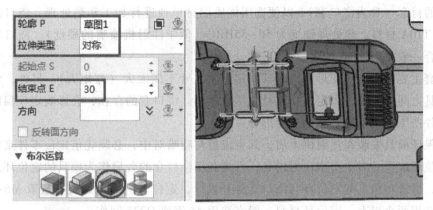

图 2-69　拉伸浇口

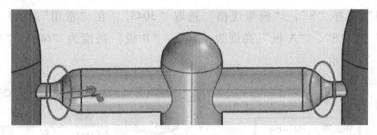

图 2-70　浇口圆角

损失也相应增大，造成成型困难。反之，如果主流道截面尺寸太大，则使流道的容积增大，塑料耗量增多，且塑件冷却定型的时间延长，降低了生产效率。同时主流道过粗还容易使塑料在流动中产生紊流或涡流，在塑件中出现气泡，从而影响其质量。

通常对于黏度大、流动性差的塑料或尺寸较大的塑件，主流道应设计得大一些；黏度小、流动性好的塑料或尺寸较小的塑件，主流道应设计得小一些。主流道的设计要点如下。

主流道的截面形状通常采用比表面积（表面积与体积之比）最小的圆形截面。在卧式或立式注射机用模具中，因主流道垂直于分型面，为了便于流道凝料的脱出，主流道应设计成圆锥形，其锥角 $\alpha = 2° \sim 4°$。过大的锥角会产生湍流或涡流，卷入空气；过小的锥角使凝料脱模困难。

主流道小端直径 d 根据塑件重量、填充要求及所选的注射机规格而定，通常 $4 \sim 8mm$。为了与注射机喷嘴相吻合，主流道的始端也为球面凹坑状，球面半径 R 根据注射机喷嘴球面半径确定。球面深度一般取 $3 \sim 5mm$。主流道长度 L 根据定模座板厚度确定，在能够实现成型的条件下尽量短，以减少压力损失和塑料耗量。通常 L 不能超过 $60mm$。

主流道大端与分流道相接处应有过渡圆角，以减小料流转向时的阻力，其圆角半径通常取 $r = 1 \sim 3mm$ 或取 $r = D/8$（D 为主流道大端直径）。

由于结构需要，主流道需穿过两块模板时，为了防止在模板结合面处溢料造成主流道凝料脱出困难，应尽量采用浇口套。不宜采用浇口套时，应在模板接合面处做出 $0.2 \sim 0.5mm$ 阶梯。

由于主流道要与高温的塑料和喷嘴反复接触和碰撞，所以模具的主流道通常宜设计成可拆卸更换的衬套（称为浇口套），以便选用优质钢材单独进行加工和热处理，浇口套一般采用 T8A 或 T10A 材料，热处理硬度为 50~55HRC（低于注射机喷嘴的硬度）。浇口套与定模座板的配合一般按 H7/m6 过渡配合。

浇口套主要发生交变变形，因此其固定台阶尺寸不能太大（弯矩大）。另外，为减小浇口套同模具之间的温差，固定圆柱直径也尽可能小。浇口套的存在，会影响定模温度的均一性，使塑件产生外观痕迹、缩陷、变形等。

为了保证模具安装在注射机上后，其主流道与喷嘴对中，必须凭借定位零件来实现，通常采用定位环定位。对于小型注射模具，直接利用浇口套的台肩作为模具的定位环，对于大中型模具，常常将模具的定位环与浇口套分开设计，定位环的固定螺钉一般取 M6~M8，螺钉数通常选用两个以上，定位环材料一般宜选用 45 钢或 Q275 制作。

（1）加载模架　选择"模具"选项卡下的"插入模架"命令，"供应商"选择"FUT-ABA"，"类型"选择"S"，"模架规格"选取"3045"，在"常用"栏将"Class"设为"SC"，"Type"为"S"，"A 板"高度为"70"，"B 板"高度为"60"，"C 板"高度为"100"，如图 2-71 所示。

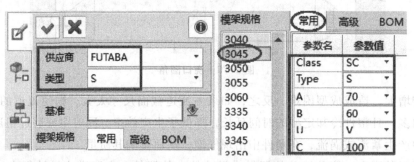

图 2-71　选择模架规格及模板高度

在"高级"设置框中，将型腔板间隙 Cavity Gap、型芯板间隙 Core Gap 都设置为 0.5mm、顶出板间隙 Ejector Gap 设置为 3mm，模板角度 Plate Chamfer 暂时使用默认的 0°，"基准"暂时为空白，如图 2-72 所示。确认所有选择后完成模架加载，如图 2-73 所示。

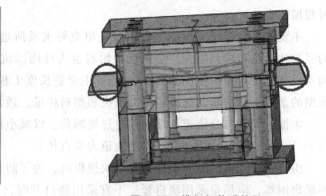

图 2-72　模架高级选项设置　　　　图 2-73　模架加载后效果

（2）编辑模架　模架加载后明显看出侧向抽芯露出模架很多，可能是模架选得太小，也可能模架的放置方向不正确,这里更应该改变放置方向。

选择"模具"选项卡下的"模架修改"命令(在"插入模架"命令的下拉框中),常用选项中的内容无需改动,单击"高级"选项,将模架旋转参数 Rotate 的值改为"90",即旋转 90°,如图 2-74 所示。

★延伸阅读:中望 3D 软件中插入的模架为标准件,其功能用于安装和配置标准的模架。系统已经自带一些常用的模架,如中国香港龙记

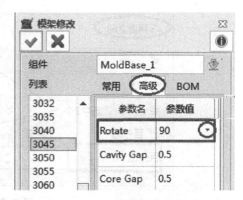

图 2-74 编辑模架放置方向

LKM、德国 HASCO、日本 FUTABA、美国 DME、奥地利的 Meusburger 等。另外中望 3D 软件也允许用户根据自己的需求,使用自定义功能来自定义符合公司要求的模架,并扩展本公司的模架库。

必选输入选项中的"类型"模架的类型,分别为大水口模架、细水口模架和简化型细水口模架。"基准"选择模架放置平面,默认情况下为 XY 平面,也就是说不做任何选择时,中望 3D 软件会自动选取 XY 基准放置。

可选输入选项中的"模架规格"是指模架的外形尺寸大小;"常用"用户可在此项中设置模架类型及模板的高度;"高级"用于设置模架间隙和模板是否倒角;"BOM"显示所有和模架相关的材料清单;"缩略图"显示一张示意图来帮助用户选择或配置模架。

(3)放置定位圈 选择"模具"选项卡下的"通用"命令,"供应商"选择 FUTABA,"类别"选择定位圈 LocateRing,"类型"在选择时中望 3D 软件会出现缩略图以供参考(本例选用 M-LRD),也可以根据自己的实际需要进行选取,如图 2-75 所示。

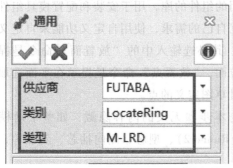
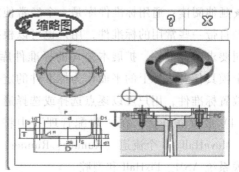

图 2-75 选择定位圈

继续完成定位圈操作,"放置面"选择定模座板的上表面,并且还应该将定位圈放置在座板的正中间,因此在选择"放置点"时可以通过鼠标右键,在弹出的快捷菜单中选择"两者之间",然后选取座板上的两个对角点,并将百分比设为"50",即放于两点中间,如图 2-76 所示。

在选取整个定模座板作为"相交体"后,还需修改定位圈的大小和高度,即在"常用"选项中将"D"改为 100mm,"T"改为 15mm;在"高级"选项中将是否创建槽腔 Create

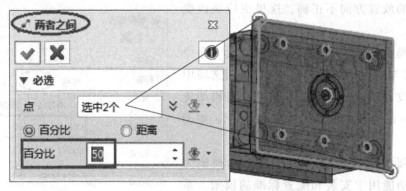

图 2-76　选择放置点

Pocket 改为 Yes，如图 2-77 所示。

常用	高级	BOM
参数名		参数值
D		100
T		15

常用	高级	BOM
参数名		参数值
Create Pocket		Yes
PC		0.1
PO		5

图 2-77　定位圈参数设置

★说明：创建槽腔 "Create Pocket" 为 "Yes" 时表示系统将用定位圈对定模座板进行布尔减运算，即用定位圈切除定模座板。如果要检验是否切出槽腔，只要将定位圈隐藏即可。

★延伸阅读：通用标准件库是一个经常使用的组件的库，用于安装和配置模具组件，系统已经自带一些常用的标准件，用户也可以根据自己的需求，使用自定义功能来自定义符合本公司要求的标准件，扩展本公司的标准件库。其必选输入中的 "放置面" 命令是提示选择一个模具任意组件上的平面作为标准件的定位面。"放置点" 命令是提示在平面选取一个点以放置标准件，用户可以逐点选择或选择通过草图定义的点。

（4）放置浇口套　在 "装配管理" 中将与本步骤无关的内容隐藏，如整个动模装配 ASM_ MoveHalf、3 个流道（Runner、Runner1、Runner2）、型芯、侧向抽芯、斜顶等，只显示定模系统 ASM_ FixHalf 和型腔。

选择 "模具" 选项卡下的 "通用" 命令，"供应商" 选择 FUTABA，"类别" 选择浇口套 SprueBush，"类型" 可以根据自己的实际需要进行选取，为了与先前所选择的定位圈相适应，这里选用 M_ SBED 较为合适，如图 2-78 所示。

"放置面" 选择定模座板被定位圈切除出来的圆面，"放置点" 可以通过鼠标右键，在弹出的快捷菜单中选择 "曲率中心"，然后选取座板上槽腔的圆心，"相交体" 选择定模座板、A 板、型腔模仁，如图 2-79 所示。

继续完成常用参数的设置：浇口套的直径为 16mm，浇口套长度为 100mm，浇口套喷嘴

图 2-78　选择浇口套

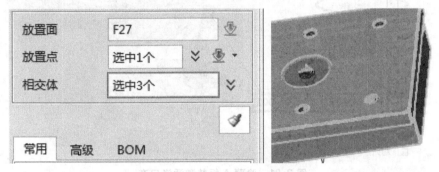

图 2-79　选择放置位置及相交体

球头半径为 11mm，浇口套喷嘴口直径为 4.5mm，主流道锥角为 2°。在"高级"参数中只修改"Create Pocket"为"Yes"，表示将用浇口套对 3 个相交体进行布尔减运算，其余采用默认设置，如图 2-80 所示。

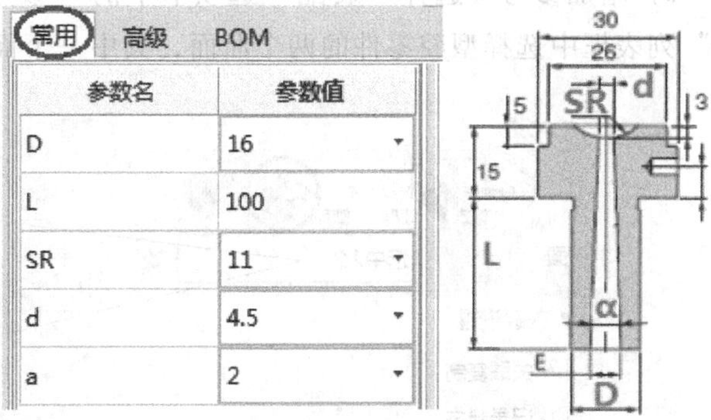

★注意：模具主流道小端直径 d 应稍大于喷嘴孔径 d_0，否则主流道中的凝料将无法顺利脱出，或因孔对中稍有偏移而妨碍塑料顺畅流动。

常用　高级　BOM	
参数名	参数值
D	16
L	100
SR	11
d	4.5
a	2

图 2-80　浇口套参数设置

模具主流道始端的球面半径 SR 应稍大于喷嘴前端的球面半径 R_0。否则将形成死角、积存塑料，而使主流道凝料、脱模困难。一般模具主流道小端直径 d 和模具主流道始端的球面半径 SR 应满足：

$$d = d_0 + (0.5 \sim 1) \, mm$$

$$SR = R_0 + (1 \sim 2) \, mm$$

★说明：由于定模座板的厚度为 30mm，A 板的厚度为 70mm，所以浇口套的长度 L 必须大于 100mm，又考虑到浇口套放置在较座板顶面略低的圆形槽腔面上，因此其长度只要等于 100mm 即可。而主流道锥角取 1°时太小，在接近 100mm 的主流道长度上必须考虑主流道凝料能否顺利取出；而锥角如果取 3°，则在其锥底处的大端尺寸 E 约为（4.5 + 200tan1.5°）mm = 9.74mm，比之前的流道直径大太多，而取 2°时，锥底直径为（4.5 +

$200\tan 1°$) mm=7.99mm，修剪长度后略小于流道直径，较为合理。

（5）激活浇口套　修剪浇口套是指用型腔模仁的表面切除浇口套多余的那部分长度，因此 A 板在此暂时不需要，为避免影响后面操作中曲面的选取应将 A 板隐藏，在"装配管理"中展开定模侧 ASM_FixHalf，将 A 板隐藏，双击浇口套零件"M_SBED_16×100_001"，将它激活，如图 2-81 所示。

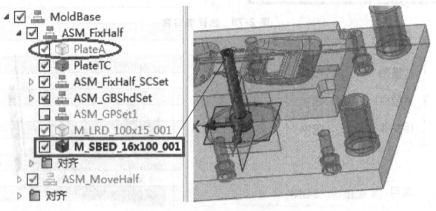

图 2-81　隐藏 A 板并激活浇口套

（6）增加参考　选择"装配"选项卡下的"参考"命令，必选项为"曲面"，然后在"面"列表框中选择型腔零件的两个曲面，其中一个面是流道上的面，如图 2-82 所示。

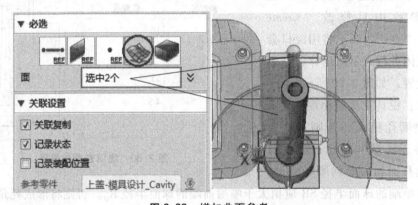

图 2-82　增加曲面参考

（7）修剪浇口套　选择"造型"选项卡下的"修剪"命令，"面"选取整个浇口套，"修剪体"选取刚才的两个参考曲面，注意是否需要勾选"保留相反侧"，但必须勾选"延伸修剪面"，去除"保留修剪实体"前面的小勾，即修剪后删除两个参考曲面，如图 2-83所示。

★说明：如果没有勾选"延伸修剪面"在修剪过程中会导致失败，原因是两个修剪曲面都没有穿过浇口套，不可能直接修剪。

本例也可以选择"曲面"选项卡下的"曲面修剪"命令，"面"选取整个浇口套，"修剪体"选取刚才的两个参考曲面，但修剪后的浇口套含有剩余材料，这些面选中后删除即

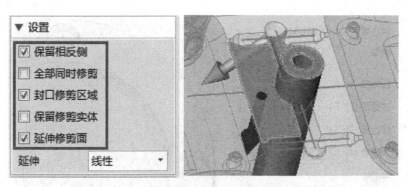

图 2-83　修剪浇口套

可，如图 2-84 所示。

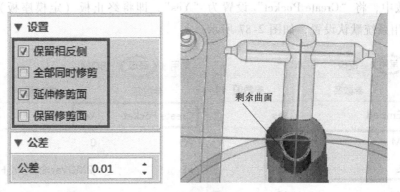

图 2-84　曲面修剪浇口套

（8）放置螺钉　首先激活总装配"上盖-模具设计_ASM"并显示定位圈，顺便也显示 A 板供后续操作使用，如图 2-85 所示。

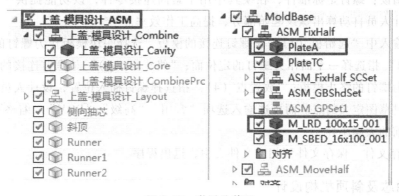

图 2-85　激活总装配

其次选择"模具"选项卡下的"螺钉"命令，"起始板（1）"选择浇口套，"放置面 （2）"选择定位圈的上表面，"终止板（3）"选择定模座板；"放置点（4）"通过捕捉选 择螺钉插入处的圆心位置，如图 2-86 所示。

放置好 4 个螺钉后，其参数调整如下：在"常用"参数中选取 M6×15mm 的螺钉，在

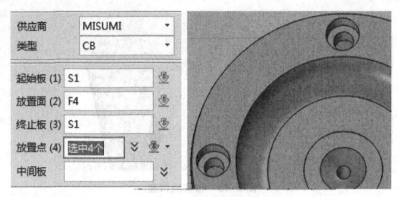

图 2-86   选择螺钉放置位置

"高级"参数中，将"Create Pocket"设置为"Yes"，即将终止板（定模座板）切出螺孔，其他参数采用系统默认设置，如图 2-87 所示。

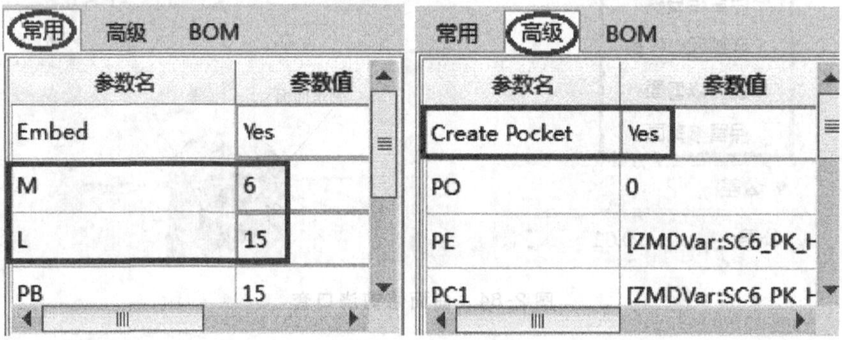

图 2-87   螺钉参数设置

★延伸阅读：螺钉是标准件，在模具中用于紧固连接零件，该功能提供一个简便的方法，帮助设计人员自动算出螺纹起始部分，提高工作效率。

在必选输入中"起始板（1）"是螺钉连接的模板，选择一块模板作为螺钉的起始模板；"放置面（2）"指选择一个面作为螺钉的定位面；"终止板（3）"是螺钉连接的模板，选择一块模板作为螺钉的终止模板；"放置点（4）"指选择螺钉插入位置，设计人员可以逐点选择或选择通过草图定义的点。而可选输入选项"常用""高级""BOM""缩略图""预览"等内容与之前的大同小异。

（9）保存文件   保存文件到相应文件夹中，退出程序。

二、侧向抽芯及斜顶机构设计

当塑件上具有内、外侧孔或内、外侧凹时，塑件不能直接从模具中脱出。此时需将成型塑件侧孔或侧凹等的模具零件做成活动的，这种零件称为侧型芯，俗称活动型芯。在塑件脱模前先将侧型芯从塑件上抽出，然后再从模具中推出塑件。完成侧型芯抽出和复位的机构就称为侧向分型与抽芯机构。

侧向分型与抽芯机构按其动力来源可分为手动、机动、液压或气动。

手动侧向分型与抽芯机构指依靠人工抽出侧型芯的机构。其中，在开模前依靠人工直接抽拔或通过传动装置抽出称为模内手动抽芯；在开模后将侧型芯连同塑件一起推出，在模外再依靠人工使塑件与侧型芯分离的称为模外手动抽芯。

手动抽芯机构结构简单、制造方便，但生产效率低、劳动强度大，且受人力限制难以获得较大的抽拔力。因此只有在小批量生产或试制性生产中使用。但为了降低模具成本和采用机动抽芯难以实现时，也采用手动抽芯。

机动侧向分侧抽芯机构：主要指依靠注射机的开模力，通过传动零件实现侧向分型与抽芯的机构。机动分型抽芯机构抽拔力大，生产效率高，操作方便、动作可靠，易实现自动化，故在生产中广泛采用。机动分型抽芯机构按传动方式又可分为斜销、斜滑块、弯销等多种形式，其中又以斜销和斜滑块式最为常用。

液压或气动侧向分型抽芯机构指在模具上配制专门的液压缸或气缸，通过液压或气压来实现分型抽芯的机构。该机构传动平稳、抽拔力大、抽拔距长，特别适合具有长侧孔侧凹的塑件抽芯。目前较大型的注射机自身就带有这种装置，使用起来十分方便。不带有这种装置的注射机也可通过配置来获得这种能力，但配制费用较高。

本任务学习的是最为常用的斜销分型与抽芯机构，该机构应用十分广泛，特别是在抽芯距较短、抽拔力较小时更为适用。

1. A、B 板槽腔设计

（1）A 板槽腔设计　首先在"装配管理"窗口中，展开模架文件 MoldBase，在定模装配侧"ASM_FixHalf"中双击 A 板"Plate A"将它激活，动模侧仍为隐藏，但应确保型腔"上盖-模具设计_Cavity"显示，如图 2-88 所示。

图 2-88　激活 A 板

（2）增加参考　选择"装配"选项卡下的"参考"命令，必选项为"曲线"，按键盘上的<Ctrl>+<F>键切换为线框显示模式，然后在"曲线"列表框中选择型腔零件的 4 条边线作为参考线，如图 2-89 所示。

（3）插入曲线列表　在绘图工作区的空白处单击鼠标右键，在弹出的快捷菜单中选择"插入曲线列表"命令，然后选取 4 条参考线，将 4 条参考线合并为一个列表，如图 2-90 所示。

★延伸阅读：使用"曲线列表"命令，是指从一组端到端连接的曲线或边创建一个曲线列表，它可使多个曲线合并为一个单项选择，在创建曲面时可使用此命令，但在本命令

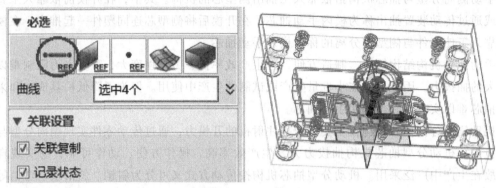

图 2-89　选择参考线

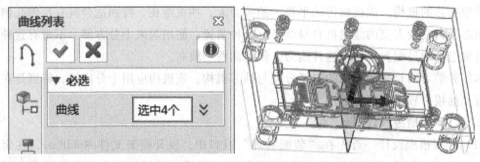

图 2-90　创建曲线列表

中，曲线并非在真正实际合并（连接），或修改。

（4）拉伸切除　选择"造型"选项卡下的"拉伸"命令，"轮廓 P"选择刚创建的曲线列表，拉伸类型选择"1 边"，"结束点 E"超过 A 板即可，如输入"-90"，"布尔运算"选择"减运算"，如图 2-91 所示。

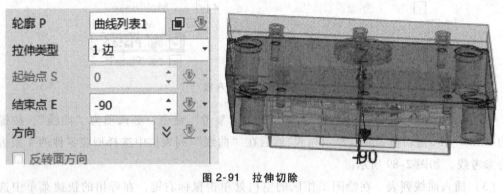

图 2-91　拉伸切除

★说明：拉伸操作完成后将其余零件全部隐藏，只显示 A 板以便观察拉伸结果。

（5）绘制草图　经过上述拉伸后，槽腔的 4 个角均为直角，显然这在将来的数控铣削加工时是难以实现的，所以对于这 4 个角必须做适当的工艺处理。选择"造型"选项卡下的"草图"命令，"平面"选择刚才拉伸切除的槽腔底面为草绘平面，进入草绘环境，绘制 4 个左右上下均对称的直径为 25mm 的草图，圆心到槽腔角点的距离均为 5mm，如图 2-92 所示。

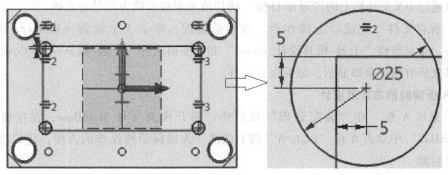

图 2-92　绘制草图

（6）拉伸切除实体　选择"造型"选项卡下的"拉伸"命令，"轮廓 P"选择刚绘制的 4 个圆的草图，"拉伸类型"选择"1 边"，"结束点 E"输入"60"，如图 2-93 所示。

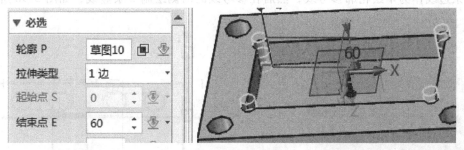

图 2-93　拉伸切除实体

★注意：角落处的工艺处理有多种方式，除了上述方法外还可以将槽腔的 4 个角做圆角处理，然后型腔模仁也做圆角处理，但应该明确两个圆角半径不能相同，型腔模仁的圆角半径要大于槽腔圆角半径；或者槽腔做圆角，型腔模仁为斜角。

（7）B 板槽腔设计　B 板槽腔设计可以参考 A 板槽腔设计过程，所不同的是首先要激活 B 板"Plate B"，显示型芯模仁"上盖-模具设计_Core"，如图 2-94 所示。

图 2-94　激活 B 板

★注意：在切除 B 板时，由于只显示 B 板而没有其他参照，容易切错方向，所以在切除时可以通过 DA 工具栏上的"显示目标"的切换来观察切除方向是否正确。

（8）保存文件　完成以上操作后，激活总装配，除了 3 个流道（Runner、Runner1、Runner2）、布局组件"上盖-模具设计_layout"和分型面组件"上盖-模具设计_CombinePro"外，将其余所有组件全部显示，最后保存文件。

2. A 板侧向抽芯滑道设计

（1）激活 A 板　在"装配管理"窗口中，展开模架文件 MoldBase，在定模装配侧"ASM_FixHalf"中双击 A 板"Plate A"将它激活。为确保后续操作的方便，建议将型腔和型芯组件隐藏。

（2）插入草图　选择"造型"选项卡下的"草图"命令，"平面"选择 A 板在 X 轴方向上的一个端面，"方向"选择端面的一条侧边，如图 2-95 所示。

进入草绘环境后，选择"参考"命令，通过<Ctrl>+<F>键切换为线框模式，选取侧向抽芯的三条边线作为草绘轮廓参考线，然后在参考线的两侧绘制 2 条竖线，如图 2-96 所示。

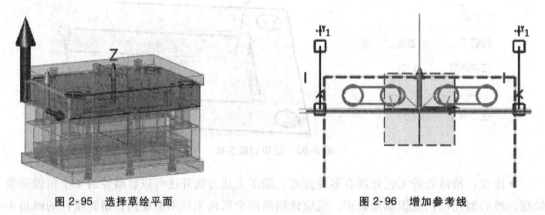

图 2-95　选择草绘平面　　　　　　　　图 2-96　增加参考线

选择 DA 工具栏上的"显示目标"命令，系统将只显示当前激活的内容，如图 2-97 所示。

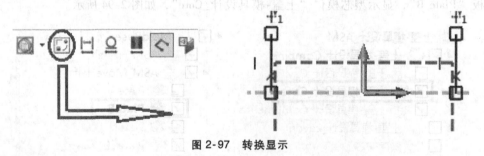

图 2-97　转换显示

★说明：该按钮可以在"显示目标"和"全部显示"间切换，以方便设计。

将上端水平参考线转化为实线，使用草绘中的"编辑曲线"中的"修剪/延伸成角"命令，修剪多余曲线，最后完成草绘并标注尺寸，如图 2-98 所示。

★注意：草绘中左右各预留 1mm 间隙，即滑道宽度大于滑块宽度是为了减少运动中不

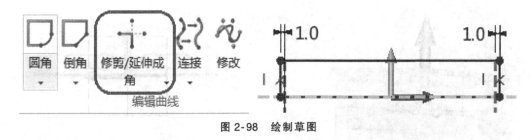

图 2-98　绘制草图

必要的阻力，也是降低后期数控加工的难度。另外还需注意本草图是个封闭的矩形，其角点是小圆点而非小方框。

（3）拉伸切除　按键盘上的<Ctrl>+<F>切换为实体模式，选择"造型"选项卡下的"拉伸"命令，"轮廓 P"选择刚绘制的矩形草图，"拉伸类型"选择"1 边"，"结束点 E"超过槽腔边界即可，"布尔运算"选择"减运算"，结果如图 2-99 所示。

（4）阵列滑道　选择"造型"选项卡下的"阵列特征"命令，必选项为"圆形"，"基体"选择上一步骤的拉伸切除特征，"方向"选择 Z 坐标轴，"数目"为"2"，"角度"为"180"，其余选项采用默认设置，结果如图 2-100 所示。

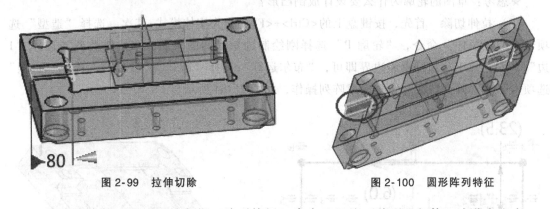

图 2-99　拉伸切除　　　　　　　　　　图 2-100　圆形阵列特征

★注意：中望 3D 2021 教育版"阵列特征"命令已经从"阵列几何体"中分离出来。

3. B 板侧向抽芯滑道设计

完成 A 板滑道设计后，选择 DA 工具栏上的"全部显示"命令切换显示方式。

（1）激活 A 板　在"装配管理"窗口中，展开模架文件 MoldBase，在定模装配侧ASM_MoveHalf 中双击 B 板"Plate B"将它激活，但型腔和型芯组件仍隐藏。

（2）插入草图　选择"造型"选项卡下的"草图"命令，"平面"选择 B 板在 X 轴方向上的一个端面，"方向"选择 Z 坐标轴，结果如图 2-101 所示。

进入草绘环境后，选择"参考"命令，通过<Ctrl>+<F>键切换为线框模式，选取侧向抽芯的三条边线作为草绘轮廓参考线，结果如图 2-102 所示。

选择 DA 工具栏上的"显示目标"命令，系统将只显示当前激活的内容，即 3 条参考线。使用"草图"选项卡下的"直线"命令，通过捕捉水平参考线的中点绘制一竖线作为镜像线（需转化为参考线），再用"绘图"命令，绘制草图并标注尺寸，如图 2-103 所示。

★注意：在绘制草图过程中，可以通过 DA 工具栏上的"显示目标"和"全部显示"

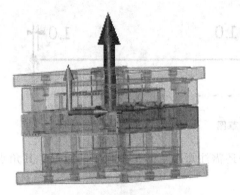

图 2-101 选择草绘平面

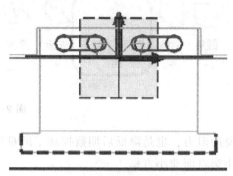

图 2-102 增加参考线

进行切换，以便观察草绘的正确性。

★说明：草绘中左右各预留 1mm 间隙，是为了减少运动中不必要的阻力，也是降低后期数控加工的难度。另外，由于框架仅为 300mm×450mm，因此草图不能太宽，当图 2-103 中的 18mm 改为 20mm 时就会切到 B 板上的孔。

★思考：草图的轮廓为什么要设计成倒凸形？

（3）拉伸切除 首先，按键盘上的<Ctrl>+<F>切换为实体模式；其次，选择"造型"选项卡下的"拉伸"命令，"轮廓 P"选择刚绘制的矩形圆的草图，"拉伸类型"选择"1边"，"结束点 E"超过槽腔边界即可，"布尔运算"选择"减运算"；最后，选择"造型"选项卡下的"阵列特征"命令完成阵列操作，如图 2-104 所示。

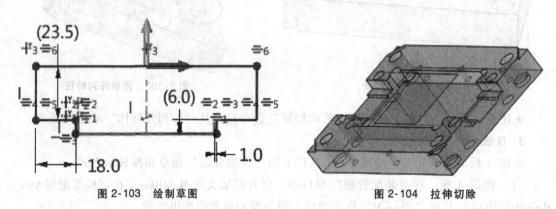

图 2-103 绘制草图

图 2-104 拉伸切除

（4）保存文件 保存文件到相应文件夹中，退出程序。

4. 滑道定位板设计

（1）激活侧向抽芯 将滑道定位板归属到侧向抽芯机构中以便文件的管理，后续的几个步骤都应该在侧向抽芯上完成。为此必须在"装配管理"窗口中，双击"侧向抽芯"将它激活。

（2）插入草图 选择"造型"选项卡下的"草图"命令，"平面"选择侧向抽芯滑轨上的一个端面，"方向"选择侧向抽芯上的一条边，如图 2-105 所示。

进入草绘环境后，选择"参考"命令，通过<Ctrl>+<F>键切换为线框模式，选取侧向抽芯的两条边线和 B 板的三条边作为草绘轮廓参考线，如图 2-106 所示。

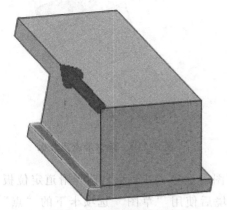

图 2-105 选择草绘平面

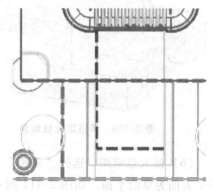

图 2-106 增加参考线

首先，选择其中的 4 条参考线转化为实线；其次，使用草绘中的"编辑曲线"中的"修剪/延伸成角"命令，修剪多余曲线；然后，使用"草绘"选项卡下的"直线"命令，通过捕捉水平参考线的中点绘制一竖线作为镜像线（需转化为参考线）；最后，再用"镜像"命令，将完成修剪后的矩形草图进行镜像处理，如图 2-107 所示。

（3）拉伸实体 首先，按键盘上的 <Ctrl>+<F> 切换为实体模式；其次，选择"造型"选项卡下的"拉伸"命令，"轮廓 P"选择刚绘制的矩形草图，拉伸类型选择"1 边"，"结束点 E"输入"20"，"布尔运算"选择"基体"，如图 2-108 所示。

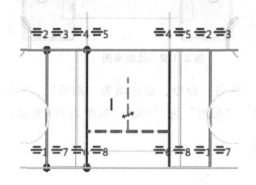

图 2-107 绘制滑道定位板草图

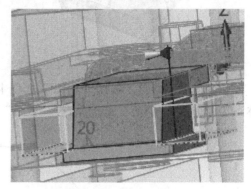

图 2-108 拉伸滑道定位板实体

（4）倒角 使用 DA 工具栏上的"显示目标"命令，显示侧向抽芯组件；选择"造型"选项卡下的"倒角"命令，"边 E"选择 2 个滑道定位板上的 24 条边，"倒角距离 S"为 1mm，如图 2-109 所示。

（5）阵列滑道定位板 选择"造型"选项卡下的"阵列特征"命令，必选项为"圆形"，"基体"为 2 个滑道定位板，"方向"选择 Z 坐标轴，"数目"为"2"，"角度"为"180"，其余选项采用默认设置，如图 2-110 所示。

★说明：阵列滑道定位板可以用"阵列特征"也可以用"阵列几何体"，当"阵列特征"时基体选择"特征"，当"阵列几何体"时基体选择属性过滤器中的"造型"。

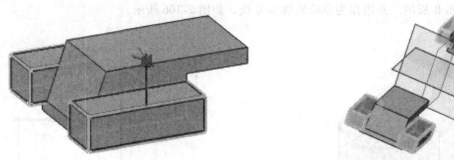

图 2-109 滑道定位板倒角

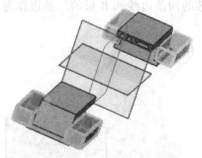

图 2-110 阵列滑道定位板

（6）插入点草图 选择"造型"选项卡下的"草图"命令，"平面"选择滑道定位板的上表面为草绘平面，如图 2-111 所示。进入草绘环境后使用"草图"选项卡下的"点"命令，绘制 2 个点并标注尺寸，再用"直线"命令，通过捕捉侧向抽芯中点绘制一竖线作为镜像线，将该 2 点进行镜像，如图 2-112 所示。

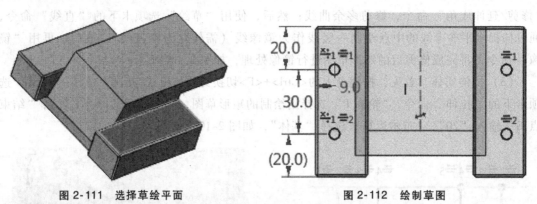

图 2-111 选择草绘平面

图 2-112 绘制草图

（7）阵列草绘点 选择"草图"选项卡下的"阵列"命令，必选项为"圆形"，"基体"为 4 个点，"圆心"选择原点，"数目"为"2"，"角度"为"180"，如图 2-113 所示。

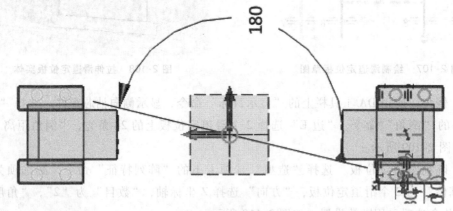

图 2-113 阵列草绘点

（8）放置螺钉 首先激活总装配"上盖-模具设计_ASM"并隐藏定模系统和型腔模仁。

其次选择"模具"选项卡下的"螺钉"命令,"起始板(1)"选择滑道定位板,"放置面(2)"选择滑道定位板的上表面,"终止板(3)"选则 B 板;"放置点(4)"通过捕捉选择上一步骤中的草绘点,常用参数为 M8,螺钉长为 22mm,其余参数按默认设置,如图 2-114 所示。

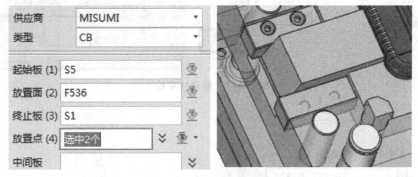

图 2-114 选择螺钉放置位置

单击鼠标中键重复这一过程,将其他 6 个螺钉按要求放置。

(9)建立草绘基准面 首先需要显示定模系统并再一次激活"侧向抽芯",然后选择"造型"选项卡下的"基准面"命令,必选项设置为"平面",几何体选择侧向抽芯边线的中心(可自动捕捉),页面方向选择"对齐到几何坐标的 XY 面",如图 2-115 所示。

(10)绘制草图 选择"造型"选项卡下的"草图"命令,"平面"选择刚创建的基准面,"向上"选择 Z 坐标轴相同方向的一条边,如图 2-116 所示。

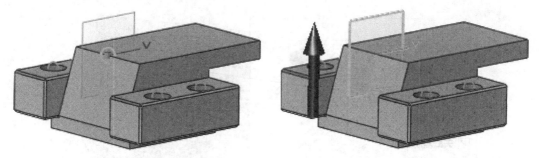

图 2-115 创建草绘基准面   图 2-116 选择草绘平面

进入草绘环境后,选择"草图"选项卡下的"绘图"命令,绘制斜导柱的对称旋转草图,再标注尺寸和几何约束,如图 2-117 所示。

(11)旋转实体 选择"造型"选项卡下的"旋转"命令,"轮廓 P"选择刚绘制的草图,"轴 A"选择草图的一条边线,将草图旋转 360°,"布尔运算"选择"基体",其余参数按默认设置,如图 2-118 所示。

(12)修剪导柱头 选择"装配"选项卡下的"参考"命令,必选项为"曲线",然后在"曲线"列表框中选择定模座板的下边线作为参考线,如图 2-119 所示。

选择"造型"选项卡下的"拉伸"命令,"轮廓 P"选择刚创建的参考线,"拉伸类型"选择"1 边","结束点 E"超过导柱头即可,"方向"为 X 轴负方向或选取侧向抽芯的

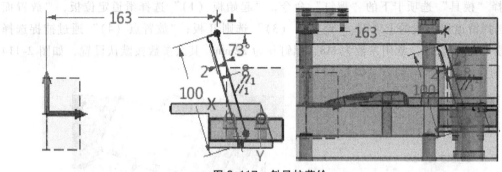

图 2-117　斜导柱草绘

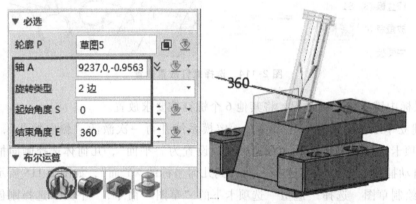

图 2-118　旋转实体

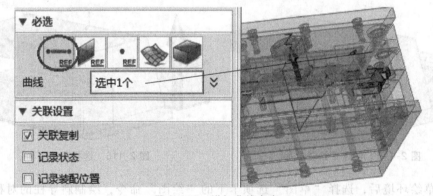

图 2-119　增加曲线参考

一条边线,"布尔运算"选择"减运算",如图 2-120 所示。

(13) 切除导柱孔　首先,选择"线框"选项卡下的"偏移"命令,必选项为"三维偏移","曲线"选取导柱工作体和导柱头的截交线,"距离"列表框中输入"0.5",如图 2-121 所示。

其次,选择"造型"选项卡下的"拉伸"命令,"轮廓 P"选择偏移曲线,"拉伸类型"选择"1 边","结束点 E"超过侧向抽芯即可,"布尔运算"选择"基体",如图 2-122 所示。

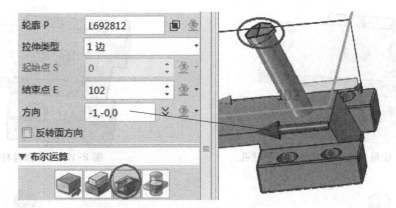

图 2-120 拉伸导柱头

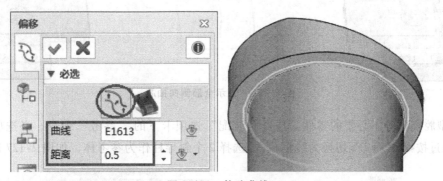

图 2-121 偏移曲线

然后，选择"造型"选项卡下的"阵列特征"命令，采用圆形阵列将刚拉伸的圆柱和斜导柱进行阵列操作，如图 2-123 所示。

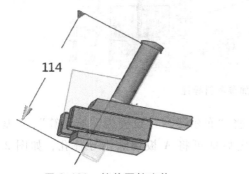

图 2-122 拉伸圆柱实体

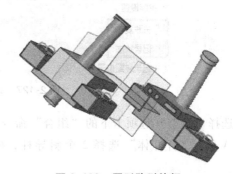

图 2-123 圆形阵列特征

最后，隐藏两个导柱零件，选择"造型"选项卡下的"组合"命令，将"布尔运算"设置为"减运算"，"基体"选择两个侧向抽芯，"合并体"选择 2 个圆柱，确定后即可将侧向抽芯切除出导柱孔，并进一步用"圆角"命令对孔口倒角，如图 2-124 和图 2-125 所示。

在完成以上操作后，单击 DA 工具栏上的"显示全部"命令，将隐藏的导柱显示出来，如图 2-126 所示，并注意保存文件。

（14）导柱固定孔 首先激活 A 板"Plate A"并确保侧向抽芯处于显示状态，隐藏定模

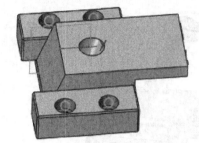

图 2-124 使用"组合"命令切除导柱孔

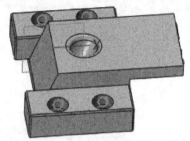

图 2-125 圆角导柱孔

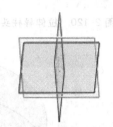

图 2-126 显示全部侧向抽芯

系统和型腔模仁等不必要的零件。选择"装配"选项卡下的"参考"命令，必选项为"造型"，通过按<Ctrl>+<F>切换为线框模式，选择 2 个斜导柱作为参考体，如图 2-127 所示。

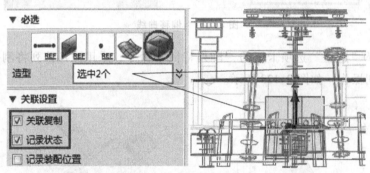

图 2-127 增加参考斜导柱

选择"造型"选项卡下的"组合"命令，将"布尔运算"设置为"减运算"，"基体"选择 A 板，"合并体"选择 2 个斜导柱，确定后即可将 A 板切除出导柱孔，如图 2-128 所示。

选择"造型"选项卡下的"拉伸"命令，"轮廓 P"选择导柱孔上的圆形边线，"拉伸类型"选择"1 边"，"结束点 E"超过 A 板顶面即可，"布尔运算"选择"减运算"，同样将另一个导柱孔也进行拉伸切除处理，切除多余的材料，如图 2-129 所示。

★注意：在操作过程中应该随着设计的需要随时隐藏一些不必要的组件并显示所需的内容。

（15）扩孔 选择"造型"选项卡下的"拉伸"命令，"轮廓 P"选择导柱孔口上的圆形边线，"拉伸类型"选择"1 边"，"结束点 E"为"-35"，如图 2-130 所示。

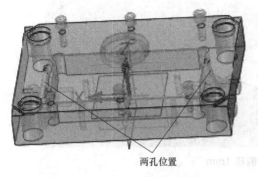

图 2-128　将 A 板切除出导柱孔

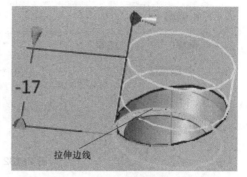

图 2-129　拉伸切除导柱孔

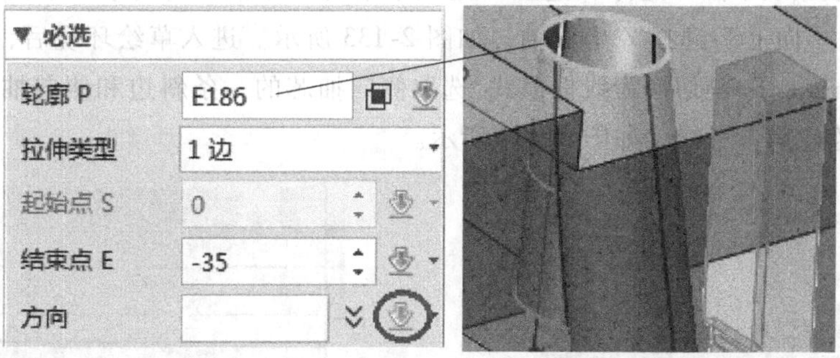

图 2-130　拉伸

从图 2-130 中看出，其拉伸方向不符合要求，单击"方向"框右边的实心小箭头，在弹出的快捷菜单中选择"中心线"命令，这时要求输入具有中心线的面，切换到线框模式，选取导柱面，出现方向箭头，如图 2-131 所示。

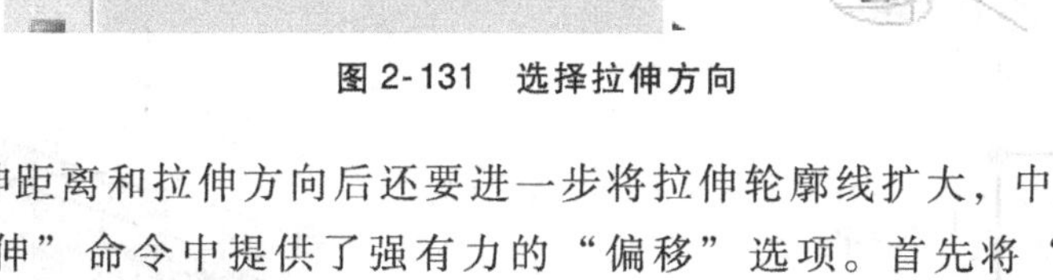

图 2-131　选择拉伸方向

在确定了拉伸距离和拉伸方向后还要进一步将拉伸轮廓线扩大，中望 3D 软件在"造型"选项的"拉伸"命令中提供了强有力的"偏移"选项。首先将"偏移"选项中的"无"改为"加厚"，然后在"外部偏移"列表框中输入"-1"，即向外偏移 1mm，如图 2-132 所示。

5. 楔紧块设计

楔紧块用于模具闭合时锁紧侧向抽芯，在下列几个步骤中只与定模侧相关，因此，可以

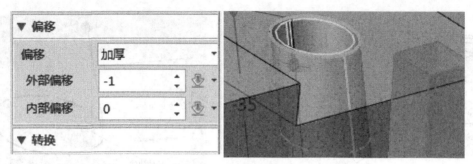

图 2-132 向外偏移 1mm

暂时隐藏动模系统及暂时不需要的组件，显示定模系统并激活"侧向抽芯"。

（1）绘制楔紧块草图 选择"造型"选项卡下的"草图"命令，"平面"选择之前创建的基准平面，"向上"选择 Z 坐标轴，如图 2-133 所示。进入草绘环境后，选择"参考"命令，通过<Ctrl>+<F>键切换为线框模式，选取侧向抽芯的一条斜边和侧向抽芯顶面上的一条直线作为草绘轮廓参考线，如图 2-134 所示。

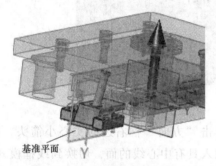

图 2-133 选择草绘平面

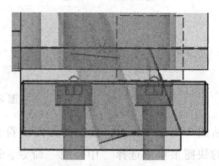

图 2-134 选择参考线

选择"草图"选项卡下的"绘图"命令，绘制楔紧块草图，再标注尺寸和几何约束，如图 2-135 所示。

（2）拉伸楔紧块 退出草图后，选择"造型"选项卡下的"拉伸"命令，"轮廓 P"选择楔紧块草图，"拉伸类型"选择"对称"，"结束点 E"为"24"，"布尔运算"选择"基体"，如图 2-136 所示。

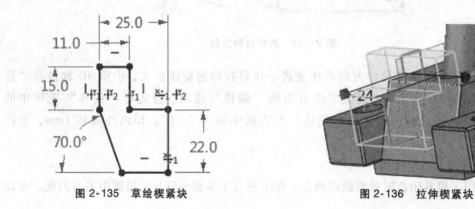

图 2-135 草绘楔紧块

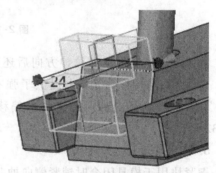

图 2-136 拉伸楔紧块

（3）阵列楔紧块 选择"造型"选项卡下的"阵列特征"命令，采用圆形阵列将楔紧块进行阵列操作，如图 2-137 所示。

图 2-137 阵列楔紧块

（4）绘制草图 选择"造型"选项卡下的"草图"命令，"平面"选择滑道定位板的上表面为草绘平面，如图 2-138 所示。进入草绘环境后使用"草图"选项卡下的"点"命令，绘制 2 个点并标注尺寸，如图 2-139 所示。

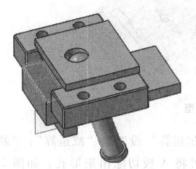

图 2-138 选择草绘平面

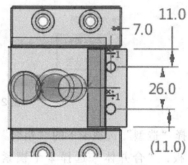

图 2-139 绘制草图

（5）阵列草绘点 选择"草图"选项卡下的"阵列"命令，必选项为"圆形"，"基体"为 2 个点，"圆心"选择原点，"数目"为"2"，"角度"为"180°"，将所绘制的点进行圆形阵列。

（6）放置螺钉 首先激活总装配"上盖_模具设计_ASM"并隐藏动模系统和型腔模仁等，显示侧向抽芯和定模系统。

其次选择"模具"选项卡下的"螺钉"命令，"起始板（1）"选择楔紧块，"放置面（2）"选择楔紧块的上表面，"终止板（3）"为 A 板；"放置点（4）"通过捕捉选择草绘点，常用参数为 M8，螺钉长为 25mm，高级参数中将"Create Pocket"设置为"Yes"，其余参数按默认设置，如图 2-140 所示。

单击鼠标中键重复这一过程，将其他 2 个螺钉按要求放置。

6. A 板楔紧块定位槽

首先激活 A 板"Plate A"，仍然隐藏动模系统和型腔模仁等不需要的组件，显示侧向抽芯机构。

选择"装配"选项卡下的"参考"命令，必选项为"造型"，然后在"造型"列表框中选择型腔零件的 2 个楔紧块作为参考体，如图 2-141 所示。

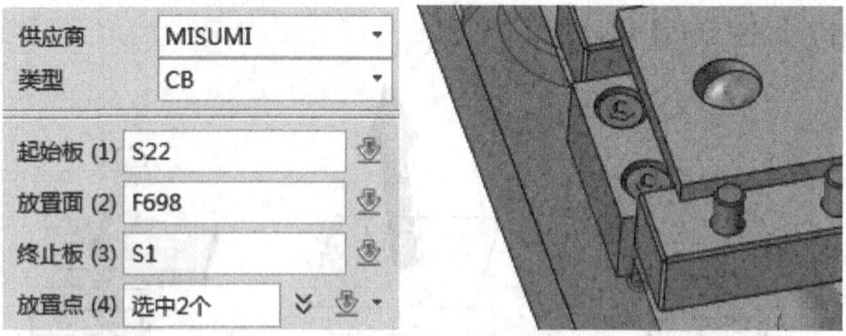

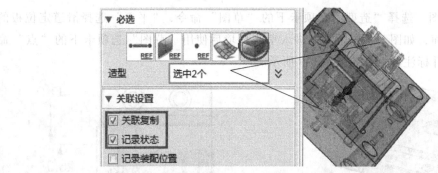

图 2-140　选择螺钉放置位置

图 2-141　选择参考造型

选择"造型"选项卡下的"组合"命令，将"布尔运算"设置为"减运算"，"基体"选择 A 板，"合并体"选择 2 个楔紧块，确定后即可将 A 板切除出矩形孔，如图 2-142 所示。

选择"造型"选项卡下的"面偏移"命令，将矩形槽的两个窄端面向外偏移 2.1mm，如图 2-143 所示。

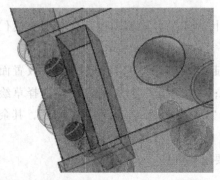

图 2-142　使用"组合"命令切除矩形孔

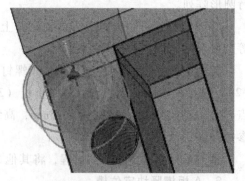

图 2-143　偏移矩形槽两侧面

再使用"造型"选项卡下的"圆角"命令，将矩形槽的 4 个角落进行圆角处理且圆角半径为 2.1mm，如图 2-144 所示。如果认为圆角太小如为 $R4$mm，则可以使用"面偏移"命令将楔紧块的端面各向内偏移 2mm。

★说明：矩形槽的 4 个角落为尖角，在数控铣削加工中无法实现，所以在设计中先向外偏移 2.1mm 后再做 2.1mm 的圆角。

7. 弹簧槽设计

首先激活侧向抽芯机构，隐藏动模系统和型腔模仁等不需要的组件。

（1）绘制草图　选择"造型"选项卡下的"草图"命令，"平面"选择侧向抽芯上的一个内侧平面，"方向"为 Z 坐标轴，如图 2-145 所示。进入草绘环境后使用"草图"选项卡下的"圆"命令，绘制 1 个直径为 15mm 的圆并标柱定位尺寸，如图 2-146 所示。

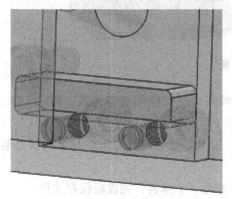

图 2-144　矩形槽圆角

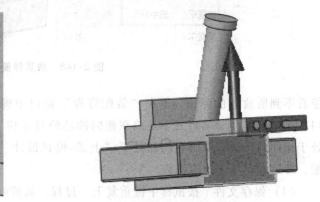

图 2-145　选择草绘平面

（2）拉伸圆孔　选择"造型"选项卡下的"拉伸"命令，以直径为 15mm 的圆草图为轮廓，拉伸切除深度为 15mm，如图 2-147 所示。另外，结束拉伸后再使用"造型"选项卡下的"阵列特征"命令，将该圆孔进行圆形阵列。

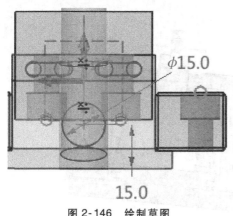

φ15.0

15.0

图 2-146　绘制草图

图 2-147　拉伸圆孔

（3）放置弹簧　选择"模具"选项卡下的"通用"命令，"供应商"为"MISUMI"，"类别"为"Spring"，"类型"为"SWF"，"放置面"为 φ15mm 圆孔底面，"放置点"采用鼠标右键单击，在快捷菜单中选择"曲率中心"命令，然后选取 φ15mm 圆孔上的圆心，如图 2-148 所示。

★注意：如果当前激活状态仍为上一个步骤中的侧向抽芯机构，在完成弹簧的放置后可

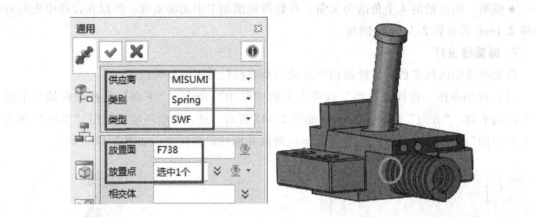

图 2-148　放置弹簧

能看不到所放置的弹簧，但在"装配管理"窗口中确实已存在所创建的弹簧，即"SWF_14X20_001"，但该零件并不是放在侧向抽芯的目录树下，而是与螺钉"CB_8X25_001"等处于相同的目录，所以它们都处于"上盖-模具设计_ASM"总装配目录下，只要激活总装配，即可看到所创建的弹簧。

（4）保存文件　按鼠标中键重复上一过程，放置好另一个弹簧，完成后保存文件。

8. 放置限位挡块

激活总装配，隐藏不需要的组件，但应确保 B 板和侧向抽芯机构显示。

（1）选择挡块放置面　选择"模具"选项卡下的"通用"命令，"供应商"为"MISU-MI"，"类别"为斜顶机构"Lifter"，"类型"为底座"SLNB"，"放置面"选择 B 板的 X 方向的一端面，如图 2-149 所示。

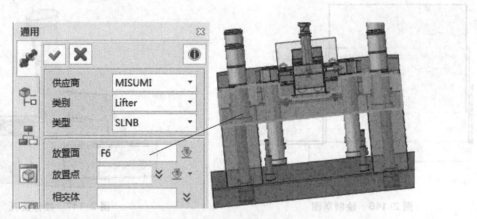

图 2-149　选择限位挡块放置面

（2）选择放置点　"放置点"采用鼠标右键单击，在快捷菜单中选择"偏移"命令，然后捕捉端面上的边线中点，并在"Z 向偏移"中输入"-4"，即将限位挡块下降 4mm，打勾确定后退出偏移操作，如图 2-150 所示。

（3）参数设置　放置好限位挡块后，在"常用"选项卡下将限位挡块宽度 A 设置为

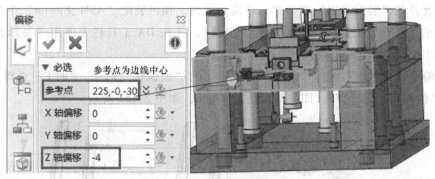

图 2-150　选择限位挡块放置点

30mm；"高级"选项卡中无需设置，其余参数为默认。另外，在 X 轴方向的偏移量为 0，即限位挡块只是放置在 B 板表面，故无需进行"相交体"的设置，如图 2-151 所示。

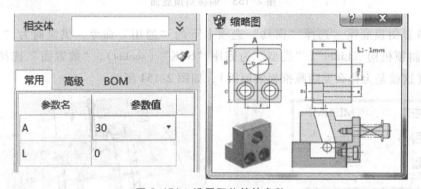

图 2-151　设置限位挡块参数

（4）放置限位挡块　将所有参数都设置好后按"确定"按钮，结果如图 2-152 所示，并且在装配管理中生成一个"SLNB_30×0_001"的文件。按鼠标中键重复上述 3 个步骤，在 B 板的另一侧再放置一个限位挡块，最后再放置 4 个 M6 的螺钉。

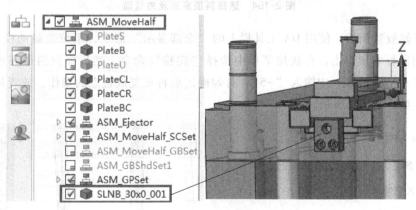

图 2-152　限位挡块装配管理中的文件

9. 斜顶机构设计

隐藏定模系统，显示动模系统，为了方便放置斜顶底座，右击推板"Plate EC"选择

"隐藏",或者在"装配管理"窗口中,动模系统内,顶出装配"ASM_Ejector"下将"Plate EC"前面的蓝色小勾去除,然后再激活"斜顶",并在 DA 工具栏上使用"显示目标"命令,将暂时不需要的组件隐藏,只显示 4 个斜顶。

(1) 偏移斜顶底面 选择"造型"选项卡下的"面偏移"命令,"面 F"选择 4 个斜顶的底面,"偏移 T"为"87",即将斜顶延长 87mm,如图 2-153 所示。

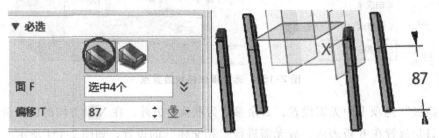

图 2-153 偏移斜顶底面

(2) 放置斜顶底座 选择"模具"选项卡下的"通用"命令,供应商为"MISUMI","类别"为斜顶机构"Lifter","类型"为底座"SCK"(socket),"放置面"选择推杆固定板的底面(这就是为什么要隐藏推板的原因),如图 2-154 所示。

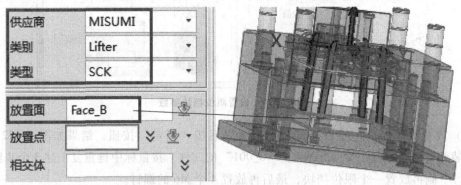

图 2-154 选择斜顶底座及放置面

在选择好放置面后,使用 DA 工具栏上的"全部显示"命令,系统隐藏动模系统。"放置点"采用鼠标右键单击,在快捷菜单中选择"偏移"命令,然后捕捉斜顶底面上的边线中点,并在"X 轴偏移"中输入"-5",打勾确定后再重复放置点的操作,放置好另外 3 个斜顶底座,如图 2-155 所示。

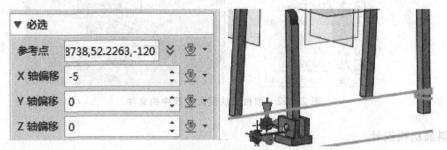

图 2-155 偏移放置斜顶底座

　　放置好4个斜顶底座后，将"相交体"设为推杆固定板，然后再进行相关参数的设定。在"常用"选项卡下将斜顶底座宽度"W"设置为"29"，斜顶底座长度"L"设置为"30"，槽宽"A"设置为"6"，旋转参数"Rotate"视需要设为"0"或"90"；在"高级"选项卡中将"Create Pocket"设置为"Yes"，其余参数为默认，如图2-156所示。

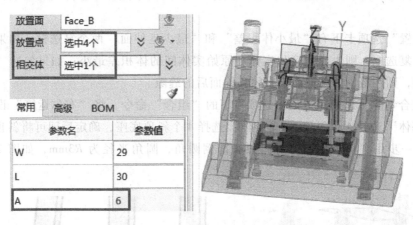

图 2-156　斜顶底座参数设置

　　★注意：在本项操作需不断通过 DA 工具栏上的"显示目标"和"全部显示"命令进行切换，以方便选择零件和观察斜顶底座放置位置。在"X 轴偏移"中输入"5"或"-5"可能都是正确的，这与选取的边线位置有关。

　　★思考：本项操作内容中的"偏移"数值为何为"5"或"-5"？

　　(3) 增加参考体　在设计中底座槽宽"A"为6mm，而斜顶长宽为10mm×10mm，应做适当的修剪，首先斜顶组件必须保持为激活状态；然后选择"装配"选项卡下的"参考"命令，必选项为"造型"，按键盘上的<Ctrl>+<F>键切换为线框显示模式，在"造型"列表框中选择4个斜顶底座作为参考体，如图2-157所示。

　　(4) 简化删孔　选择"造型"选项卡下的"简化"命令，将属性过滤器设为"曲面"，"实体"选择斜顶底座上的8个圆孔表面，确定后即可将斜底座上的8个孔去除，如图2-158所示。

　　★延伸阅读："简化"命令通过删除所选面来简化某个零件，这个命令会试图延伸和重

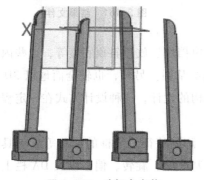

图 2-157　选择参考体

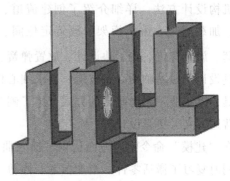

图 2-158　简化删孔

新连接面来闭合零件中的间隙，如果不能合理闭合这个零件，系统会反馈一个错误消息，选择要删除的面，然后单击鼠标中键进行删除；另外，该命令也可以移除或隐藏包含这些面的特征。

该命令使用很简单，必选输入只有"实体 E"，其用于选择要移除的特征、面和要填充的间隙边。

在"设置"选项卡下有"最小体积差"和"最少延伸面"两个复选框。如果勾选"最小体积差"复选框，则生成的简化实体和原始实体间的体积差最小；如果勾选"最少延伸面"复选框，则用最少的延伸面来封闭移除面后的缝隙。

（5）组合切除 选择"造型"选项卡下的"组合"命令，将"布尔运算"设置为"减运算"，"基体"选择 4 个斜顶，"合并体"选择 4 个斜顶底座，确定后即可将斜顶多余材料切除，并进一步用"圆角"命令对斜顶底部倒圆角，圆角半径为 $R3\text{mm}$，如图 2-159 和图 2-160所示。

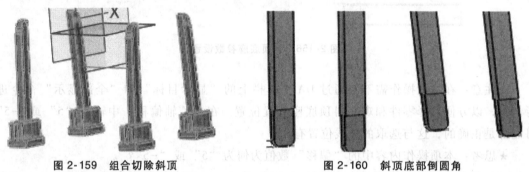

图 2-159 组合切除斜顶 　　　　　图 2-160 斜顶底部倒圆角

（6）保存文件 激活总装配，显示所有组件，将当前文件另存到相应目录下，并将文件改名为"浇注系统及抽芯机构设计"，结果文件如图2-161所示。

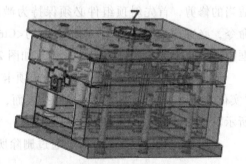

图 2-161 结果文件

学习小结

本任务中系统介绍了浇注系统、侧向抽芯及斜顶机构设计方法。详细介绍了创建流道、浇口设计、加载模架、编辑模架、放置定位圈、放置浇口套、放置螺钉、楔紧块设计、放置弹簧、放置限位挡块、放置斜顶底座等，这些内容都是模具设计中最基础的必备技能，要求细心体会、熟练掌握。另外，也较全面地以 3D 建模为工具，以制造工艺为基础的方式介绍了侧向抽芯机构的设计，这种设计方式在一定程度上更具普遍意义、更具设计感。

在"建模"命令学习方面认识了插入曲线列表、阵列特征、线框的偏移等新工具的使用，同时复习了激活零件、增加参考、修剪、倒角、基准面、旋转、偏移以及 DA 栏上工具的使用，逐步、深入地了解中望 3D 软件的作用。

任务三　冷却及顶出系统设计

任务描述

根据本项目任务二提供的产品分模结果"上盖-浇注系统及抽芯机构设计"的三维数据及该产品结构的二维参考图，如图 2-162 所示，完成冷却及顶出系统的设计。

模具结构设计要求如下。

1）模腔数：一模两腔，浇口痕迹小。

2）优先选用标准模架及相关标准件。

3）以满足塑件要求、保证质量和制件生产效率为前提条件，兼顾模具的制造工艺性及制造成本，充分考虑主要零件材料的选择对模具的使用寿命的影响。

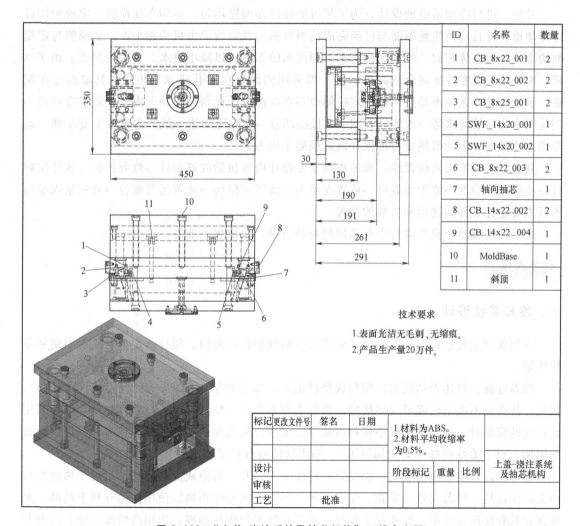

ID	名称	数量
1	CB_8x22_001	2
2	CB_8x22_002	2
3	CB_8x25_001	2
4	SWF_14x20_001	1
5	SWF_14x20_002	1
6	CB_8x22_003	2
7	轴向抽芯	1
8	CB_14x22_002	2
9	CB_14x22_004	1
10	MoldBase	1
11	斜顶	1

技术要求

1.表面光洁无毛刺、无缩痕。
2.产品生产量20万件。

标记	更改文件号	签名	日期	1.材料为ABS。 2.材料平均收缩率 为0.5%。			
							上盖-浇注系统 及抽芯机构
设计				阶段标记	重量	比例	
审核							
工艺		批准					

图 2-162　"上盖-浇注系统及抽芯机构"二维参考图

4）保证模具使用时的操作安全，确保模具修理、维护方便。

5）选择注射机，模具应与注射机相匹配，保证安装方便、安全可靠。

学习重点

1. 熟练掌握冷却道设计中标准件的选用，知道冷却系统设计的一般过程。

2. 知道冷却系统设计的一般原则。

3. 熟悉顶针的选用、放置及编辑，拉料杆的选用及参数意义。

4. 掌握弹簧、拉圾钉、支承头、定位块等参数的设置及参数的含义。

5. 巩固"插入组件""显示目标""修改模架"等命令的使用。

6. 知道推出距离的计算方法及模具物料清单的生成。

任务分析

首先，进行冷却系统的设计，为了尽可能使冷却温度均匀，必须在动模侧、定模侧均设计冷却道，并且应该注意不能与已经完成的斜顶机构及后续顶出机构相干涉。动模侧与定模侧的冷却分布总体相似，均采用两进水、两出水的布局，以减小进水、出水的温差。由于 A 板、B 板经挖槽腔后所剩余的高度较小，拟采用侧面直接通孔进水、出水，其缺点是在制造、装配时其工艺性不是很理想。定模侧冷却系统的设计计划完成如下内容：创建冷却道→创建喉塞孔→放置水堵→放置密封圈→A 板冷却道→切除冷却道→放置水嘴等主要步骤，动模侧与此相似，但动模侧要考虑顶杆而定模侧不用考虑。

其次，进行推出机构设计。推出机构主要设计内容包括放置顶针→修剪顶针→放置拉料杆→放置复位弹簧→放置垃圾钉→放置支承头→放置定位块→放置吊耳螺栓→放置紧固螺钉等，主要是标准件的选用和参数的设置。

最后，生成整个模具设计中所选用的物料清单，以供生产准备。

任务实施

一、冷却系统设计

注塑成型工艺过程中，模具温度会直接影响到塑料的充模、塑件的定型、注射周期和塑件质量。

模温过低，熔体流动性差，塑料成型性能差，塑件轮廓不清晰，表面产生明显的银丝、云丝，甚至充不满型腔或形成熔接痕，塑件表面不光泽、缺陷多，机械强度降低。但在采用允许的低模温时，则有利于减小塑料的成型收缩率，从而提高塑件的尺寸精度，并可缩短成型周期。对于柔性塑料（如聚烯烃等），采用低模温有利于塑件尺寸稳定。

模温过高，成型收缩率大，脱模后塑件变形大，并且易造成溢料和粘模。对于热固性塑料会产生过热，导致变色、发脆、强度低等。但对于结晶性塑料，使用高温有利于结晶，避免在存放和使用过程中，尺寸发生变化。对于黏度大的刚性塑料，使用高模温可使其应力开裂大大降低。

模具温度（简称模温）不均匀，型芯和型腔温度差过大，塑件收缩不均匀，导致塑件翘曲变形，影响塑件的形状及尺寸精度。因此，为保证塑件质量，模温必须适当、稳定、均匀。可见，模温对整个注射成型过程都有极大的影响。

据统计，对于注射模塑，其注射时间约占成型周期的 5%，冷却时间约占 80%，推出（脱模）时间约占 15%。由此可见，注射周期主要取决于冷却定型时间，而通过调节塑料和模具的温差可以缩短冷却时间。因而在保证塑件质量和成型工艺顺利进行的前提下，通过降低模具温度来缩短冷却时间，是提高生产效率的关键。

在注射过程中要保持模具自身热量的平衡，一般应该设置温控系统。由于各类塑料的性能和成型工艺要求不同，模具温度的要求也不尽相同。为此，模具设计时，应根据塑料品种和模具尺寸大小等不同情况，考虑、采用不同方式对模具进行温度调节。常用热塑性塑料注射成型的模温，见表 2-1。

表 2-1　常用热塑性塑料注射成型的模温

塑　　料	模温 t/℃	塑　　料	模温 t/℃
聚苯乙烯（PS）	40~60	聚碳酸酯（PC）	80~110
AS 树脂（AS）	40~60	醋酸纤维素（CA）	90~120
ABS 树脂（ABS）	40~60	软聚氯乙烯（FPVC）	45~60
烯酸树脂	40~60	硬聚氯乙烯（RPVC）	40~60
聚乙烯（PE）	50~70	有机玻璃（PMMA）	30~60
聚丙烯（PP）	40~60	氯化聚醚（CPE）	40~60
聚酰胺（PA）	55~65	聚苯醚（PPO）	110~150
聚甲醛（POM）	80~120	聚砜（PSF）	100~150

1. 导入设计文档

双击桌面"中望 3D 2021 教育版"打开中望 3D 软件，进入中望 3D 工作环境，选择"打开文件"，在"文件类型"相应的目录路径中找到"上盖-浇注系统及抽芯机构设计.Z3"确定打开，在出现的管理器窗口中，用鼠标双击"上盖-模具设计_ASM"激活总装配，打开设计文档。

2. 定模侧冷却系统设计

打开设计文件后在"装配管理"窗口中用鼠标双击"上盖-模具设计_Cavity"，将型腔模仁激活成为当前工作零件，选择 DA 工具栏上的"显示目标"命令，仅显示型腔模仁零件。

（1）绘制冷却道草图　选择"造型"选项卡下的"基准面"命令，必选项为 XY 面，在"偏移"列表框中输入"30"，即将原 XY 基准面向下偏移 30mm，新建一个冷却道草绘基准面，其余参数为默认设置，如图 2-163 所示。

选择"草图"命令，选择新建的基准面为草绘平面，进入草图环境后使用"直线"命令绘制一个左右对称的草图，并通过相应的约束和标注完成冷却道草图，如图 2-164 所示。

（2）创建冷却道　退出草图环境后，选择"模具"选项卡下的"水路"命令，"模具"

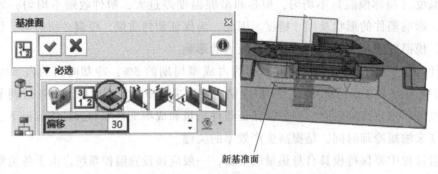

图 2-163　新建冷却道基准面

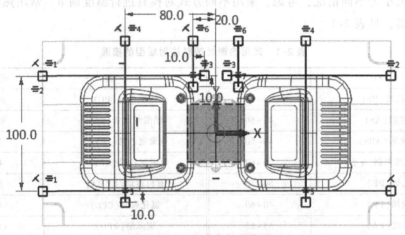

图 2-164　完成冷却道草图

为型腔模仁，将冷却管道"直径"设计为 8mm，在"曲线"列表框中选取刚绘制的冷却道草图，钻孔刀尖角度为麻花钻角度 118°，如图 2-165 所示。

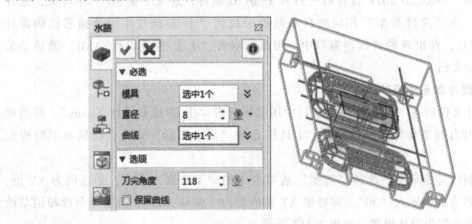

图 2-165　创建冷却道

　　★延伸阅读：模具冷却是指在型芯和型腔中创建冷却通道，可创建通道和接插件孔，可指定不通孔的顶锥角，冷却通道是位于中心线路径曲线上的钻孔。

使用"水路"命令，可通过输入通道直径以及定义冷却通道路径的轨迹曲线（通常为相互连接的线），创建冷却通道特征。轨迹曲线可以是线框、参考或草图几何体，而且必须接触或超过包含冷却通道这个特征的板的面。

"水路"必选输入选项有"模具""直径"和"曲线"。"模具"用于选择基础模具（即包含冷却通道特征的模板），或单击鼠标中键选择当前激活的零件；"直径"是指冷却通道的直径，这个特征中的冷却通道拥有相同的直径，如果希望冷却通道具有不同的直径，可对通道网络中具有相同直径的通道使用这个命令；"曲线"用于定义冷却通道的曲线，可创建一个草图来定义曲线，然后选择这个草图作为该输入要求，也可以选择任何线框、零件边或曲线列表作为该选项的输入。

水路可选输入选项有两项："刀尖角度"这个选项用来指定盲冷却通道的刀尖角度，这个类似于"孔特征"命令的孔尖选项；"保留曲线"如果勾选该框，则保留上面必选输入部分所选的曲线，如果不勾选，在命令完成后将删除该曲线。

（3）创建喉塞孔　选择"模具"选项卡下的"喉塞孔"命令，"孔类型"为"简单孔"，在"面"列表框中选取冷却管道的6个圆柱面，并将喉塞孔的"直径（D1）"设置为10mm，"深度（H1）"设置为13mm，其余参数为默认，如图2-166所示。

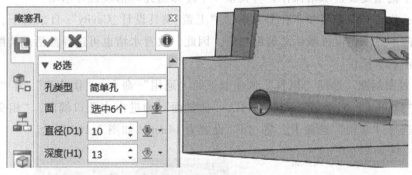

图2-166　创建喉塞孔

★说明：设计喉塞孔的目的是放置水堵，型腔模仁上有8个孔口，6个必须堵上，其中2个是进、出水口，不必也不能作为喉塞孔。

★延伸阅读："喉塞孔"命令是指在所选冷却通道的末端创建接插件，可创建简单直孔或台阶孔，并为螺孔指定螺纹，额外的选项可允许用户保存和浏览孔的属性文件。其必选输入如下。

1）"孔类型"用于设置所需孔的类型为简单孔或台阶孔，系统会显示孔的图片并激活合适的输入字段。

2）"面"用于选择放置孔的冷却通道的面。

3）"直径（D1）"用于设置主要直径。

4）"深度（H1）"用于设置孔的长度，对于螺孔（不垂直）此为最小的深度。

5）"直径（D2）"用于设置台阶孔直径。

6）"深度（H2）"用于设置台阶孔长度。

（4）放置水堵　选择"模具"选项卡下的"通用"命令，"供应商"为 MISUMI，"类别"为"Cooling"，"类型"为"JWP"，"放置面"可先选择 X 坐标轴方向上的一个端面，"相交体"可以不用设置，再选择"常用"选项卡，将"D"设置为 12mm 与喉塞孔相匹配，将"PO"改为 1mm，以免干涉，"高级"参数无需设置，如图 2-167 所示。

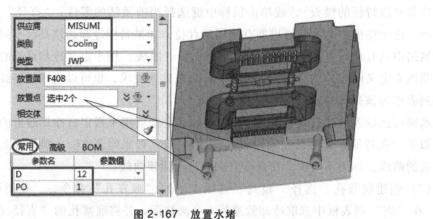

图 2-167　放置水堵

按鼠标中键重复放置水堵操作，将其余 4 个冷却道孔口都放置好水堵。

★注意：放置好的水堵并非在型腔模仁"上盖-模具设计_Cavity"目录树下，所以放置好的水堵可能不显示，但可激活总装配查看。因此，放置水堵也可选择激活总装配进行，但零件较多，不利于操作。

（5）放置密封圈　选择"模具"选项卡下的"通用"命令，"供应商"为"MISUMI"，"类别"为"Cooling"，"类型"为"ORS"，"放置面"为进出水孔口端面，"相交体"为型腔模仁，再选择"常用"选项卡，将"d"设置为 14mm，如图 2-168 所示。

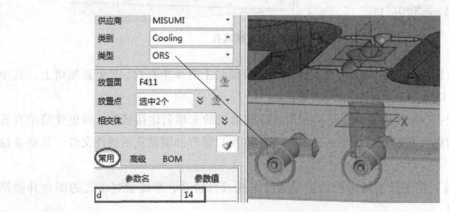

图 2-168　放置密封圈

★思考：为什么将密封圈放在型腔模仁侧而非定模 A 板侧？

（6）A 板冷却道　显示所有模具组件，双击 A 板将其作为当前操作对象。然后选择"装配"选项卡下的"参考"命令，必选项为"曲线"，按<Ctrl>+<F>切换到线框模式，选取型腔模仁上的两个 φ8mm 进出水冷却道孔口曲线作为参考线，如图 2-169 所示。

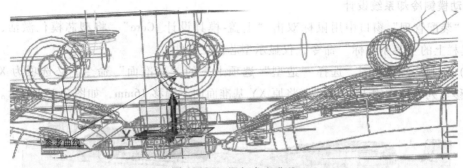

图 2-169 添加参考曲线

（7）切除冷却道 选择"造型"选项卡下的"拉伸"命令，"轮廓 P"选其中的一条参考曲线，"布尔运算"为"减运算"，将 A 板也拉伸一个 ϕ8mm 的圆孔，如图 2-170 所示。

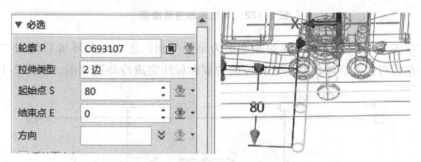

图 2-170 拉伸切除 A 板

按鼠标中键重复"拉伸"命令，创建另一个冷却水道孔。

（8）放置水嘴 仍为 A 板激活或激活定模系统，选择"模具"选项卡下的"通用"命令，"供应商"为"MISUMI"，"类别"为"Cooling"，"类型"为"KPM"，"放置面"为 A 板进出水孔口端面，"相交体"为 A 板，再选择"常用"选项卡，将"R"设置为"1/4"，再将"高级"中的"Create Pocket"设置为"Yes"，其余参数为默认，如图 2-171 所示。

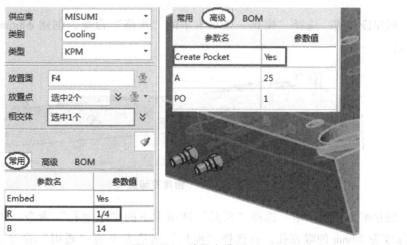

图 2-171 放置水嘴

3. 动模侧冷却系统设计

在"装配管理"窗口中用鼠标双击"上盖-模具设计_Core",将型芯模仁激活,选择 DA 工具栏上的"显示目标"命令,仅显示型芯模仁零件。

(1)绘制冷却道草图 选择"造型"选项卡下的"基准面"命令,必选项为 XY 面,在"偏移"列表框中输入"-16",将原 XY 基准面向下偏移 16mm,如图 2-172 所示。

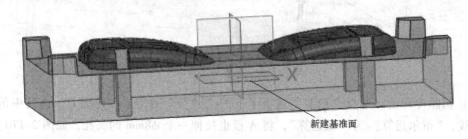

新建基准面

图 2-172 新建冷却道基准面

选择"草图"命令,选择新建的基准面为草绘平面,进入草图环境后使用"直线"命令绘制一个左右对称的草图,并通过相应的约束和标注完成冷却道草图,如图 2-173 所示。

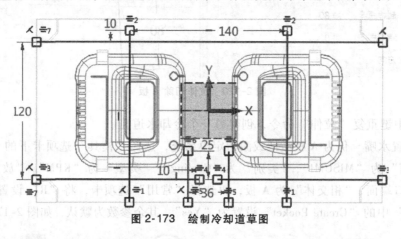

图 2-173 绘制冷却道草图

(2)创建冷却道 选择"模具"选项卡下的"水路"命令,创建 ϕ8mm 冷却道,如图 2-174 所示。

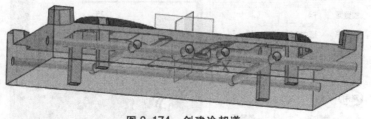

图 2-174 创建冷却道

(3)创建喉塞孔及水堵 选择"模具"选项卡下的"喉塞孔"命令,创建 6 个直径为 10mm、深度为 13mm 的喉塞孔,再选择"模具"选项卡下的"通用"命令,在 MISUMI 的冷却标准库零件中选取直径为 10mm 的水堵,并放置在 6 个喉塞孔处,如图 2-175 所示。

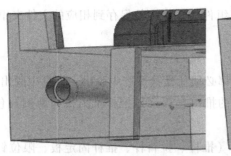
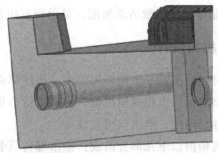

图 2-175　创建喉塞孔及放置水堵

（4）放置密封圈　选择"模具"选项卡下的"通用"命令，在 MISUMI 的冷却标准库零件中选取直径为 14mm 的密封圈，并放置在进出水孔口处，如图 2-176 所示。

（5）B 板冷却道　显示所有模具组件，双击 B 板将 B 板激活。然后选择"造型"选项卡下的"草图"命令，选择 YZ 基准面作为草绘平面，进入草绘环境。选择"草图"选项卡下的"参考"命令，将型芯模仁上的两个 ϕ8mm 进出水冷却道孔口曲线作为参考线，并切换为实体线，如图 2-177 所示。

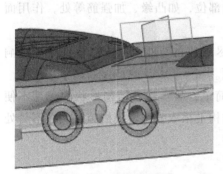

图 2-176　放置密封圈

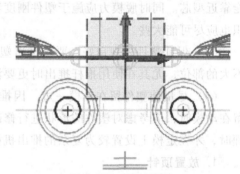

图 2-177　绘制草图

（6）切除冷却道　选择"造型"选项卡下的"拉伸"命令，"轮廓 P"选取参考而来的草图，"布尔运算"为"减运算"，将 B 板拉伸一个 ϕ8mm 的圆孔，如图 2-178 所示。

（7）放置水嘴　激活动模系统，选择"模具"选项卡下的"通用"命令，在 MISUMI 的冷却标准库零件中选取直径为"1/4"的水嘴，放置在 B 板端面进出水孔口圆心处，并选择"Create Pocket"为"Yes"，如图 2-179 所示。

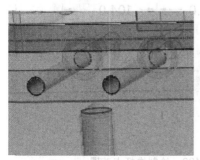

图 2-178　拉伸切除 B 板

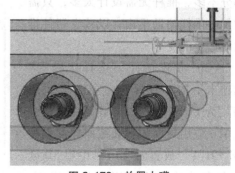

图 2-179　放置水嘴

（8）保存文件　激活总装配，显示所有组件，并将文件保存到相应的文件夹中。

二、推出机构设计

在注射成型的每一个循环周期中，塑件都必须从模具型腔中脱出。模具中脱出塑件的机构称为推出机构，也称脱模机构。推出机构的推出过程（以推杆推出机构为例）包括开模、推出、取件、闭模、推出机构复位等。

推出机构由以下几部分组成：推出部件（推杆、拉料杆、推杆固定板、限位钉）、导向部件（导柱、导套）、复位部件（复位杆）。推杆将塑件从型芯上推出；复位杆在闭模过程中使推杆复位；推杆固定板和推板连接并固定所有推杆和复位杆，传递推出力并使整个推出机构协调运动。

设计推出机构时，应遵循以下原则。

（1）结构可靠　推出机构应工作可靠、运动灵活、制造方便、配换容易，机构本身要具有足够的刚度和强度，足以克服脱模阻力。

（2）保证塑件不变形、不损坏　由于塑件收缩时包紧型芯，因此脱模力作用位置尽可能靠近型芯。同时脱模力应施于塑件刚度和强度最大的部位，如凸缘、加强筋等处，作用面积也应尽可能大些。

（3）保证塑件外观良好　要求推出塑件的位置应尽量选在塑件内部或对塑件外观影响不大的部位，尤其在使用推杆推出时更要注意这个问题。

（4）尽量使塑件留在动模一边　因推出机构较为简单，故当塑件结构形状的关系不便留在动模时，应考虑对塑件的形状进行修改或在模具结构上采取强制留模措施，实在不易处理时，才在定模上设置较为复杂的推出机构以推出塑件。

1. 放置顶针

（1）绘制草图　推出机构设计与定模系统和型腔模仁没有关系，激活总装配，隐藏定模侧及型腔组件。选择"造型"选项卡下的插入"草图"命令，选取 XY 基准面作为草绘平面，确定后进入草绘环境。

选择"草图"选项卡下的"点"命令，将"点"捕捉在原点水平方向上，绘制 2 个点并标注尺寸，如图 2-180 所示。

★说明：该设计零件的最高处约为 15mm 并有 1°的脱模斜度，加上塑件包覆在型芯上的部分不多，推杆无需设计太多，只需增加一推杆辅助推出，以减少塑件推出时产生的变形。

（2）放置顶针　选择"模具"选项卡下的"顶针"命令，"供应商"为 FUTABA，"类型"为结构最简单、应用最广的等圆截面标准推杆"E-EH"，"放置面（1）"中望 3D 软件会自动选择推杆固定板的底面，

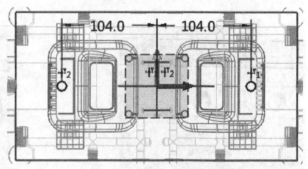

图 2-180　绘制推杆点草图

"放置点（2）"为线框模式选取草绘时的2个点，"型芯/型腔（3）"选择型芯模仁，"相交体"为B板和推杆固定板，再选择"常用"选项卡，将顶针直径"d"设置为6mm，顶针长度"L"系统自动计算出，在"高级"选项卡下将参数"Create Pocket"设为"Yes"，"Limit"参数修改为"2"，即顶针肩部单边切除，其余参数为默认设置，如图2-181所示。

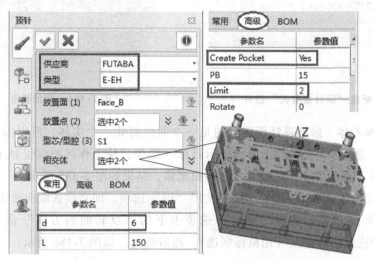

图2-181 放置顶针

按鼠标中键重复"顶针"命令，"放置点（2）"通过右击鼠标，在弹出的快捷菜单中选择"曲率中心"命令然后选取4个圆心点，其余所有设置与前面的相同，结果如图2-182所示。

图2-182 放置4个顶针

★说明：该4个顶针的设计也可以合并到之前的草绘中，即草绘6个点然后一并完成顶针放置，这里仅作为方法介绍而分步设计。

2. 修剪顶针

激活总装配，隐藏定模侧、型腔模仁和型芯模仁，显示"上盖-模具设计_CombinePro"。

（1）创建修剪面　选择"装配"选项卡下的"插入组件"命令，在"输入新零件名称"栏处给插入的组件命名为"顶针修剪面"，在"位置"栏中输入0，如图2-183所示。

接着在"装配"选项卡中使用"参考"命令，选择"上盖-模具设计_CombinePro"的型芯部分作为顶针修剪面的参考体，如图2-184所示。

图 2-183 新建"顶针修剪面"组件

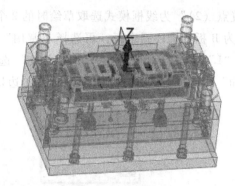

图 2-184 增加参考

（2）编辑参考体 修剪顶针所需要的是一个曲面而非一个实体，所以需要对参考体进行适当的编辑。选择 DA 工具栏上的"显示目标"命令，使工作区画面仅显示参考体内容，选择参考体的 4 个侧面和 1 个底面并将这些面删除，结果如图 2-185 所示。

★思考：在装配中添加参考时为何不使用"面"选项，即直接选取曲面作为参考面？

（3）反转曲面方向 选择"曲面"选项卡下的"反转曲面方向"命令，在出现的"面"选择框中选取所有曲面（用鼠标框选），然后确定，如图 2-186 所示。

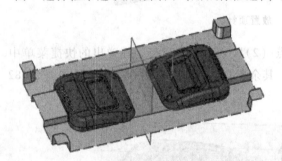

图 2-185 编辑参考体

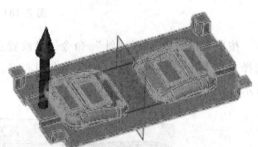

图 2-186 反转曲面方向

★说明：在后续的操作中需要用该修剪面对 6 个顶针进行修剪，但修剪哪一侧与修剪面的方向相关，为保证顶针被修剪的部分是高于型芯表面的部分，而非型芯内侧部分，这里先对顶针修剪面的方向进行反转处理，让洋红的一侧朝向 Z 轴正方向。

（4）修剪顶针 在"装配管理"中重新激活总装配，隐藏"上盖-模具设计_Combine"，然后选择"模具"选项卡下的"修剪顶针"命令，在"顶针"列表框中选取 6 个顶针（可框选），"切割体"选择经前面预处理的"顶针修剪面_1"，如图 2-187 所示。

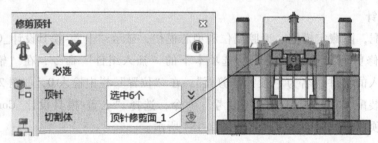

图 2-187 修剪顶针

★注意：修剪检查正确无误后应及时将"顶针修剪面"隐藏，希望能形成这样的操作习惯。

3. 冷料穴和拉料杆设计

注射成型时，喷嘴前端的熔料温度较低，为防止其进入型腔，通常在流道末端设置用以集存这部分冷料的冷料穴。冷料穴有两种，一种纯为"捕捉"或贮存冷料；另一种还兼有拉或推出凝料功用。冷料穴应设置在熔料流动方向的转折处，以便冷料入冷料穴。一般按塑料前进方向的延长线设置冷料穴。

直角式注射机用模具的冷料穴通常为主流道的延长部分，卧式或立式注射机用模具的冷料穴一般都设置在主流道正对面的动模上，冷料穴直径稍大于主流道大端的直径，底部常做成曲折的钩形或下陷的凹槽，使冷料穴兼有开模时将主流道凝料从主流道拉出而附在动模一边的作用。根据拉料方式的不同，常见的冷料穴和拉料杆结构有以下几种。

（1）带钩形拉料杆的冷料穴 该冷料穴底部有一根与冷料穴公称直径相同的钩形（Z形）拉料杆，由于拉料杆头部的侧凹能将主流道凝料钩住，开模时即可将凝料从主流道中拉出。同时，由于拉料杆的尾部固定在推杆固定板上，故在塑件推出时，凝料也一同推出。取出塑件时，用手工朝拉料钩的侧向稍许移动，将塑件连同浇注系统凝料一道取下。该冷料穴是一种常用的形式。同类型的还有底部带推杆的锥形和圆环槽冷料穴，其凝料推出杆也固定在推杆固定板上，开模时靠倒锥或环槽起拉料作用，然后利用推杆强制推出凝料。这两种结构形式适用于弹性较好的塑料成型，由于取下凝料时无需做横向移动，故易实现自动化操作。有时因塑件形状的限制，脱模时塑件无法左右移动，这种情况下不宜采用钩形拉料杆，而采用倒锥形或圆环槽冷料穴较为适宜。

（2）带球头拉料杆的冷料穴 冷料穴底部有一球头拉料杆，塑料熔体进入冷料穴冷凝后，包紧在拉料杆的球头上，开模时即可将主流道凝料从主流道中拉出。与钩形拉料杆不同的是，球头拉料杆的底部固定在动模边的型芯固定板上，并不随推出机构移动，凝料是依靠推件板推出塑件的同时从球头拉料杆上强制脱出的，该结构形式专用于塑件以推件板脱模的模具中。同类型的还有菌形拉料杆和锥形拉料杆，这两种都是球头拉料杆的变形，但加工较球头拉料杆容易。其中锥形拉料杆无储存冷料的作用，它靠塑料收缩时的包紧力而将主流道凝料拉住，故可靠性不如球形和菌形两种。为增大锥面摩擦力，可采用小锥度，或增加锥面的表面粗糙度。但锥形拉料杆的尖锥可起分流作用，常用于单型腔模成型带中心孔的塑件，如齿轮注射模经常采用。

（3）无拉料杆的冷料穴 这种冷料穴有两种使用状态。

① 在主流道对面的动模板上开一锥形凹坑作为冷料穴，为了拉出主流道凝料，在锥形凹坑的锥壁上平行于另一锥边钻一个深度不大的小孔，开模时靠小孔的固定作用将主流道凝料从主流道中拉出。推出时推杆顶在塑件或分流道凝料上，这时冷料穴中凝料先朝小孔的轴线移动，然后被全部拔出，为了使凝料进行这种斜向移动，分流道必须设计成 S 形或类似带有挠性的形状。

② 在定模板的分流道末端，开有斜孔冷料穴，开模时会先拉断点浇口，然后在拉出主流道凝料的同时，将分流道与冷料穴一起拉出，最后再将凝料从动模中推出，并自动坠落。

应该指出,并非所有注射模都需开设冷料穴,有时由于塑料的工艺性能好和成型工艺条件控制得好,可能很少产生冷料,如果塑件要求不高时可不设冷料穴。

拉料杆的材料一般采用T8A或T10A,头部淬火50~55HRC,钩形拉料杆与定模板之间以及球形拉料杆与推件板之间通常采用H9/f9间隙配合,相对固定部分采用H7/m6过渡配合,配合部分的表面粗糙度值为 $Ra0.8\mu m$,与冷料接触部位的表面粗糙度 Ra 值可以稍大。

1)测量高度。激活总装配,隐藏定模侧、型腔模仁和推板,显示型芯模仁。选择"查询"选项卡下的"距离"命令,"点1"选择坐标原点或直接输入0并按键盘上的<Enter>键,"点2"选择推杆固定板的底面,测量结果显示"Z方向距离"为132.5mm,如图2-188所示。

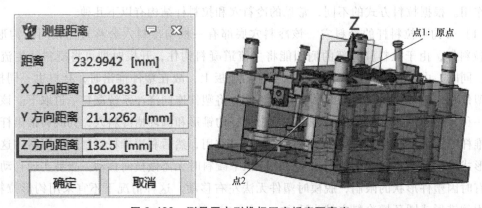

图2-188　测量原点到推杆固定板底面高度

2)放置拉料杆。选择"模具"选项卡下的"通用"命令,"供应商"为"MISUMI","类别"为"EjectorPin","类型"为"EPD-5A","放置面"选择推杆固定板的底面,"放置点"坐标原点可直接输入0并按<Enter>键,"相交体"为型芯模仁、B板和推杆固定板;再选择"常用"选项卡,将与拉料杆直径相关的"P"设置为7mm,拉料杆长度"L"设置为128mm,拉料杆顶端宽度"V"设置为5mm,角度"G"设置为20°,拉料杆扣除拉料头的长度"F"设置为120mm,在"高级"选项卡下将参数"Create Pocket"设为"Yes",其余参数为默认设置,如图2-189所示。

★说明:完成上述操作恢复推板PlateEC的显示。

3)创建冷料穴。该内容较简单,参考所学的内容独自完成。

4. 放置复位弹簧

选择"模具"选项卡下的"通用"命令,"供应商"为"FUTABA","类别"为"Spring","类型"为"M-TY","放置面"选择推杆固定板的顶面,"放置点"切换到线框模式选取4根复位杆的"曲率中心","相交体"为B板,再选择"常用"选项卡,将弹簧外径"D"设置为39mm,内径"d"设置为26mm,弹簧总长度"L"设置为80mm(推杆固定板顶面到B板底面距离为52mm),在"高级"选项卡下将参数"Create Pocket"为"Yes",其余参数为默认设置,如图2-190所示。

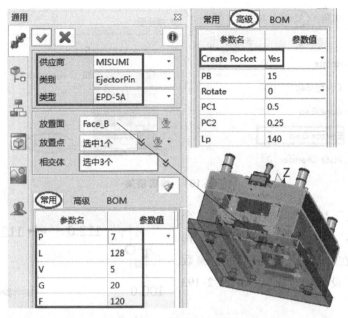

图 2-189　放置拉料杆

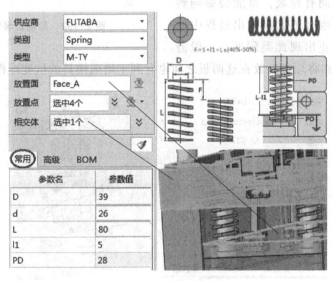

图 2-190　放置复位弹簧

5. 放置垃圾钉

（1）编辑模架　选择"模具"选项卡下的"修改模架"命令，将"高级"选项卡下间隙参数"Ejector Gap"改为 5mm，其余参数保持原有的设置，如图 2-191 所示。

（2）绘制垃圾钉草图　选择"造型"选项卡下的"草图"命令，以 XY 基准面为草绘平面，使用点工具绘制 4 个点，并通过适当的约束标注尺寸，如图 2-192 所示。

（3）放置垃圾钉　选择"模具"选项卡下的"通用"命令，"供应商"为"FUTABA"，"类别"为"EjectorComp"，"类型"为"M-STP"，"放置面"选择动模座板

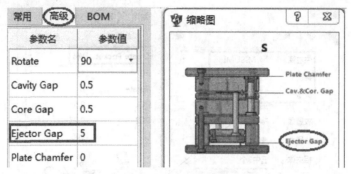

图 2-191　编辑模架

的顶面，"放置点"切换到线框模式选取 4 个草绘点，"相交体"为动模座板，"常用"选项卡不用修改，在"高级"选项卡下将参数"Create Pocket"设为"Yes"，如图 2-193 所示。

★说明：垃圾钉位于推板和动模座板之间，如果在两板之间有垃圾，可能会影响到复位机构的复位，也有可能在推出过程中使模具不平稳，为防止出现此类问题，一般需

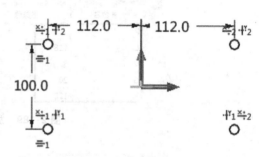

图 2-192　绘制垃圾钉草图

要加上垃圾钉，当然将垃圾钉放在这两板之间也有利于增强模具的抗变形作用。

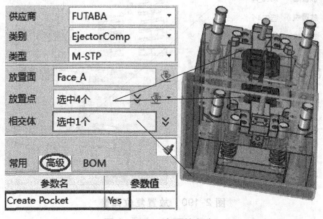

图 2-193　放置垃圾钉

三、模具标准件

1. 放置支承头

选择"模具"选项卡下的"通用"命令，"供应商"为"FUTABA"，"类别"为"EjectorComp"，"类型"为"M-SRD"，"放置面"选择动模座板的顶面，在"放置点"列表框单击鼠标右键选择"偏移"命令，在"偏移"列表框中"参考点"为坐标原点，放置

点一个向 Y 轴左偏移 60mm，另一个向 Y 轴右偏移 60mm，其余两轴不偏移，如图 2-194 所示。

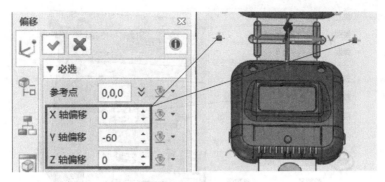

图 2-194　选择放置点

确定两个偏移点后继续上述操作，"相交体"选择推杆固定板和推板，在"常用"选项卡中将支承头直径设置为 30mm，长度为 100mm，再将"高级"选项卡下的参数"Create Pocket"设为"Yes"，如图 2-195 所示。

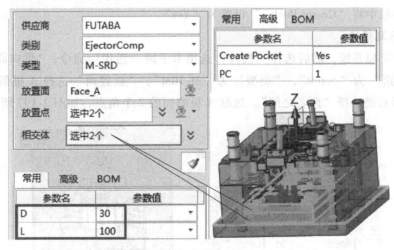

图 2-195　放置支承头

★注意：并非所有注射模都需要设计支承头，在模具强度较好或对塑件要求不高时可不设支承头。

★说明：根据任务书，动模座板顶面与 B 板底面的距离为 100mm，支承头长度也应为 100mm。

2. 放置定位块

显示定模系统或显示 A 板。选择"模具"选项卡下的"通用"命令，"供应商"为"MISUMI"，"类别"为"Position"，"类型"为"TSSB"，"放置面"选择 B 板一端面，"放置点"捕捉端面边线上的一个点，"相交体"选择 B 板，并在"常用"选项卡中将定位块的宽度"A"设置为 30mm，高度"E"设置为 8mm，如图 2-196 所示。用同样的方法再放置 3 副定位块。

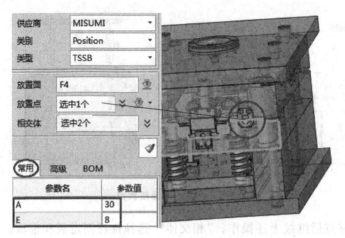

图 2-196　放置定位块

★说明：如果定位块不埋入 A、B 板，则无需再显示定模系统，也不用选择相交体，更无需在高级参数中将 "Create Pocket" 设置为 "Yes"。

3. 放置吊耳螺栓

首先显示定模系统，然后选择 "模具" 选项卡下的 "通用" 命令，"供应商" 为 "FU-TABA"，"类别" 为 "Screw"，"类型" 为 "M-IBM"，"放置面" 选择 A 板侧面，"放置点" 通过鼠标右键选择 "两者之间"，选取 A 板侧面的 2 个角点，如图 2-197 所示。

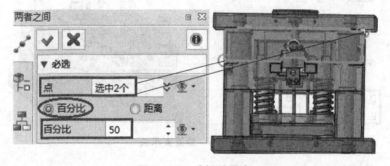

图 2-197　选择放置点

完成吊耳螺栓的放置后，将 "相交体" 设置为定模中的 A 板，在 "常用" 选项卡中使用 M16 的螺栓，其余参数为默认设置，如图 2-198 所示。

4. 放置紧固螺钉

（1）绘制草图　仍需激活总装配，隐藏动模系统和定模座板，确保显示型腔模仁，选择 "造型" 选项卡下的 "草图" 命令，以 XY 基准面为草绘平面，使用 "点" 命令绘制 4 个点，并进行适当的对称约束和尺寸标注，如图 2-199 所示。

（2）放置紧固螺钉　选择 "模具" 选项卡下的 "螺钉" 命令，"起始板（1）" 选择 A 板，"放置面（2）" 为 A 板的上表面，"终止板（3）" 选择型腔模仁；"放置点（4）" 切换

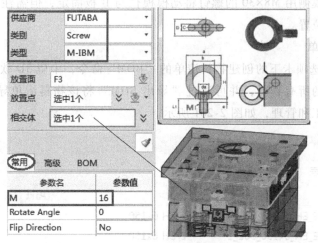

图 2-198 放置吊耳螺栓

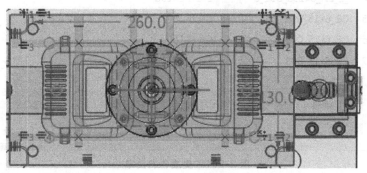

图 2-199 绘制草图

为线框模式后捕捉 4 个草绘点,"常用"参数为 M8,螺钉长为 30mm,"高级"参数中将"Create Pocket"设置为"Yes",其余参数按默认设置,如图 2-200 所示。

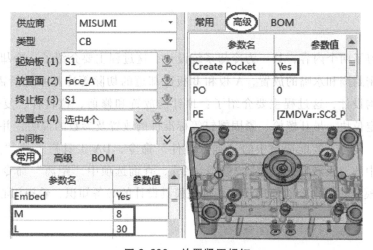

图 2-200 放置紧固螺钉

同样地，在动模侧用 M8×30 的螺钉将动模模仁与 B 板固定，但需注意紧固螺钉的位置要避开冷却管道的位置。

5. 生成物料清单

选择"模具"选项卡下的创建物料清单的"BOM"命令，中望 3D 软件将以表格的形式列出整个设计过程的所有物料，并可通过"导出 BOM"将该物料清单导出、生成 Excel 表格，方便后续的加工和管理，如图 2-201 所示。

图 2-201　生成物料清单

6. 保存文件

激活总装配，显示所有组件，将当前文件另存到相应目录下，并将文件改名为"冷却及顶出系统设计"，完成整个模具的设计。

学习小结

本任务学习了两个内容，其一为冷却系统设计，这过程主要介绍了：冷却道、喉塞孔的创建，水堵、密封圈和水嘴的放置，A 板和 B 板冷却道的切除等冷却系统所需的基本内容。其二为推出机构设计，这过程主要介绍了：顶针的放置和修剪，拉料杆、复位弹簧、垃圾钉、支承头、定位块、吊耳螺栓、紧固螺钉等标准件的放置及参数的说明，并生成了模具物料清单。另外，复习了装配选项中的"插入组件"命令，DA 工具栏上的"显示目标"命令，曲面选项中的"反转曲面方向""修剪命令"，查询选项中"距离"命令，以及模具选项中的"修改模架"等命令的使用。这些都是模具设计的必备知识，希望用心掌握。

练习

1. 根据用户提供塑料产品的 igs 格式的三维数据及制品二维参考图，如图 2-202 所示，完成完整模具设计。

　　模具结构设计要求：模腔数为一模两腔，浇口痕迹小；优先选用标准模架及相关标准件；以满足塑件要求、保证质量和制件生产效率为前提条件，兼顾模具的制造工艺性及制造成本，充分考虑主要零件材料的选择对模具的使用寿命的影响；保证模具使用时的操作安全，确保模具修理、维护方便；选择注射机，模具应与注射机相匹配，保证安装方便、安全可靠。

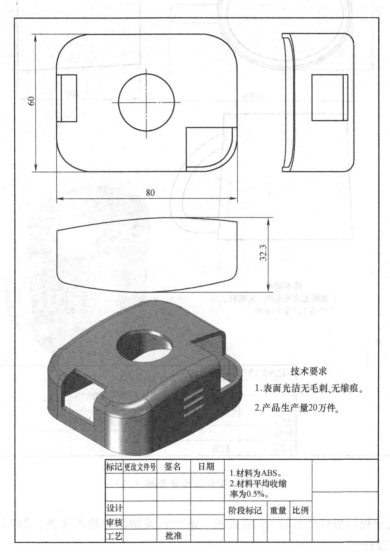

技术要求
1.表面光洁无毛刺、无缩痕。
2.产品生产量20万件。

标记	更改文件号	签名	日期	1.材料为ABS。		
				2.材料平均收缩率为0.5%。		
设计				阶段标记	重量	比例
审核						
工艺		批准				

图 2-202　零件二维参考图（一）

　　2. 根据用户提供塑料产品的 stp 格式的三维数据及制品二维参考图，如图 2-203 所示，完成完整模具设计。模具结构设计要求同前题，后题同。

　　3. 根据用户提供塑料产品的 stp 格式的三维数据及制品二维参考图，如图 2-204 所示，完成完整模具设计。

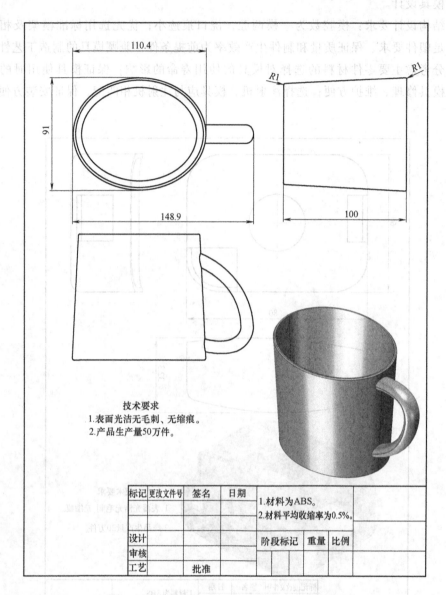

技术要求
1.表面光洁无毛刺、无缩痕。
2.产品生产量50万件。

标记	更改文件号	签名	日期	1.材料为ABS。		
				2.材料平均收缩率为0.5%。		
设计				阶段标记	重量	比例
审核						
工艺		批准				

图 2-203　零件二维参考图（二）

4. 根据用户提供塑料产品的 stp 格式的三维数据及制品二维参考图，如图 2-205 所示，完成完整模具设计。

5. 根据用户提供塑料产品的 stp 格式的三维数据及制品二维参考图，如图 2-206 所示，完成完整模具设计。

6. 根据用户提供塑料产品的 stp 格式的三维数据及制品二维参考图，如图 2-207 所示，完成完整模具设计。

7. 根据用户提供塑料产品的 stp 格式的三维数据及制品二维参考图，如图 2-208 所示，完成完整模具设计。

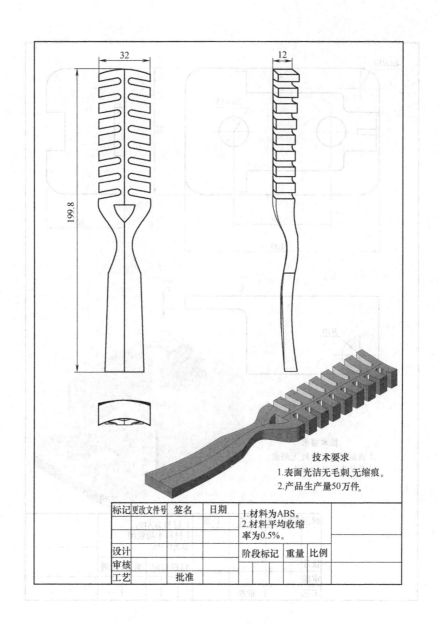

技术要求
1.表面光洁无毛刺,无缩痕。
2.产品生产量50万件。

标记	更改文件号	签名	日期	1.材料为ABS。 2.材料平均收缩 率为0.5%。		
设计				阶段标记	重量	比例
审核						
工艺		批准				

图 2-204　零件二维参考图（三）

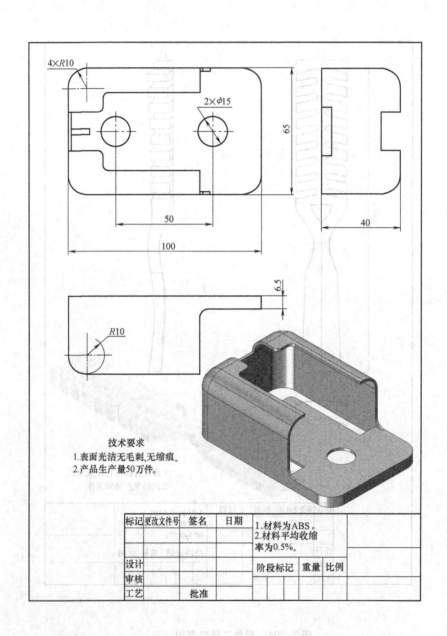

4×R10

2×φ15

65

50

100

40

6.5

R10

技术要求
1.表面光洁无毛刺,无缩痕。
2.产品生产量50万件。

标记	更改文件号	签名	日期	1.材料为ABS。		
				2.材料平均收缩率为0.5%。		
设计				阶段标记	重量	比例
审核						
工艺		批准				

图 2-205 零件二维参考图（四）

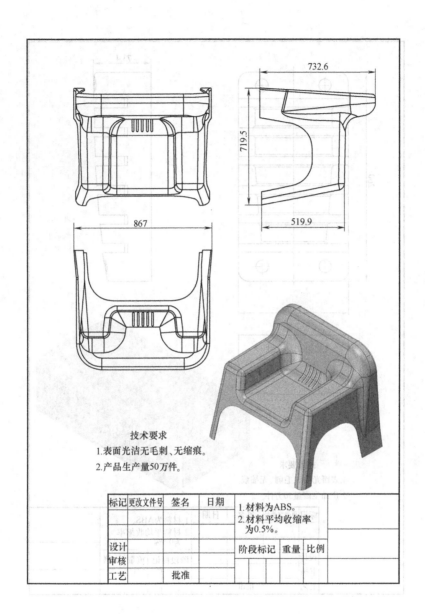

技术要求
1.表面光洁无毛刺、无缩痕。
2.产品生产量50万件。

标记	更改文件号	签名	日期	1.材料为ABS。		
				2.材料平均收缩率 为0.5%。		
设计				阶段标记	重量	比例
审核						
工艺		批准				

图 2-206 零件二维参考图（五）

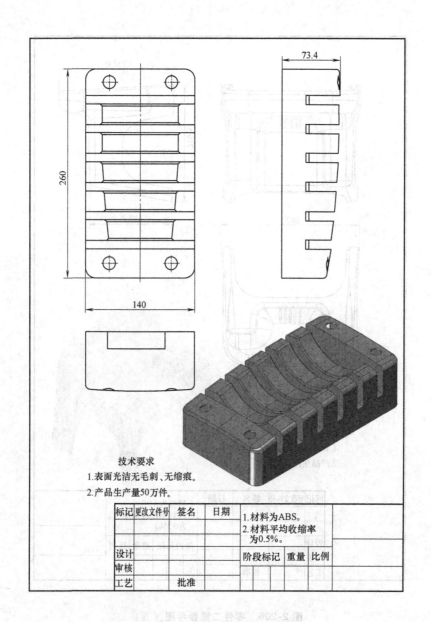

73.4

260

140

技术要求

1.表面光洁无毛刺、无缩痕。

2.产品生产量50万件。

标记	更改文件号	签名	日期	1.材料为ABS。		
				2.材料平均收缩率 为0.5%。		
设计				阶段标记	重量	比例
审核						
工艺		批准				

图 2-207 零件二维参考图（六）

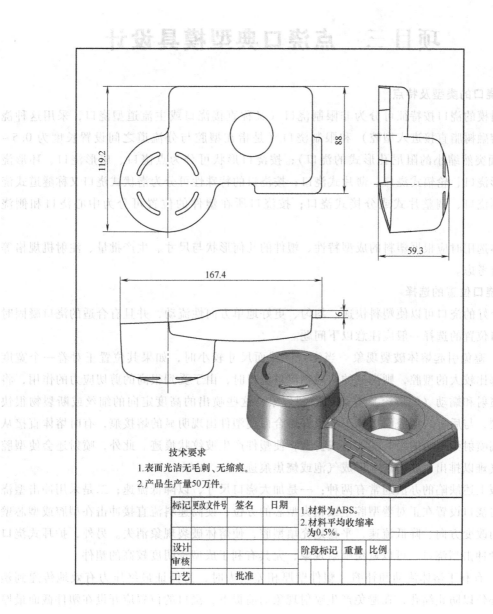

技术要求
1.表面光洁无毛刺、无缩痕。
2.产品生产量50万件。

标记	更改文件号	签名	日期	1.材料为ABS。		
				2.材料平均收缩率 为0.5%。		
设计				阶段标记	重量	比例
审核						
工艺		批准				

图 2-208 零件二维参考图（七）

项目三　点浇口典型模具设计

1. 浇口的类型及特点

注射模的浇口按特征可分为非限制浇口（又称直接浇口或主流道型浇口，采用这种浇口时，熔融树脂直接进入型腔）和限制浇口（是指在型腔与分流道之间设置长度为 $0.5\sim2\text{mm}$ 截面突然缩小的阻尼孔形式的浇口）；按浇口形状可分为点浇口、扇形浇口、环形浇口、盘形浇口、轮辐式浇口、薄片式浇口；按浇口的特殊性可分为潜伏式浇口又称隧道式浇口、护耳浇口、调整片式或分接式浇口；按浇口所在塑件的位置可分为中心浇口和侧浇口等。

具体选用时应根据塑料的成型特性、塑件的几何形状与尺寸、生产批量、注射机规格等因素综合考虑。

2. 浇口位置的选择

一个好的浇口可以使塑料快速、均匀、更好地单方向性流动，并且有合适的浇口凝固时间。浇口位置的选择一般应注意以下问题。

（1）避免引起熔体破裂现象　当浇口的截面尺寸较小时，如果其位置正对着一个宽度和厚度都比较大的型腔，则高速的熔融物流过浇口时，由于受到很高的剪切应力的作用，将会产生喷射和蠕动（蛇形流）等熔体破裂现象，这些喷出的高度定向的细丝或断裂物很快冷却变硬，与后进入型腔的熔体不能很好熔合而使塑件出现明显的熔接痕，有时熔体直接从型腔一端喷射到型腔的另一端，造成折迭，使塑件产生波纹状痕迹。此外，喷射还会使型腔中的空气难以排出，在塑件上形成气泡或烧焦痕迹。

克服上述缺陷的办法通常有两种：一是加大浇口尺寸，以降低流速；二是采用冲击型浇口，即将浇口设置在正对着型腔壁或粗大型芯的方位，使高速料流直接冲击在型腔或型芯壁上，从而改变方向、降低流速，平稳地充填型腔，使熔体破裂现象消失。另外，护耳式浇口也是一种冲击型浇口，可以避免喷射现象，尤其有利于成型透明度较高的塑件。

（2）有利于熔体流动和补缩　塑件壁厚相差较大时，为保证最终压力有效地传递到塑件较厚部位以防止缩孔，在避免产生喷射现象的前提下，浇口的位置应开设在塑件截面最厚处，以利于熔体填充及补料。

（3）有利于型腔内气体的排出　如果进入型腔的塑料过早地封闭排气系统，型腔内的气体就不能顺利排出，会在塑件上造成气泡、疏松、充模不满、熔接不牢等缺陷，甚至可能在注射时由于气体被压缩而产生高温，使塑件局部碳化烧焦。

（4）减少熔接痕和增加熔接强度　熔接痕是指在充型过程中，有两股以上的流动塑熔体汇合在一起，而熔接处的两股料温往往较低，熔接不牢，冷凝固化后产生冷接纹。由于塑件的熔接痕的部位强度和性能比其他部位差，同时熔接痕会影响塑件的外观质量，所以应尽量避免或减少熔接痕的出现。为了减少塑件上熔接痕的数量，在塑件熔体流程不太长的情况下，最好不设两个或两个以上浇口，因为浇口数量越多，产生熔接痕的概率就大；另外，改变浇口的位置，也能避免熔接痕产生。同理，环形浇口一般无熔接痕，而轮辐式浇口就有可能产生熔接痕，但对大型板状塑件，应兼顾内应力和翘曲变形问题，宜设置多个浇口。在可能产生熔接痕的情况下，为了增加熔接强度，可在熔接处的外侧开一冷槽，使料流的前锋冷料溢进槽内，避免熔接痕的产生。

（5）防止料流将型芯或嵌件挤压变形 对于具有细长型芯的筒形塑件，浇口的位置避免偏心进料，以防止型芯产生弯曲变形。

（6）保证流动比在允许值范围内 流动比是指熔体流程长度与厚度的比值。流动比过大时不但内应力增加，而且还会因料温下降造成熔体不能充满整个型腔。因此在设计浇口位置和确定浇口数量时，特别对大型塑件的成型，应考虑流动问题。

3. 点浇口

又称针浇口或菱形浇口，这种浇口有很多优点，几乎可以用于各种形式的塑件。点浇口一般设在塑件的顶端，去除方便，不影响塑件的外观，浇口可自动拉断，可以实现自动化操作。这种浇口尤其适用于圆筒形、壳形、盒形的塑件，但是流动性较差的塑料如 PMMA、PC 等就不适于采用点浇口，而适用于流动性较好的 ABS、PP（聚丙烯）、POM（聚甲醛）等塑料。

对于薄壁塑件，由于在点浇口附近的剪切速率过高，会造成塑料分子的高度定向，增加局部应力，甚至发生开裂现象。这时在不影响塑件使用的条件下，可将浇口对面的塑件壁厚增加并呈圆弧过渡，同时该圆弧槽还可起储存冷料的作用。

任务一 外壳分模设计

任务描述

根据用户提供塑料产品的 stp 或 igs 格式的三维数据及制品二维参考图，如图 3-1 所示，完成模具的设计任务。

模具结构设计要求如下。

1）模腔数：一模两腔，浇口痕迹小。

2）优先选用标准模架及相关标准件。

3）以满足塑件要求、保证质量和制件生产效率为前提条件，兼顾模具的制造工艺性及制造成本，充分考虑主要零件材料的选择对模具的使用寿命的影响。

4）保证模具使用时的操作安全，确保模具修理、维护方便。

5）选择注射机，模具应与注射机相匹配，保证安装方便、安全可靠。

学习重点

1. 熟练掌握造型或曲面工具的使用，知道导入模型的修复方法。

2. 掌握复杂分模面的创建方法。

3. 掌握侧向抽芯、斜顶的分离方法。

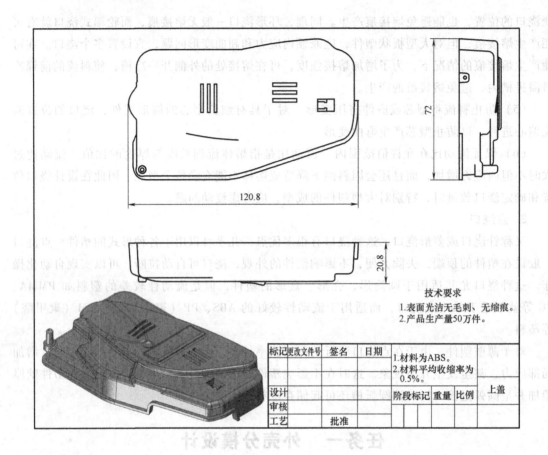

图 3-1　上盖二维参考图

技术要求

1.表面光洁无毛刺、无缩痕。
2.产品生产量50万件。

标记	更改文件号	签名	日期	1.材料为ABS。 2.材料平均收缩率为 　0.5%。			
设计				阶段标记	重量	比例	上盖
审核							
工艺		批准					

任务分析

　　任务中所提供的素材文档有 igs 和 stp 两种格式，但不管哪种格式导入中望 3D 软件后都会在模型上出现一个螺钉状的造型，显然该造型属于多余造型，必须删除。然而，删除后所形成的破面的修复是模具设计的首要任务，修复与否、修复质量将直接影响后续模具设计的进程与成败。

　　从导入的模型中可以看出，模型的内孔补孔，也称内分模面的创建，相较以往所学要复杂得多，显然，它无法直接使用"模具"选项卡中的"补孔"命令进行创建，而需采用"造型""曲面""线框"等菜单中的命令完成，该分型面的创建是任务实施的又一个关键点和难点，它不仅关系到模具设计的合理性，还关系到模具制造的工艺性。

　　模具设计是一个工程，在分模初始就应该考虑到后续设计的整个过程。模型中不仅存在侧向抽芯，还有斜顶机构，为了更好了解中望 3D 软件，侧向抽芯的导滑部分的设计，直接使用"模具"选项卡所提供的"滑块"命令来完成，因此在分模设计中就无需进行"滑块"部分的设计，只要将侧向抽芯部分从型芯或型腔中分离出来，后续内容由"滑块"完成。

任务实施

一、外壳零件预处理

1. 导入上盖零件

双击桌面"中望 3D 2021 教育版"打开中望 3D 软件，进入中望 3D 工作环境，选择"打开文件"，在"文件类型"相应的目录路径中找到"外壳.stp"或"外壳.igs"确定打开，导入需要设计的零件文档。

2. 产品定位分析

选择"模具"选项卡下的"定位"命令，"造型"选择整个零件产品，"主分型方向"通过鼠标右键选择"面法向"命令选取模型边缘的一个面，并选取面上的任意一点作为 Z 轴的方向，"侧分型方向"选择模型边缘的一条边线，"分型基点（Z0）"选择模型零件的最低点，如图 3-2 所示。

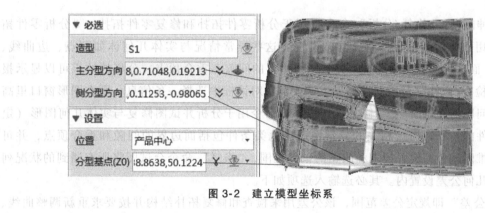

图 3-2　建立模型坐标系

3. 修补破面

完成产品定位后将模型适当放大，认真检查文件在导入后的完整性，很容易看出模型上有明显的破面，如图 3-3 所示。但为了不遗漏其他缺陷，可以用中望 3D 软件提供的专用工具进行检查。选择"修复"选项卡下的"修复/恢复"命令，在出现的对话框内"造型"选择整个零件产品，必选项选择"缝合"，其余参数按默认设置，如图 3-4 所示。

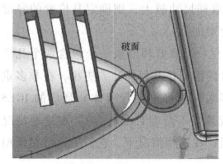

图 3-3　模型上的破面

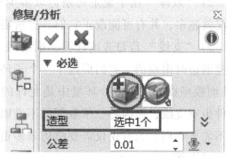

图 3-4　分析模型参数设置

在确认上述设置后，中望 3D 软件会对选中的模型进行分析并修复，最后将显示分析结果，如图 3-5 所示。

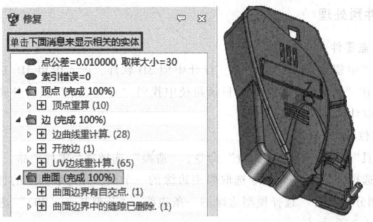

图 3-5　模型修复结果显示

★延伸阅读："修复/分析"命令可用于分析零件拓扑和修复零件拓扑。"分析零件拓扑"命令用于分析激活零件有无异常情况，这些异常情况与实体几何体如顶点、边曲线、UV 曲线、面边界等有关，此类条件包括面边界的间隙和重合顶点，分析的结果可以显示报告边的"检查/修补"对话框，如果设计人员在对话框中选择一条信息，则在图形窗口里高亮显示有问题的几何图形。"修复零件拓扑"命令用于分析并试图修复与实体几何图形（定义激活零件的拓扑结构）相关的异常情况，此类条件包括面边界的间隙和重合顶点，并可以使用三维匹配公差设置搜索和改正的偏差范围，"修复"命令会试图将所有遇到的状况列入当前的几何公差设置内。其必选输入选项如下。

1）"公差"即规定公差范围，该公差用来检查和修复拓扑结构并按要求重新调整曲线、边、面。

2）"造型"当该字段为空时，默认分析或修复所有实体；否则只分析或修复指定的实体。

可选输入选项内容如下。

1）"禁止修改的面"即被选中的面不参与修复。

2）"取样"用于规定每条边取多少个点做样本，取样尺寸越大，则确定其位置的异常情况就越多，并有可能改正它们，但所需的计算时间会增加。

3）"支线"若勾选该选项，则删除支线，支线是在一个修剪环形成一个包含两个几乎重叠的边时出现的，它们形成了一个子环，该子环包含的面积比几何体公差更小，在非多重（曲面模型或开放实体）环境中是允许的，但是，许多来自于多重（仅实体）环境的 IGES 文件也有支线，原因是二维数据的不准确（或 UV 曲线数据不是端对端符合），在这些情况下不需要它们，也有仅仅需要模仿非多重几何体的支线，在这些情况下，它们应该留在模型里不受干扰。

4）"重复面"在勾选该选项时，如果遇到相同的面，其中一个将移除，两个面如果在上面规定的三维适配公差范围内，则应视为相同的面。

5）"狭长面"若勾选该选项则删除狭长面，若一个面只有一条边，或有多条边，但是面积和最短边的比小于容差的一半，则视为狭长面。

6）"开放边"若勾选该选项则删除开放边。

4. 模型修复

（1）删除多余造型　认真观察导入模型，在模型中存在一个螺钉状造型不合理地被放置在零件上，如图 3-6 所示，应属多余造型，这可能是在文件格式转换中附加上去的，应该删除。另外尝试导入"外壳 .igs"，情况也如此，最后再导入"外壳 .stl"文件，没有发现该造型，如图 3-7 所示，所以该造型确属多余造型，应该删除。

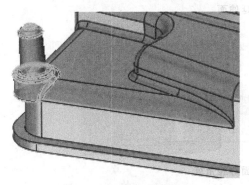

图 3-6　模型上多余造型

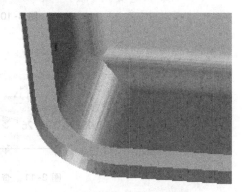

图 3-7　stl 文件中的模型

继续观察导入的模型，尚有两处需删除，如图 3-8 所示。

（2）延伸曲面　选择"曲面"选项卡下的"延伸面"命令，选取需要延伸的面和选择延伸圆弧边线，并将原来的曲面与延伸后的曲面合并为一个曲面，如图 3-9 所示。

图 3-8　删除模型上多余曲面

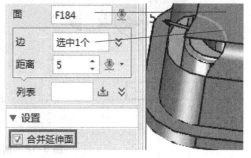

图 3-9　延伸曲面

（3）修剪延伸面　选择"曲面"选项卡下的"曲线修剪"命令，"面"选取已延伸的面，"曲线"为延伸面与圆角面的交接线，并注意选取需要保留的曲面侧，如图 3-10 所示。

（4）创建基准面　首先选择"查询"选项卡下的"角度"命令，使用"两向量"选项选取圆角面边线与一水平边线，如图 3-11 所示。

然后选择"造型"选项卡下的"基准面"命令，必选项为"平面"，页面方向选择"对齐到几何坐标的 XY 面"，捕捉圆角面边线的一个端点，并将"X 轴角度"设置为-3°

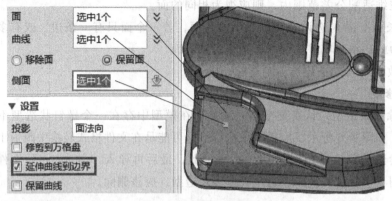

图 3-10 修剪延伸面

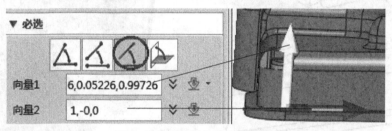

图 3-11 查询圆角面边线角度

（与查询的角度需相同），用同样的方法创建另一个基准面，如图 3-12 所示。

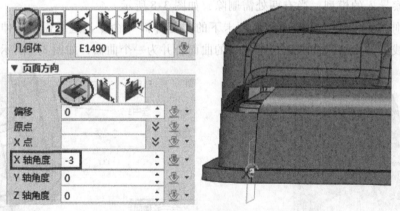

图 3-12 创建基准面

（5）分割曲面 选择"曲面"选项卡下的"曲面分割"命令，"面"通过属性过滤器选取之前的延伸面，"分割体"选择两个基准面，分割后基准面不再需要，故无需保留，其余参数为默认，如图 3-13 所示。

（6）草绘修剪线 选择"造型"选项卡下的"草图"命令，以延伸面为草绘平面，使用圆弧工具绘制一个 1/4 的圆弧，并与边线为相切约束，如图 3-14 所示。

（7）修剪曲面 选择"曲面"选项卡下的"曲线修剪"命令，"面"选取延伸后分割出来的方形面，"曲线"为草绘圆弧，并注意选取需要保留的曲面侧，如图 3-15 所示。

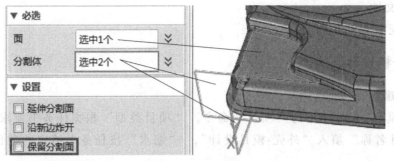

图 3-13　分割曲面

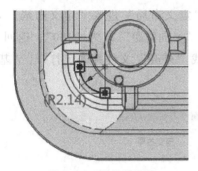

图 3-14　草绘修剪线

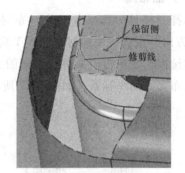

图 3-15　修剪曲面

（8）修补破面　选择"曲面"选项卡下的"N 边形面"命令，"边界"选取破面周边上的 10 条曲线，且注意不可漏选，并让新创建的曲面与边界相切，如图 3-16 所示。

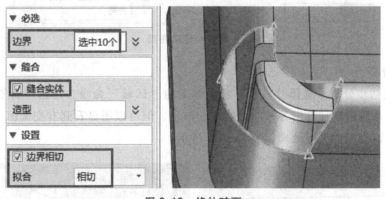

图 3-16　修补破面

最后选择"曲面"选项卡下的"合并面"命令，将先前被两个基准面分割出来的 4 个曲面重新合并为一个面。

5. 其他分析

选择"模具"选项卡下的"脱模"命令和"厚度"命令，对零件的脱模、厚度进行分析，再选择"查询"选项卡下的"质量属性"命令，记录塑件的体积和质量，具体操作过程参考前文。

6. 保存文件

保存外壳零件到相应的目录。

二、上盖分模设计

1. 项目建立

选择"模具"选项卡下的"项目"命令，"项目类型"根据任务书要求选择"多型腔"，"项目名称"填入"外壳-模具设计"，"缩水"按任务书给定的数值取 0.5% 即"1.005"。

2. 产品布局

选择"模具"选项卡下的"布局"命令，选择"定义布局"进入"定义布局"对话框，"方向"改为"X 向对称"，"Y 向数目"为"2"，"Y 向间距"改为"130"，返回上一界面继续操作。单击"文件"右侧的文件夹图标，查找"外壳"文件并确定打开，"基准"选择已布局好的坐标系，如图 3-17 所示。

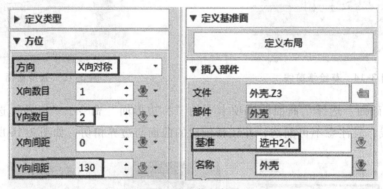

图 3-17 定义布局

3. 区域分析

（1）区域初步分析 选择"模具"选项卡下的"区域"命令，单击"计算"按钮，直接确定操作，系统自动计算出各种曲面属性的数量，但可以明显看到有交叉面，不适合后续设计，必须将该交叉面进行处理，如图 3-18 所示。

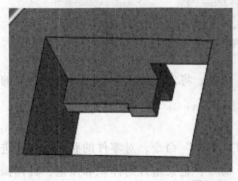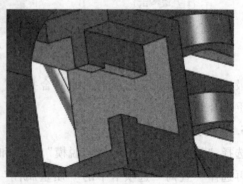

图 3-18 区域分析

（2）分割曲面　选择"曲面"选项卡下的"曲线分割"命令，"面"选取交叉面，"曲线"为一短边线，并注意勾选"延伸曲线到边界"，如图3-19所示。

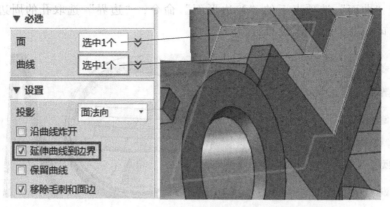

图3-19　分割曲面

（3）区域分析　选择"模具"选项卡下的"区域"命令，单击"计算"按钮，直接确定操作，系统自动计算出"未定义面"数量为19个，勾选"竖直面"，放大模型查看该19个面，均可将它们设置为型腔，如图3-20所示。

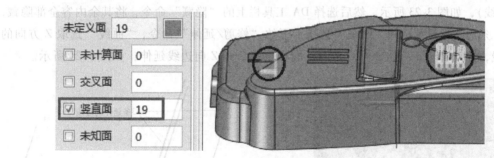

图3-20　区域分析竖直面处理

4. 简单补孔

（1）分型造型补孔　选择"模具"选项卡下的"补孔"命令，在"类型"选项中选择"分型造型"，"造型"选取需要修补的产品模型。

（2）内部边缘补孔　经过分型造型补孔后已经将部分孔补上，可使用其他方式继续补孔。按鼠标中键重复"补孔"命令，"类型"选项改为"内部边缘"并且选择"型芯/右边"，然后在"边缘"框中依次选取3个孔边线，如图3-21所示。

图3-21　内部边缘补孔

（3）N 边形补孔 采用内部边缘所修补的孔质量较差，这在以后的数控加工中将增加它的加工难度，必须删除内部边缘的补孔曲面，可以选择"实体造型"或"曲面"命令继续补孔。选择"曲面"选项卡下的"N 边形面"命令，"边界"选取孔的周边上的 8 条曲线，且注意不可漏选，如图 3-22 所示。

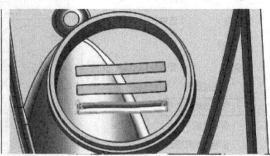

图 3-22 N 边形补孔

★注意：不要勾选"边界相切"选项。

5. 复杂补孔

（1）创建线框结构 选择"线框"选项卡下的"边界曲线"命令，选取 7 条边界曲线（简称边线），如图 3-23 所示，然后选择 DA 工具栏上的"隐藏"命令，将其余内容全部隐藏，只显示 7 条边线。继续选择"线框"选项卡下的"修剪/延伸"命令，"曲线"选取 Z 方向的一条边线，并向 Z 轴正方向延伸约 3mm，同样将另 2 条 Z 向边线延伸，如图 3-24 所示。

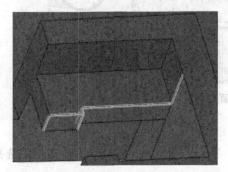

图 3-23 选取边界曲线

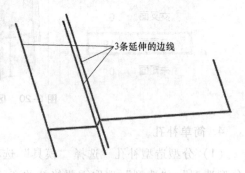

图 3-24 延伸边界曲线

完成边线延伸后，原来的 3 条 Z 向边线不再需要，选择"线框"选项卡下的"单击修剪"命令，将 3 条边界曲线删除，如图 3-25 所示。

（2）放样曲面 选择"造型"选项卡下的"双轨放样"命令，"路径 1"选取延伸后的一条边线，"路径 2"选取延伸后的另一条边线，"轮廓"选取水平方向的一条边线，创建一个曲面，其余参数为默认，如图 3-26 所示。

采用同样的方法完成另外两个面的创建。在 DA 工具栏中选择"显示全部"命令，将原

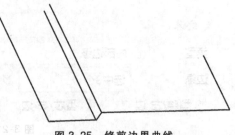

图 3-25 修剪边界曲线

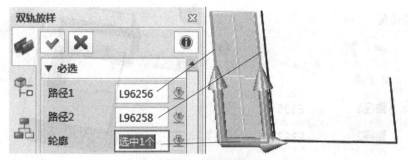

图 3-26 放样曲面

先隐藏的内容全部显示。

（3）修剪曲面 选择"曲面"选项卡下的"曲线修剪"命令，"面"选取 3 个放样曲面，"曲线"为零件上的一条边线，注意选取需要保留的侧面并勾选"延伸曲线到边界"，将"投影"选择为"双向"，并选取零件上的一条边线作为投射方向，如图 3-27 所示。

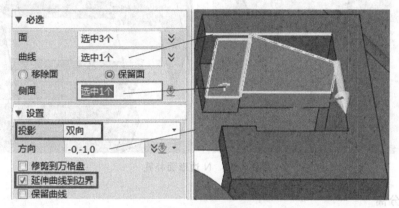

图 3-27 修剪曲面

★注意：在采用双轨放样时"路径 1"和"路径 2"的箭头方向应相同。

（4）创建辅助线 选择"直线"选项卡下的"直线"命令，"点 1"选取放样曲面上的一个角点，"点 2"选取零件上的一个角点，创建一条辅助线以方便补面，如图 3-28 所示。

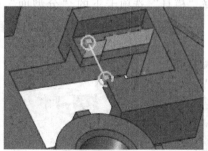

图 3-28 创建辅助线

（5）创建直纹面 选择"曲面"选项卡下的"直纹曲面"命令，"路径 1"选取需要补孔的一条边线，"路径 2"选取零件上的另一条边线以创建直纹面，如图 3-29 所示。

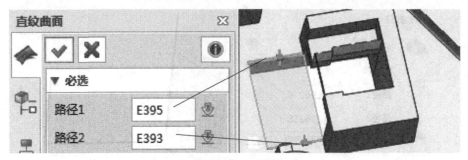

图 3-29 创建直纹面

（6）N 边形面 选择"曲面"选项卡下的"N 边形面"命令，"边界"选取孔的周边上的 9 条曲线，且注意不可漏选。继续使用"N 边形面"命令，将剩余的孔补好，如图 3-30 所示。至此，补孔全部完成，可继续后续设计。

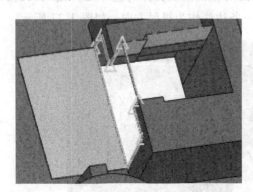
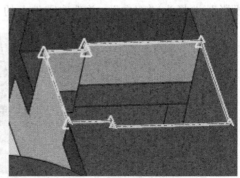

图 3-30 N 边形面补孔

6. 外壳分离

选择"模具"选项卡下的"分离"命令，必选项内容为"区域面"，"造型"选择整个产品模型，勾选"设置"中的"创建分型边缘"复选框，其他选项内容按照默认设置，分离模型如图 3-31 所示。

7. 创建分型面

选择"模具"选项卡下的"分型面"命令，选择"从分型线创建分型面"选项，在"距离"框中保留默认值 60mm，其他内容暂不设置，结果如图 3-32 所示。

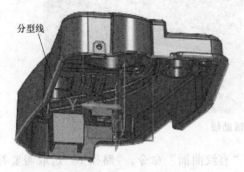

分型线

图 3-31 分离模型

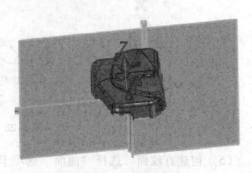

图 3-32 创建分型面

8. 分型面枕位创建

（1）绘制草图 选择"造型"选项卡下的插入"草图"命令，以 XY 基准面为草绘平面，使用"绘图"命令绘制 2 段直线，约束并标注，如图 3-33 所示。

（2）拉伸草图 选择"造型"选项卡下的"拉伸"命令，"轮廓"选用刚绘制的草图，"拉伸类型"为 1 边，"结束点 E"需大于枕位高度，"布尔运算"选择"基体"，"脱模斜度"为"−5°"，其他参数为默认，如图 3-34 所示。

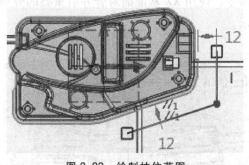

图 3-33 绘制枕位草图

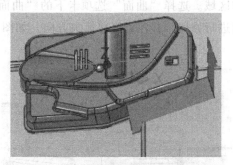

图 3-34 拉伸枕位面

（3）曲面修剪 选择"曲面"选项卡下的"曲面修剪"命令，"面"选择拉伸面，"修剪体"选择分型面，并注意保留侧。同样将分型面也进行修剪，如图 3-35 所示。

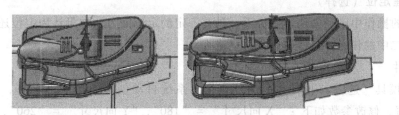

图 3-35 曲面修剪

★注意：在选择修剪体时，可通过"属性过滤器"来选择曲面。

（4）完善分型面 选择"造型"选项卡下的"扫掠"命令，将修剪后的原分型进行完善，再选择"曲面"选项卡下的"合并面"命令，将扫掠面进行合并，最后再用"圆角"命令对枕位面进行适当的圆角，如图 3-36 所示。其他位置也要进行圆角。

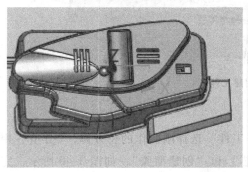
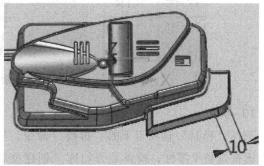

图 3-36 完善分型面

9. 合并

选择"模具"选项卡下的"合并"命令,系统显示另一个隐藏零件,在"组件"框中选择 2 个外分型面,将 2 个 Product 组件合并为一个 CombinePro 组件,如图 3-37 所示。

10. 外分型面修剪

单击 DA 工具栏上的"退出"命令,返回管理器窗口,单击"显示或隐藏未列出的零件"将隐藏文件显示出来后,双击"外壳-模具设计_CombinePro"组件,返回模具设计工作区域。选择"曲面"选项卡下的"曲面修剪"命令,使用 XZ 基准面对合并后重叠的分型面进行修剪,并注意修剪箭头方向,如图 3-38 所示。

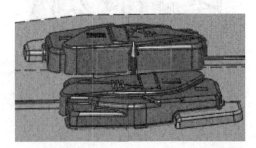

图 3-37　合并组件到 CombinePro 组件

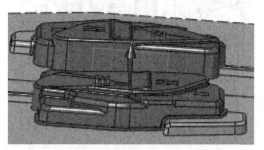

图 3-38　修剪外分型面

11. 创建定位 (选择)

在前面的操作中已经创建了枕位面,具有一定的定位能力,如果认为定位还需强化,可以参考项目二中的任务一进行操作,这里略去。

12. 工件

选择"模具"选项卡下的"工件"命令,系统自动创建一个矩形毛坯,使用默认的"箱体"设置,修改参数如下:"X 向尺寸"="180","Y 向尺寸"="260",再将"Z 向尺寸"改为"75","+Z 尺寸"改为"45",如图 3-39 所示。

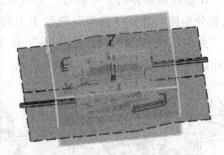

图 3-39　创建工件

13. 拆模

选择"模具"选项卡下的"拆模"命令,"工件"选择刚制作的长方体,"分型"用鼠标左键框选整个零件,检查是否勾选"创建型芯"和"创建型腔",如图 3-40 所示,完成后确认操作,系统提示型腔和型芯已成功析出。

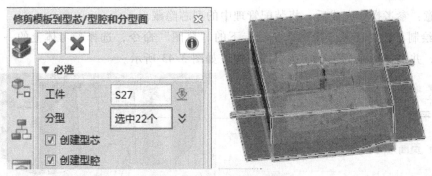

图 3-40 创建型腔和型芯

14. 分离侧向抽芯

（1）切换对象 选择"DA"工具栏中的"退出"命令，返回到任务管理器的窗口，再双击"外壳-模具设计_ASM"激活总装配，以蓝色高亮显示。在"装配管理"中将型腔暂时隐藏，只显示型芯部分。

（2）新建组件 选择"装配"选项卡下的"插入组件"命令，必选项为"从现有文件插入"，单击"输入新零件的名称"并输入"侧向抽芯"，在"位置"一栏输入"0"，如图 3-41 所示。

图 3-41 插入侧向抽芯组件

（3）增加参考体 选择"装配"选项卡下的"参考"命令，必选项为"造型"，然后选择型芯零件作为参考体，如图 3-42 所示。

图 3-42 增加参考体

★注意：参考操作完成后，将装配管理中的型芯隐藏。

（4）绘制草图 选择"造型"选项卡下的"草图"命令，选择参考体上的一个面作为草绘平面，并选择 Z 坐标轴正向为页面方向，如图 3-43 所示。

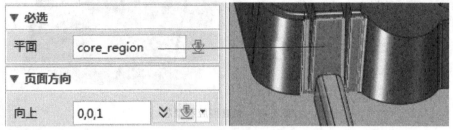

图 3-43 选择草绘平面

进入草绘环境后，选择"草图"选项卡下的"参考"命令，必选项设置为"曲线"，切换为线框显示模式，选取侧向抽芯上的一条底边轮廓线作为参考，继续使用"草图"选项卡下的"绘图"命令，绘制一个能够覆盖侧向抽芯轮廓的草图，再使用"解除参考"和"切换类型"命令，将参考曲线转换成黑色实线，最后使用"修剪/延伸成角"命令闭合草图，如图 3-44 所示。

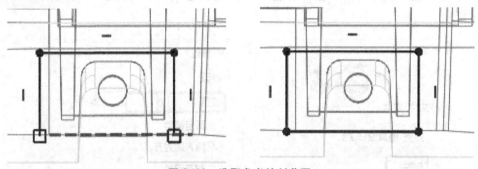

图 3-44 选取参考绘制草图

（5）拉伸实体 选择"造型"选项卡下的"拉伸"命令，选择刚绘制的草图，"拉伸类型"选择 1 边，"结束点 E"需超过型芯边界，先将"布尔运算"设置为"基体"，选择"方向"为 X 坐标轴，检查无误后再将"布尔运算"设置为"交运算"，中望 3D 软件会自动提取参考体和拉伸体的公共部分，如图 3-45 所示。

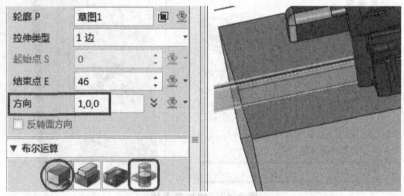

图 3-45 拉伸实体到面

★注意：选择"草图"时，可以将"属性过滤器"设置为"草图"再框选较为方便。

（6）绘制草图 选择"造型"选项卡下的"草图"命令，以"交运算"提取的侧向抽芯端面为草绘平面，页面方向仍为 Z 坐标轴，进入草绘环境后，为方便尺寸标注可以设置一个参考圆，然后使用"绘图"工具绘制一个矩形并标注，如图 3-46 所示。

（7）拉伸滑块头 选择"造型"选项卡下的"拉伸"命令，"轮廓 P"选择刚绘制的草图，"拉伸类型"选择 1 边，"结束点 E"输入"−22"，"布尔运算"选择"加运算"，如图 3-47 所示。再将拉伸体进行适当的圆角处理以方便后续加工。

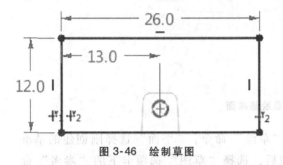

图 3-46 绘制草图

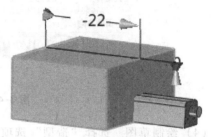

图 3-47 拉伸滑块头

★思考：该拉伸体在侧向抽芯设计中有何作用？

（8）阵列滑块 在"装配管理"窗口中显示型芯组件作为阵列参照。再选择"造型"选项卡下的"阵列几何体"命令，必选项为"圆形"，"基体"选择整个侧向抽芯（可通过属性过滤器进行选择），"方向"选择 Z 坐标轴，"数目"为"2"，"角度"为"180"，其余选项采用默认设置，如图 3-48 所示。

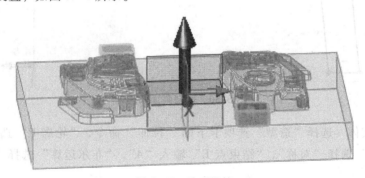

图 3-48 阵列滑块

15. 分割斜顶

分割斜顶是在总装配上进行的，因此操作对象需从侧向抽芯切换为总装配。在"管理器"窗口下选择"装配管理"，首先双击"外壳-模具设计_ASM"激活总装配，再将型芯显示。

（1）新建组件 选择"装配"选项卡下的"插入组件"命令，必选项为"从现有文件插入"，单击"输入新零件的名称"并输入"斜顶"，在"位置"一栏输入"0"，软件自动激活斜顶组件。

（2）增加参考 选择"装配"选项卡下的"参考"命令，必选项为"造型"，然后在

"造型"列表框中选择型芯零件,完成参考操作后将原先显示的型芯隐藏。

(3)建立草绘基准面 选择"造型"选项卡下的"基准面"命令,必选项设置为"平面",切换到线框模式,"几何体"选择斜边线的中点(可自动捕捉),"页面方向"选择"对齐到几何坐标的 XY 面",如图 3-49 所示。

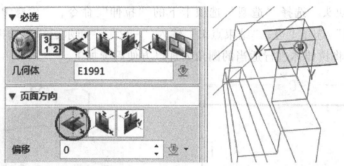

图 3-49 创建草绘基准面

(4)绘制草图 选择"造型"选项卡下的"草绘"命令,"平面"选择刚创建的基准面,"向上"选择 Z 坐标轴正向;进入草绘环境后,选择"草图"选项卡下的"参考"命令,需将斜顶的轮廓线作为参考线;继续使用"草图"选项卡下的"绘图"命令,绘制斜顶轮廓图并标注尺寸,其中草图的一端点到原点的距离为 59.5mm,如图 3-50 所示。

图 3-50 绘制斜顶草图

(5)拉伸实体 选择"造型"选项卡下的"拉伸"命令,"轮廓 P"选择刚绘制的草图,"拉伸类型"选择"对称","结束点 E"输入"4","布尔运算"选择"交运算",如图 3-51 所示。

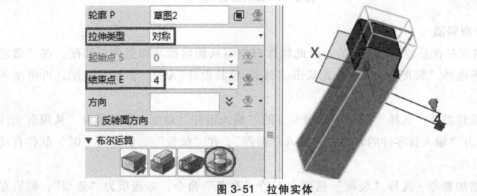

图 3-51 拉伸实体

（6）阵列斜顶　在"装配管理"窗口中将型芯前面复选框打钩，显示型芯组件作为阵列的参照。再选择"造型"选项卡下的"阵列几何体"命令，必选项为"圆形"，"基体"选择整个侧向抽芯（可通过属性过滤器进行选择），"方向"选择 Z 坐标轴，"数目"为"2"，"角度"为"180"，其余选项采用默认设置，如图 3-52 所示。

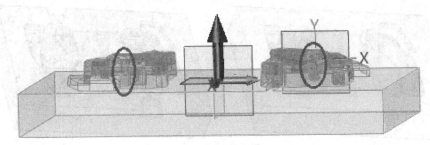

图 3-52　阵列斜顶

16. 分割型芯

（1）激活型芯　在"装配管理"窗口中双击"外壳-模具设计_Core"激活型芯。然后选择"装配"选项卡下的"参考"命令，参考的类型选择"造型"，然后选择两个侧向抽芯、两个斜顶，勾选"记录状态"以便提取参考几何体的零件的历史状态，其余选项采用默认设置，如图 3-53 所示。

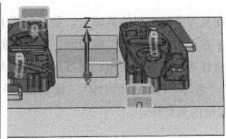

图 3-53　参考侧向抽芯和斜顶到型芯

★注意：选择参考体时可用框选；建立参考后，将"装配管理"窗口中的侧向抽芯和斜顶隐藏。

（2）组合型芯　选择"造型"选项卡下的"组合"命令，"基体"选择型芯，"合并体"选择两个侧向抽芯和两个斜顶，将必选项改为"减运算"，其余选

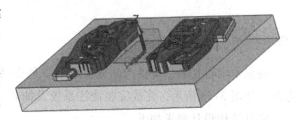

图 3-54　型芯与参考几何体布尔减运算

项采用默认设置，如图 3-54 所示，确认后完成型芯部分的切除。

17. 分割型腔

分割型腔操作是针对型腔进行的，所以需激活型腔，在"装配管理"窗口中双击型腔组件将它激活，隐藏型芯组件和斜顶组件。然后选择"装配"选项卡下的"参考"命令，通过框选将两个侧向抽芯作为参考体，建立参考后，将侧向抽芯隐藏。

同样通过组合侧向抽芯进行布尔减运算。选择"造型"选项卡下的"组合"命令,"基体"选择型腔,"合并体"选择两个侧向抽芯,"布尔运算"为"减运算",其余选项采用默认设置,如图 3-55 所示,确认后完成型腔部分的切除。

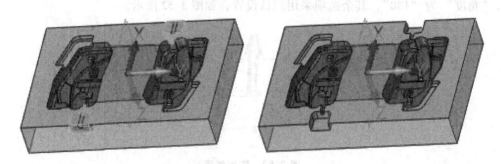

图 3-55   型腔与参考几何体布尔减运算

18. 保存文件

将"装配管理"窗口中的总装配激活,并且将型腔、型芯、侧向抽芯和斜顶全部打钩显示,最后保存结果文件为"外壳-分模设计"到相应的文件夹中。

学习小结

本任务在复习分模流程的基础上,重点介绍了删除多余造型后破面的修复和复杂分模面的创建方法。在此过程中介绍了延伸面、曲线修剪、查询角度、N 边形面、边界曲线、单击修剪、双轨放样等新功能的使用;复习巩固了"基准面""曲面分割""直纹面""曲面修剪""扫掠""参考""阵列几何体""插入组件""组合"等命令,再一次强调、突出了中望 3D 软件建模的重要性。

任务二   浇注系统及抽芯机构设计

任务描述

根据本项目任务一提供产品分模结果"外壳-模具设计"的三维数据及该分模的二维参考图,如图 3-56 所示,完成完整浇注系统及抽芯机构的设计。

模具结构设计要求如下。

1)模腔数:一模两腔,浇口痕迹小。

2)优先选用标准模架及相关标准件。

3)以满足塑件要求、保证质量和制件生产效率为前提条件,兼顾模具的制造工艺性及制造成本,充分考虑主要零件材料的选择对模具的使用寿命的影响。

4)保证模具使用时的操作安全,确保模具修理、维护方便。

5)选择注射机,模具应与注射机相匹配,保证安装方便、安全可靠。

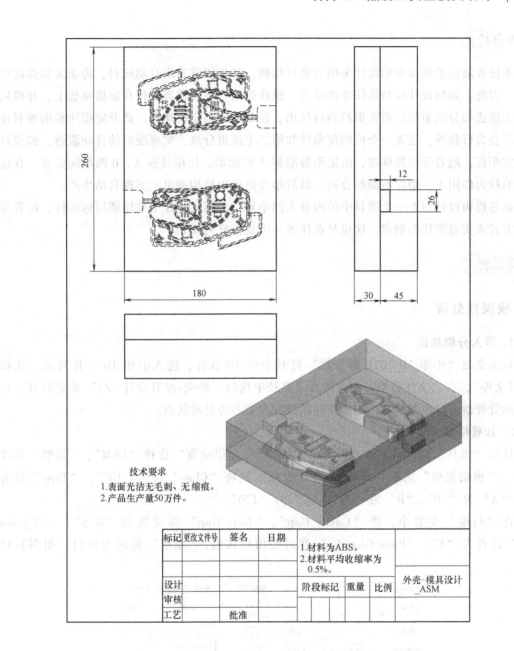

技术要求

1. 表面光洁无毛刺、无缩痕。
2. 产品生产量50万件。

标记	更改文件号	签名	日期	1. 材料为ABS。			
				2. 材料平均收缩率为0.5%。			
设计				阶段标记	重量	比例	外壳-模具设计_ASM
审核							
工艺		批准					

图 3-56　"外壳-模具设计"二维参考图

学习重点

1. 熟练掌握浇注系统及抽芯机构设计的一般过程。
2. 掌握点浇口套的选用及参数的设置方法。
3. 理解第一主流道凝料的脱料方式及结构设计。
4. 理解模具选项中"滑块"的参数意义及设定。

任务分析

本任务浇注系统部分的设计采用点浇口结构，如果能够实现自动脱料，将能大幅提高生产率。因此，如何设计脱料是任务的重点。设计思路：将分流道设计在定模座板上，开模后第一主流道和分流道凝料由 Z 形拉料杆拉出，使凝料脱离定模座板。离开定模座板的凝料这时并不会自行脱落，还需一个机构使塑件和第二主流道分离，实现凝料的自动脱落，拟设计一个定距板，随着开模的继续，由定距板限制 A 板运动，使模具在 A、B 两板间分开，在定距板的拉力作用下，塑件与凝料分离，最后塑件由推出机构推出，实现自动生产。

抽芯机构设计与上一个项目中的内容大同小异。不同之处在于采用调用标准件，设置参数的方式来实现滑块的创建，这也是在任务一中就做好的规划。

任务实施

一、模架预处理

1. 导入分模结果

双击桌面"中望 3D 2021 教育版"打开中望 3D 软件，进入中望 3D 工作环境，选择"打开文件"，在"文件类型"相应的目录路径中找到"外壳-模具设计 .Z3"确定打开，在出现的管理器窗口中激活总装配，并确保型腔和型芯为显示状态。

2. 加载框架

选择"模具"选项卡下的"插入模架"命令，"供应商"选择"LKM"，"类型"选择"TP"，"模架规格"选取"3540"，在"常用"栏将"Class"设为"GC"，"Type"设为"I"，"A"为"70"，"B"为"70"，"C"为"120"。

在"高级"参数中，将"Cavity Gap"、"Core Gap"都设置为"0.5"、"Ejector Gap"设置为"5"，"Plate Chamfer"暂时使用默认值，"基准"暂时为空白，如图 3-57 所示。

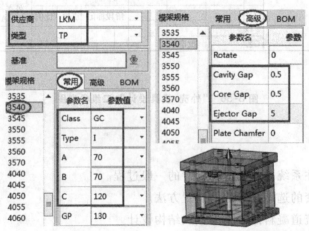

图 3-57   选择模架规格及参数设置

★说明：中国香港龙记简化型细水口模架，是细水口模架的简化版本，简化型细水口模架少了四组拉杆，A、B 板导柱也改为四组长导柱，由水口板延至方铁。模架分为 F 型及 G 型两大类，F 型有水口推板而 G 型则没有，由于 A 板及 B 板之间没有推板，故只有 A 及 C 两个型号，加上工字模（I 型）、直身模（H 型）两类，共有 8 种不同型号规格，模具制作者可根据产品要求而配置不同的板厚组合。

3. A 板槽腔设计

在"装配管理"窗口中，在定模装配侧 ASM_FixHalf 下激活 A 板，再将动模系统和型芯隐藏，确保显示型腔。

（1）增加参考　选择"装配"选项卡下的"参考"命令，按键盘上的<Ctrl>+<F>键切换为线框显示模式，选取型腔零件的 4 条边线作为参考线，然后在绘图工作区的空白处单击鼠标右键，在弹出的快捷菜单中选择"插入曲线列表"命令，选取 4 条参考线并将其合并为一个列表，如图 3-58 所示。

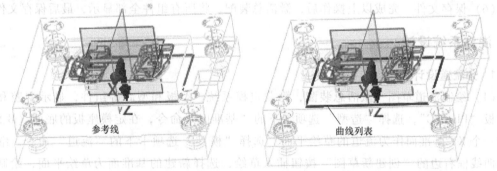

图 3-58　创建曲线列表

（2）切除槽腔　选择"造型"选项卡下的"拉伸"命令，"轮廓 P"选择刚创建的曲线列表，"拉伸类型"选择"1 边"，"结束点 E"超过 A 板即可，"布尔运算"选择"减运算"，确定操作，如图 3-59 所示。

（3）绘制草图　选择"造型"选项卡下的"草图"命令，以槽腔底面为草绘平面进入草绘环境，绘制 4 个左右上下均对称的直径为 25mm 的草图，如图 3-60 所示。

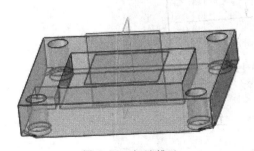

图 3-59　切除槽腔

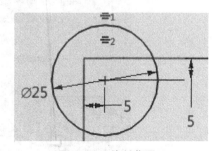

图 3-60　绘制草图

（4）切除工艺角　选择"造型"选项卡下的"拉伸"命令，"轮廓 P"选取 4 个圆草图，"拉伸类型"选择"1 边"，"结束点 E"输入"-90"，"布尔运算"选择"减运算"，如图 3-61 所示。

（5）B板槽腔设计　B板槽腔设计可以参考 A 板槽腔设计过程，所不同的是首先要激活 B 板，显示型芯模仁，然后再参考 A 板的设计过程，结果如图 3-62 所示。

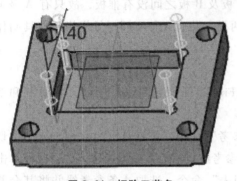 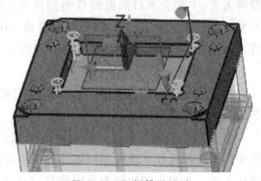

图 3-61　切除工艺角　　　　　　　　　　　　图 3-62　B 板槽腔设计

（6）保存文件　完成以上操作后，激活总装配，将所有组件全部显示，最后保存文件。

二、浇注系统设计

1. 分流道设计

（1）绘制流道草图　激活总装配，隐藏定模系统、A 板和型芯等组件，显示型腔和定模座板 "PlateTC"，选择 "造型" 选项卡下的 "基准面" 命令，在定模座板的底面（B 面）放置一个 XY 基准面作为流道的草绘平面。选择 "模具" 选项卡下的 "流道" 命令，继续选择曲线框右边的 "创建新草图" 按钮插入草绘，选择新建的基准面为草绘平面，绘制一条直线，然后右键单击选择 "曲率中心" 捕捉到拟作为浇口的曲率中心，并将该圆心与草绘的直线共线点约束，同样将另一端的曲率中心与草绘直线共线点约束，最后标注曲率中心到直线端点的长度 8mm，如图 3-63 所示。

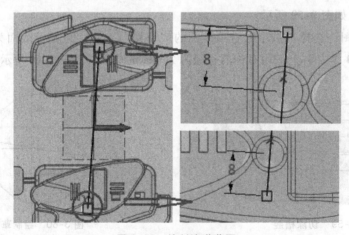

图 3-63　绘制流道草图

★说明：在创建流道时，流道平面是默认坐标原点所在的平面，如果需要在其他位置做流道，必须建立新的基准面。

★注意：如果标注尺寸有困难，可以选取曲率中心作为参考点。

（2）创建流道　退出草图环境后，返回"创建流道"对话框，在"曲线"栏中选取草绘直线，修改默认"方向"为Z轴正方向，"轮廓"为梯形，梯形口宽度"D"为8mm，梯形高度"H"为6mm，梯形角度"A"设置为15°，梯形底端圆角半径"R"为3mm，在可选项中勾选"创建腔体"，"流道侧"选择其他（非型芯、型腔），"流道放置"选择定模座板，如图3-64所示。

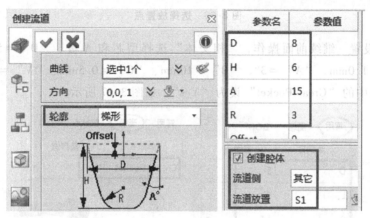

图 3-64　创建流道

★注意：该流道较长，在设计时不宜太浅、太窄，以免塑料熔体被模具吸收热量后，造成流动性变差，影响充模。

2. 浇口设计

激活总装配，隐藏动模侧及型芯，再隐藏定模座板。

（1）放置点浇口套　选择"模具"选项卡下的"通用"命令，"供应商"选择"MISUMI"，"类别"选择"PinGateBush"，"类型"选择"PGE1A"，也可以根据自己的实际需要进行选取，如图3-65所示。

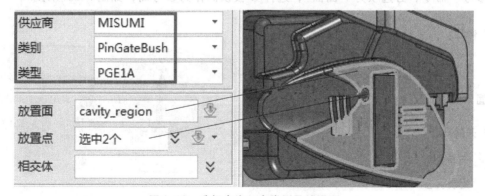

图 3-65　选择点浇口套类型及放置面

选择"放置点"时，右击鼠标中键使用"曲率中心"命令，然后选取浇口处的圆弧曲线，系统自动捕捉到圆心，同样选取第二个放置点位置，如图3-66所示。

图 3-66 选择放置点

（2）参数设置 继续前面操作，"相交体"选择型芯和 A 板。"D" = 5mm、"L" = 45mm、"P" = 1.0mm、"A" = 3°、"B" = 10mm、"C" = 0.5mm、"V" = 3.5mm，再将"高级"选项卡中的"CreatePocket"设为"Yes"，如图 3-67 所示。

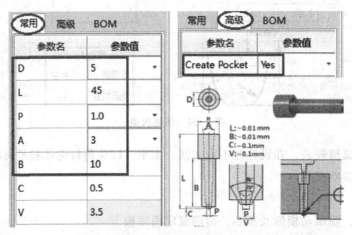

图 3-67 参数设置

（3）修剪浇口套 双击浇口套（PGE1A_5x45_001）将它激活，选择"装配"选项卡下的"参考"命令，必选项为"曲面"，选择 A 板顶面作为参考面，如图 3-68 所示。

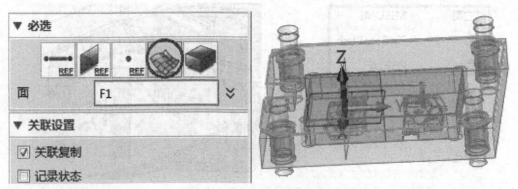

图 3-68 添加曲面参考

选择"造型"选项卡下的"修剪"命令，"基体 B"选取整个浇口套，"修剪面 T"为参考面，并注意是否需要勾选"保留相反侧"，但必须勾选"延伸修剪面"，去除"保留修剪实体"前面的小勾，同时修剪完还应该将修剪口封闭，如图3-69所示。最后记得给第二主流道加圆角R1mm。

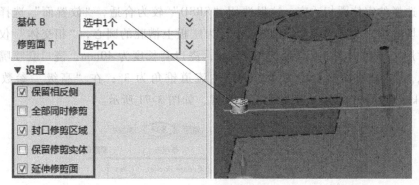

图3-69　修剪浇口套

★说明：采用长点浇口套设计，中间没有连接问题，能够有效解决产品在生产中的漏胶问题。

★思考：能够选择"曲面"选项卡下的"曲面修剪"命令进行修剪吗？为什么？

3. 主流道设计

激活总装配，显示定模座板，但动模侧仍为隐藏。

（1）放置定位圈　选择"模具"选项卡下的"通用"命令，"供应商"选择"MISUMI"，"类别"选择"LocateRing"，"类型"选用"LRSS"，"放置面"选择定模座板的上表面，"放置点"选择定模座板的正中间点，可以通过鼠标右键使用"两者之间"进行选取（也可以在放置点输入数值0，中望3D软件会自动查找中心位置），"相交体"只有定模座板，另外在"常用"参数中将"D"改为100mm，"T"改为15mm；在"高级"选项中将"Create Pocket"改为"Yes"，如图3-70所示。

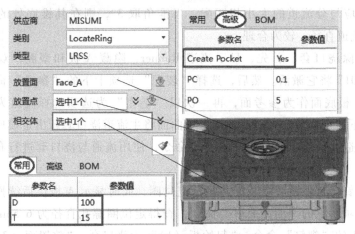

图3-70　放置定位圈及参数设置

★说明：在项目二中选用的是FUTABA的定位圈，这里选用MISUMI仅仅是作为多认识的需要。

（2）放置主流道浇口套　选择"模具"选项卡下的"通用"命令，"供应商"仍为"MISUMI"，"类别"选择"Sprue Bush"，"类型"可以根据自已的实际需要进行选取，为了与先前所选择的定位圈相适应，这里选用"SBSD"较为合适，"放置面"选择定模座板上被定位圈切除出来的圆的表面，"放置点"为座板上槽腔的圆心，"相交体"仅为定模座板；在"常用"参数中浇口套直径选用 16mm，浇口套长度为 40mm，浇口套喷嘴球头半径为 10.5mm，浇口套喷嘴口直径为 4.5mm，主流道锥角为 3°；在"高级"参数中只修改"Create Pocket"为"Yes"，其余采用默认设置，如图 3-71 所示。

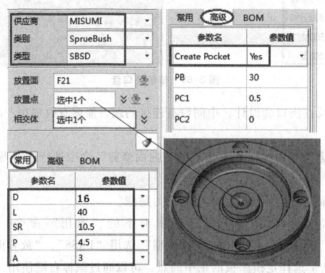

图 3-71　放置主流道浇口套及参数设置

★注意：注射机的喷嘴球头半径 SR = 10mm，注射机的喷嘴口直径 ϕ4mm。

★说明：由于主流道锥浇口套较短，还不足 40mm，所以锥角不宜太小，其取值必须考虑锥口处的直径应与分流道的大小相匹配，当锥角取 3°，则在其锥底处的大端尺寸约为 ϕ7mm，略小于流道直径，较为合理。

（3）拉伸切除浇口套　首先，显示流道 Runner，隐藏 A 板和型腔，双击浇口套零件"SBSD_12X40_001"将它激活。然后，选择"装配"选项卡下的"参考"命令，必选项为"曲面"，选择 A 板底面作为参考面，再一次以"造型"为选项选择流道为参考体。选择"造型"选项卡下的"修剪"命令，使用参考曲面将主流道浇口套超出定模座板的多余部分修剪，再选择"造型"选项卡下的"组合"命令，使用流道与浇口套进行布尔减运算，如图 3-72 所示。

（4）放置螺钉　首先激活总装配并显示定位圈，同时显示 A 板供后续操作使用；其次选择"查询"选项卡下的"曲面曲率"命令，查得定位圈螺孔直径为 6.5mm；然后再使用"模具"选项卡下的"螺钉"命令，"起始板（1）"为浇口套，"放置面（2）"为定位圈的上表面，"终止板（3）"为定模座板，"放置点（4）"通过捕捉选择螺钉插入处的圆心位置；最后在"常用"参数中选取 M6×15 的螺钉，在"高级"参数中，将"Create Pocket"设置为"Yes"，其他参数采用系统默认设置，如图 3-73 所示。

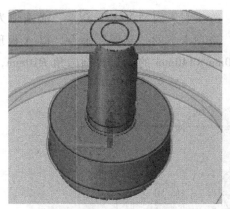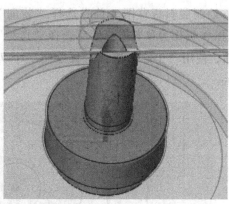

图 3-72 切除主流道浇口套

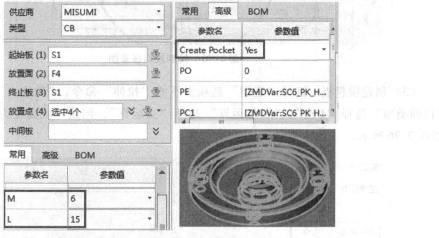

图 3-73 放置螺钉及参数设置

4. 脱料板设计

激活总装配，显示定模座板、型腔板、A 板，动模侧仍隐藏。

（1）新建脱料板组件 选择"装配"选项卡下的"插入组件"命令，必选项为"从现有文件插入"，单击"输入新零件的名称"并输入"脱料板"，在"位置"一栏输入"0"，如图 3-74 所示，软件自动激活脱料组件。

图 3-74 插入脱料板

（2）绘制脱料板草图　首先选择"装配"选项卡下的"参考"命令，必选项为"造型"，选择 A 板作为参考体；然后选择"造型"选项卡下的"草图"命令，以 A 板顶面为草绘平面，使用"中心"矩形工具绘制一个 70mm×140mm 的矩形并倒圆角 R10mm，如图 3-75 所示。

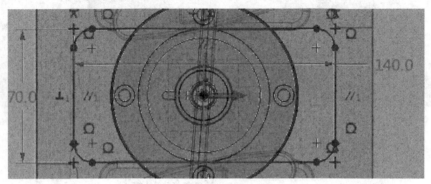

图 3-75　绘制脱料板草图

（3）创建脱料板　选择"造型"选项卡下的"拉伸"命令，"轮廓 P"选择矩形草图，"拉伸类型"选择"1 边"，"布尔运算"选择"交运算"，创建一块高度为 8mm 的脱料板，如图 3-76 所示。

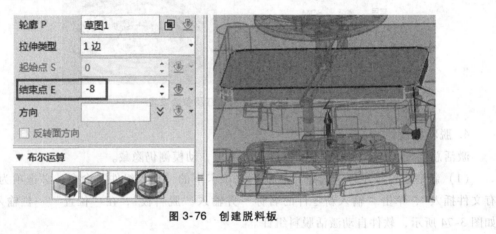

图 3-76　创建脱料板

5. 创建定距杆

激活总装配，显示定模座板、型腔板、A 板和脱料板。

（1）创建基准面　选择"造型"选项卡下的"基准面"命令，在定模座板顶面选取任意一点作为 XY 基准面的放置点，然后在"偏移"列表框中输入"-74"，即从选取点的位置向下偏移 74mm，如图 3-77 所示。

（2）放置定距螺栓　使用"模具"选项卡下的"通用"命令，"供应商"选择"MISU-MI"，"类别"选择"Screw"，"类型"选用"MSB"，"放置面"选择刚创建的基准平面，"放置点"可以通过鼠标右键，使用"偏移"命令选取原点位置，向左偏移 60mm 放置一个螺栓，同样再向右偏移 60mm 放置另一个螺栓，如图 3-78 所示。

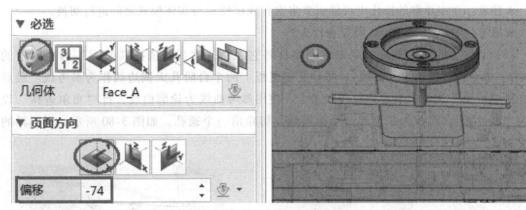

图 3-77 创建基准面

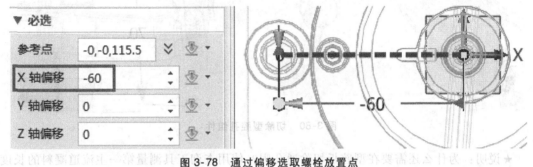

图 3-78 通过偏移选取螺栓放置点

选好放置点后返回通用界面继续操作，"相交体"选择定模座板、型腔板、A 板和脱料板，另外在"常用"参数中将"D"改为 6mm，"L"改为 70mm，"S"改为 35mm；在"高级"选项中将"Create Pocket"改为"Yes"，其余参数默认，如图 3-79 所示。

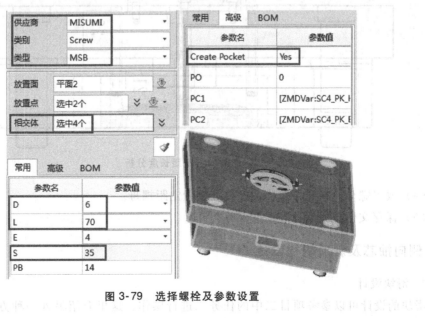

图 3-79 选择螺栓及参数设置

★注意：在本步骤的操作中可能需要多次在线框模式与实体模式之间进行切换。

★思考："L"需要70mm吗？为什么？

（3）切除型腔孔　首先，双击型腔组件将它激活。然后，选择"装配"选项卡下的"参考"命令，必选项为"曲线"，选择定模座板上两个台阶孔大圆边线作为参考线。最后再选择"造型"选项卡下的"拉伸"命令，使用参考曲线为轮廓曲线，将"布尔运算"设置为"减运算"，将拉伸长度超过型腔端面，切除出一个通孔，如图3-80所示。用同样的方法完成另外一个孔的切除。

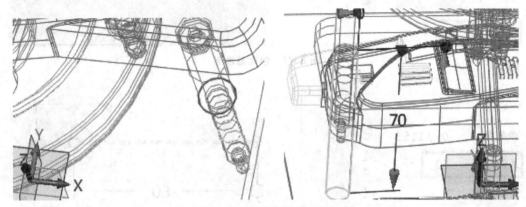

图 3-80　切除型腔孔组件

★说明：为什么还需要在型腔板切除通孔呢？使用查询工具测量第一主流道凝料的长度约为42.3mm，而螺栓定距的长度由于定模座板高度的限制只能设计35mm左右，小于主流道凝料长度，可能造成主流道凝料无法顺利取出，所以必须在型腔上再增加15mm左右的定距长度。总定距长度是该两段长度之和，即35mm+21mm＝56mm，如图3-81所示。

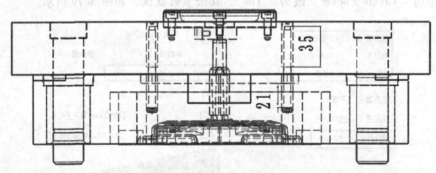

图 3-81　定距长度分析

（4）放置螺母　在定距螺栓的螺纹处放置定距螺母。

（5）保存文件　激活总装配，保存文件。

三、侧向抽芯及斜顶机构设计

1. 滑块设计

滑块的设计可以参考项目二中的任务二进行操作，这里介绍另外一种方法，是由中望

3D 软件所提供的"滑块"命令来完成这部分的设计，在学习中希望能与之前的方法进行比较，从中体验各自方法中的优缺点。

先激活总装配，显示侧向抽芯和定模 A 板。

（1）选择放置面　选择"模具"选项卡下的"滑块"命令，在"列表"框中选取 ZWMSLD01，"放置面（1）"选择 A 板槽腔内侧面，"斜销放置面（2）"选择 A 板顶面，如图 3-82 所示。

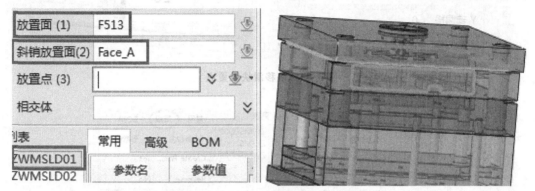

图 3-82　选择滑块放置面及斜销放置面

★注意：中望 3D 软件在选取零件内侧曲面时，可以通过键盘上的<Alt>键帮助选取。

（2）选择滑块放置点　滑块的位置应该处于侧向抽芯端面向下一段距离，所以"放置点"也分两个方向确定。首先，通过鼠标右键选择"偏移"命令，在需要选择"参考点"时，再一次单击鼠标右键，选择"两者之间"命令，然后选取侧向抽芯与 A 板底部交接处的 2 点，如图 3-83 所示。

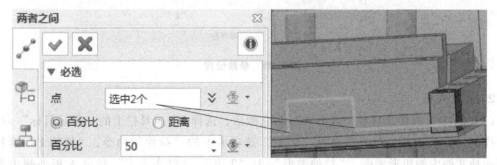

图 3-83　选择滑块放置点

（3）偏移滑块放置点　该放置点并非滑块的正确位置，它还必须再向下（-Z 轴方向）偏移 26mm，所以在确认"两者之间"的位置后，返回"偏移"对话框，将 X、Y 均设置为 0，Z 设置为"-26"，如图 3-84 所示。

接着选择"相交体"，选择 A 板和 B 板，因为只有这两块板需要进行切槽处理。

（4）参数设置　选择"常用"选项卡进行参数的设置，"PH"值为 A 板高度与参考点偏移距离及 A 板间隙三者之和，即 $PH = 60mm + 26mm + 0.5mm = 86.5mm$，中望 3D 软件系统自动计算值也为 86.5mm，如图 3-85 所示。

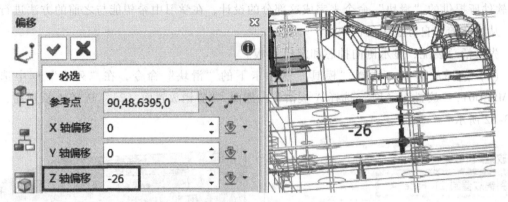

图 3-84　偏移滑块放置点

列表	常用 高级 BOM		列表	常用 高级 BOM	
ZWMSLD01	参数名	参数值	ZWMSLD01	参数名	参数值
ZWMSLD02			ZWMSLD02		
ZWMSLD03	PH	86.5	ZWMSLD03	Create Poc...	Yes
	L	55		Reverse	No
	W	45		LB	30
	H	46		Lb	15
	Hs	35		Hb	10
	L1	14		Tb	18
	Wt	6		PR	2
	Ht	6		Lg	80
	A	18		Wg	25
	Da	12		Hg	20
	La	90			
	N	1		☑ 缩略图	
	Wh	20			

图 3-85　参数设置

2. 编辑 A 板

（1）删除 A 板多余材料　双击 A 板将它激活，选择 DA 工具栏上的"显示目标"命令，使工作区仅显示 A 板。然后再选择"造型"选项卡下的"拉伸"命令，"轮廓 P"选择 A 板侧向抽芯槽内侧矩形平面，"拉伸类型"为"2 边"，"结束点 E"超过 A 板外侧边界即可，"布尔运算"选择"减运算"，如图 3-86 所示，很方便切出通槽。

★说明：中望 3D 软件不仅可以通过绘制草图进行拉伸的布尔运算，还可以通过零件的边线和零件上的平面直接增加或切除实体，在使用中十分方便、灵活，希望能够认真体会并总结，以提高设计能力。

（2）阵列几何体　选择"造型"选项卡下的"阵列几何体"命令，选择"圆形"选项，选取 A 板滑块槽上的 13 个曲面，旋转 180°将它们阵列到 A 板的另一侧，如图 3-87 所示。

（3）修剪 A 板　选择"造型"选项卡下的"修剪"命令，"基体 B"选择 A 板，"修剪

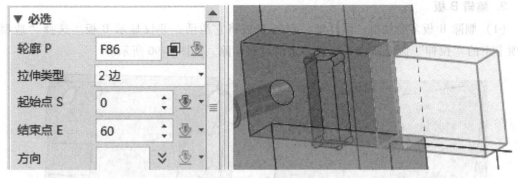

图 3-86　编辑 A 板

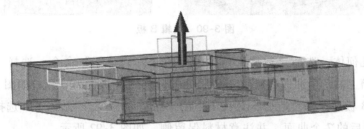

图 3-87　阵列 A 板滑块槽平面

体 T"选取阵列后的 13 个曲面，并注意材料保留侧，结果如图 3-88 所示。

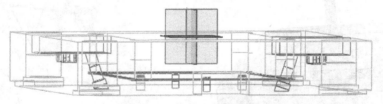

图 3-88　修剪 A 板滑块槽

（4）修补 A 板　经过组合修剪后的 A 板在修剪处观察到蓝色虚线，说明在修剪处存在开放边，可以用"修复"选项卡下的"显示开放边"命令查看，这些开放边认真观察后比较简单，可以使用"曲面"选项卡下的"直纹曲面"命令修复，也可以用"N 边形面"等命令进行修复，如图 3-89 所示。

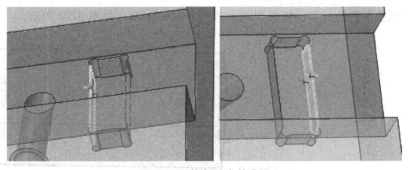

图 3-89　修复丢失的曲面

3. 编辑 B 板

（1）删除 B 板多余材料 同样地，双击 B 板将它激活，并仅显示 B 板。选择"造型"选项卡下的"拉伸"命令，将 B 板上多余的材料切除，如图 3-90 所示。

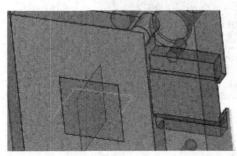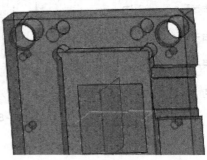

图 3-90 编辑 B 板

（2）阵列几何体 选择"造型"选项卡下的"阵列特征"命令，选择"圆形"选项，选取 B 板滑块槽上的 7 个曲面，旋转 180°将它们阵列到 B 板的另一侧，如图 3-91 所示。

（3）修剪 B 板 选择"造型"选项卡下的"修剪"命令，"基体 B"选择 B 板，"修剪体 T"选取阵列后的 7 个曲面，并注意材料保留侧，如图 3-92 所示。

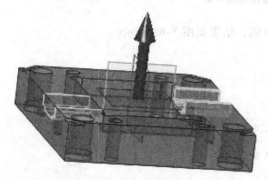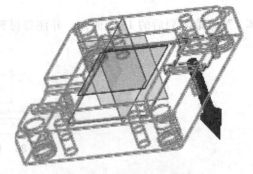

图 3-91 阵列滑块槽平面　　　　　　　　　　图 3-92 修剪 B 板滑块槽

4. 编辑滑块

（1）面偏移 双击滑块组件"SlideComp_001"内的导轨压板零件"GRS_001"将它激活，并通过"显示目标"仅显示该组件。选择"造型"选项卡下的"面偏移"命令，"面 F"选择 2 个螺孔的台阶面和压板的顶面，并向下偏移 2mm，如图 3-93 所示。

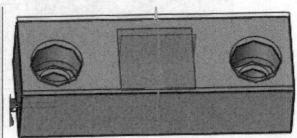

图 3-93 偏移压板面

（2）阵列滑块　激活总装配，确保滑块组件"SlideComp_001"处于显示状态。选择"装配"选项卡下的"阵列"命令，选择"圆形"选项，选取滑块组件，旋转180°将它们阵列到另一侧，如图3-94所示。

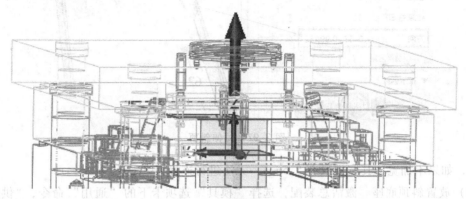

图 3-94　阵列滑块组件

★思考：为何选择"装配"选项卡下的"阵列"命令，而非选择"造型"选项卡下的"阵列几何体"命令？

5. 斜顶机构设计

激活总装配，隐藏定模系统、型腔、滑块等组件，显示动模系统、型芯和斜顶，为了方便放置斜顶底座，将推板也隐藏，然后再激活"斜顶"，并在DA工具栏上使用"显示目标"命令，将暂时不需要用到的组件隐藏，只显示2个斜顶。

（1）延长斜顶　首先，选择"造型"选项卡下的"面偏移"命令，"面F"选择2个斜顶的底面，"偏移T"为75mm（在任务一中斜顶较短），超出B板底面几毫米，如图3-95所示。其次，再选择"造型"选项卡下的"草图"命令，"面F"选择延伸后有一个斜顶的底面，绘制草图并对称约束和标注尺寸，如图3-96所示。

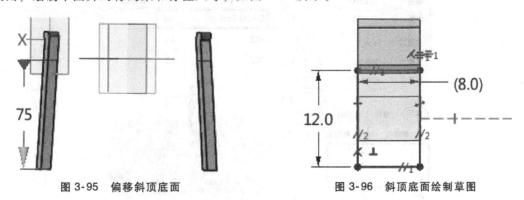

图 3-95　偏移斜顶底面　　　　　　　　图 3-96　斜顶底面绘制草图

（2）拉伸斜顶。选择"造型"选项卡下的"草图"命令，"面F"选择斜顶底面的草图，并将该草图延着斜顶边线方向拉伸62mm，接近推板固定板表面，如图3-97所示。

使用同样的方法，对另一斜顶进行面偏移、草绘、拉伸等操作。

★说明：斜顶底部加粗处理一是为了提高斜顶刚性，二是与斜顶底座连接处还需要有一

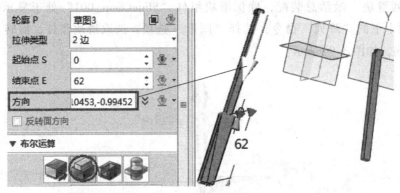

图 3-97 拉伸斜顶

个小孔，如果不加宽，其宽度只有 5.5mm，无法进行连接。

（3）放置斜顶底座 激活总装配，选择"模具"选项卡下的"通用"命令，"供应商"为"MISUMI"，"类别"为"Lifter"，"类型"为"SCK"，"放置面"选择推杆固定板的底面。

选择放置面后，使用 DA 工具栏上的"全部显示"命令，系统只显示斜顶组件。"放置点"采用鼠标右键单击，在快捷菜单中选择"偏移"命令，然后捕捉斜顶底面上的边线中点，并在"X 向偏移"中输入"-4"，打钩确定后再重复放置点的操作，放置好另一个斜顶底座。

放置两个斜顶底座后，将"相交体"设为推杆固定板。在"常用"选项下将"W"设置为"29"，"L"设置为"30"，"A"设置为"8"，"Rotate"视需要设为"0"；在"高级"选项中将"Create Pocket"设置为"Yes"，其余参数为默认，如图 3-98 所示。

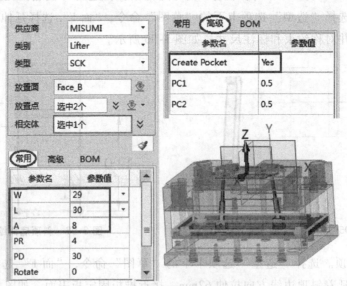

图 3-98 斜顶底座放置及参数设置

★说明："A"设置为"8"目的是与斜顶尺寸相匹配。

（4）切除推杆固定板 双击推杆固定板将它激活，然后选择"造型"选项卡下的"拉伸"命令，以固定板斜顶底座孔上中间小矩形面为轮廓，通过拉伸将它删除，如图3-99所示。

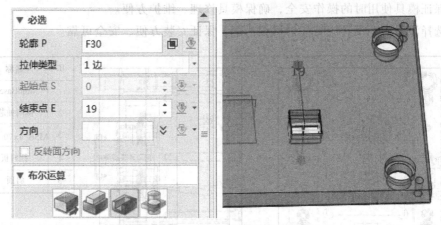

图3-99 切除固定板多余材料

此外，可能还需要将斜顶进一步延长并进行圆角等工艺处理，这些内容可以参考之前操作来完成，这里不再赘述。

（5）保存文件 激活总装配，显示所有组件，将当前文件另存到相应目录下，并将文件改名为"浇注系统及抽芯机构设计"。

学习小结

本任务的设计流程主要包括插入模架、创建流道、放置点浇口套、修剪浇口套、放置定位圈、放置主流道浇口套、放置螺钉、脱料板设计、创建定距杆、滑块等内容。其中重点介绍了点浇口的设计过程，特别是流道凝料的自动脱落机构的设计。另外，对于滑块机构中的参数进行了详细的说明，对比草绘草图设计滑块的方式，更高效、简单。

中望3D建模的工具在前面的课程中做了大量介绍，本任务中没有出现新的知识点，但却有参考、修剪、插入组件、基准面、阵列几何体、修剪、面偏移、阵列等旧内容，必须学会使用，以提高模具设计效率。

任务三 冷却及顶出系统设计

任务描述

根据本项目任务二提供产品分模结果"外壳-浇注系统及抽芯机构设计"的三维数据及该产品结构的二维参考图，如图3-100所示，完成冷却及顶出系统的设计。

模具结构设计要求如下。

1）模腔数：一模两腔，浇口痕迹小。

2）优先选用标准模架及相关标准件。

3）以满足塑件要求、保证质量和制件生产效率为前提条件，兼顾模具的制造工艺性及制造成本，充分考虑主要零件材料的选择对模具的使用寿命的影响。

4）保证模具使用时的操作安全，确保模具修理、维护方便。

5）选择注射机，模具应与注射机相匹配，保证安装方便、安全可靠。

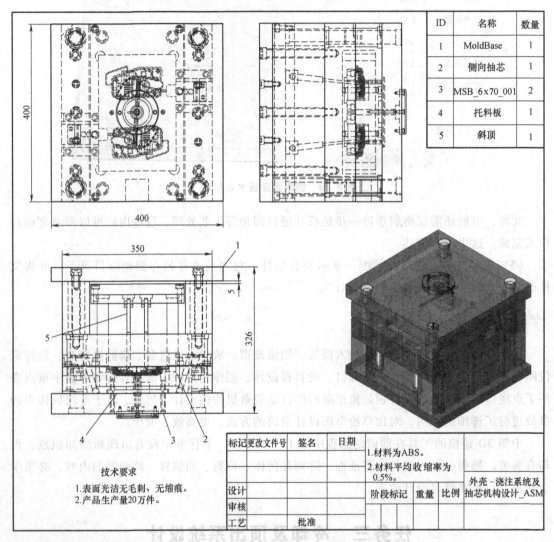

ID	名称	数量
1	MoldBase	1
2	侧向抽芯	1
3	MSB_6x70_001	2
4	托料板	1
5	斜顶	1

技术要求
1. 表面光洁无毛刺、无缩痕。
2. 产品生产量20万件。

标记	更改文件号	签名	日期	1.材料为ABS。		
				2.材料平均收缩率为0.5%。		外壳-浇注系统及抽芯机构设计_ASM
设计				阶段标记	重量	比例
审核						
工艺		批准				

图 3-100 "外壳-浇注系统及抽芯机构设计"二维参考图

学习重点

1. 理解动模侧冷却系统与定模侧冷却系统设计的异同，并知道为什么。
2. 理解冷却系统设计的一般原则，并能灵活应用。
3. 知道冷却系统设计的一般方法，并学会标准件的选用及参数的设置。
4. 知道推出机构的常用种类，掌握推出机构的设计原则。

5. 灵活掌握推出机构中"司筒"元件的使用及参数的设置。

任务分析

在选用模架时，A 板的厚度只有 60mm 而型腔模仁的厚度为 45mm，并且在 A 板顶面还设计了第二主流道凝料拉料板，因此定模冷却系统主体设计在型腔上且从侧面进出水较为合适，但冷却时密封工艺不是很好。而动模系统 B 板的厚度达 70mm，冷却管道的布置较为宽松，但 B 板上有顶出机构的顶杆、复位杆和斜顶等穿过，在设计时应综合考虑。另外，冷却管道采用两进两出水路设计，使冷却更均衡且冷却管道也尽可能短，孔加工也更容易一些。

顶杆的位置可以充分利用型芯上一些特殊位置，采用管推机构较为合理，并且这些位置分布也较均匀，推力均衡无需再增加顶杆推出。顶出位置分析如图 3-101 所示。

图 3-101　顶出位置分析

任务实施

一、冷却系统设计

模具的冷却就是将熔融状态的塑料传给模具的热量，尽可能迅速、全部地带走，以便塑件冷却定型，并获得最佳的塑件质量。模具的冷却方法有水冷却、空气冷却、油冷却，但常用的是水冷却。

冷却形式：一般在型腔、型芯等部位合理地设置通水冷却通道，并通过调节冷却水流量及流速来控制模温。冷却水一般为室温冷水，必要时采用强迫通水或低温水来加强冷却效率。设置冷却通道需考虑模具结构形式、模具的大小、镶块位置及塑件熔接痕位置等因素，其设计原则如下。

1）冷却通道离凹模壁不宜太远或太近，以免影响冷却效果和模具的强度，其距离一般为冷却通道直径的 1~2 倍。

2）在模具结构允许的情况下，冷却通道的孔径尽量大，冷却回路的数量尽量多，这样冷却会越均匀。

3）应与塑件厚度相适应。塑件壁厚基本均匀时，冷却通道与型腔表面各处的距离最好相同，即冷却通道的排列与型腔的形状相吻合。塑件局部壁厚处应增加冷却通道，加强冷却。

4）冷却通道不应通过镶块和镶块接缝处，以防止漏水。

5）冷却通道内不应有存水和产生回流的部位，应畅通无阻。冷却通道直径一般为 8～12mm。进水管直径的选择，应使进水处的流速不超过冷却通道中的水流速度，要避免过大的压降。

6）浇口附近温度最高，距浇口越远温度越低，因此，浇口附近应加强冷却，通常可使冷水先流经浇口附近，然后再流向浇口远端。

7）冷却通道要避免接近塑件的熔接部位，以免使塑件产生熔接痕，降低塑件强度。

8）进出口冷却水温差不宜过大，避免造成模具表面冷却不均匀。

9）凹模和凸模要分别冷却，要保证冷却的平衡，而且对凸模内部的冷却要注意水道穿过凸模与模板接缝处时进行密封，以防漏水。

10）要防止冷却通道中的冷却水泄漏，水管与水嘴连接处必须密封。水管接头的部位，要设置在不影响操作的方向，通常朝向注射机的背面。

1. 导入设计文档

双击桌面"中望 3D 2021 教育版"打开中望 3D 软件，进入中望 3D 工作环境，选择"打开文件"，在"文件类型"相应的目录路径中找到"外壳-浇注系统及抽芯机构设计.Z3"，确定打开，在出现的管理器窗口中，用鼠标双击"外壳-模具设计_ASM"激活总装配，打开设计文档。

2. 定模侧冷却系统设计

双击型腔模仁将它激活成为当前工作零件，选择 DA 工具栏上的"显示目标"命令，仅显示型腔模仁零件。

（1）绘制冷却道草图　激活型腔，选择"造型"选项卡下的"基准面"命令，必选项为 XY 面，在"偏移"列表框中输入"33"，将 XY 基准面向上偏移 33mm，新建一个冷却道草绘基准面，使基准面大致处于模仁高度减去型腔高度的中间部位，如图 3-102 所示。

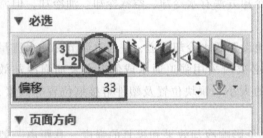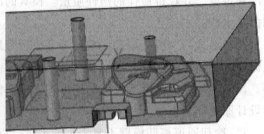

图 3-102　新建冷却道基准面

选择"草图"命令，选择新建的基准面为草绘平面，进入草图环境后使用"直线"命令绘制一个类似井字形的草图，以 X 轴为镜像线将 5 段直线镜像处理，并通过相应的约束和标注完成冷却道草图，如图 3-103 所示。

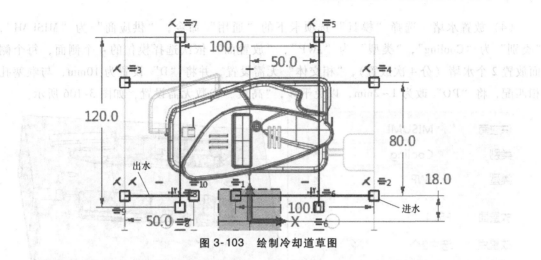

图 3-103 绘制冷却道草图

★注意：进水位置必须避开滑块位置。这里冷却管道在 Y 方向没有设计通孔是为了减少钻孔时的难度，它可以两个方向钻孔，深度仅为 120mm。

（2）创建冷却道 退出草图环境后，选择"模具"选项卡下的"水路"命令，"模具"为型腔模仁，"直径"为 8mm，在"曲线"列表框中选取刚绘制的冷却道草图，"刀尖角度"为 118°，如图 3-104 所示。

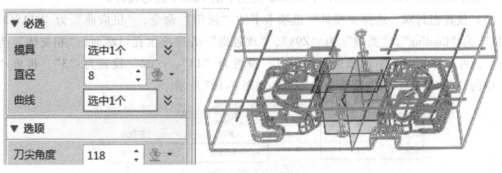

图 3-104 创建冷却道

（3）创建喉塞孔 选择"模具"选项卡下的"喉塞孔"命令，"孔类型"为简单孔，在"面"列表框中选取冷却管道的 8 个圆柱面，即除了进出水孔外每个侧面上都有 2 个孔，并将喉塞孔的直径设置为 10mm，孔深度设置为 15mm，其余参数为默认，如图 3-105 所示。

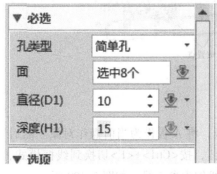

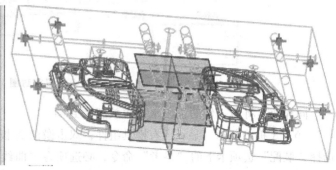

图 3-105 创建喉塞孔

（4）放置水堵　选择"模具"选项卡下的"通用"命令，"供应商"为"MISUMI"，"类别"为"Cooling"，"类型"为"JWP"，"放置面"依次选择模仁的 4 个侧面，每个侧面放置 2 个水堵（分 4 次放置），"相交体"无需设置，并将"D"设置为 10mm，与喉塞孔相匹配，将"PO"改为 1～2mm，以免干涉，"高级"参数无需设置，如图 3-106 所示。

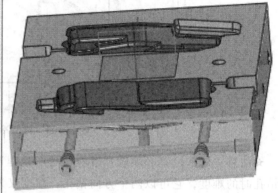

图 3-106　放置水堵

★注意：这里选择 MISUMI 的标准库，是因为中望 3D 软件提供较为丰富的 MISUMI 标准件。也可以选用 MEUSBURGER 的 Cooling 类别中的 E2079 进行设计。

（5）放置密封圈　选择"模具"选项卡下的"通用"命令，"供应商"为"HASCO"，"类别"为"Cooling"，"类型"为"Z98"，"放置面"为进出水孔口端面，"相交体"为型腔模仁，再选择"常用"选项卡，将"d1"设置为"14"，"d2"设置为"3"，再将"高级"中的"Create Pocket"设置为"Yes"，如图 3-107 所示。

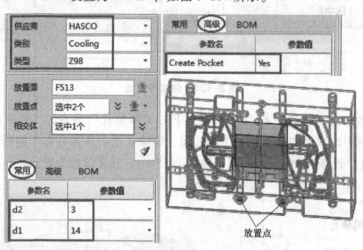

图 3-107　放置密封圈

同样地，将另一侧的进出水口也放置密封圈。

（6）A 板冷却道　显示所有模具组件，双击激活 A 板，将 A 板作为当前操作对象。然后选择"装配"选项卡下的"参考"命令，必选项为"曲线"，按<Ctrl>+<F>切换到线框模式，选取型腔模仁上的两个 φ8mm 进出水冷却道孔口的 2 条边线作为参考线，如图 3-108 所示。

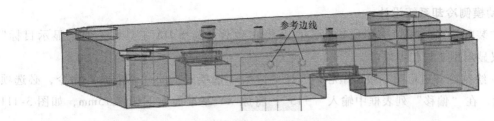

图 3-108　添加参考曲线

（7）切除冷却道　选择"造型"选项卡下的"拉伸"命令，"轮廓"选其中的一条参考曲线，"布尔运算"为"减运算"，将 A 板拉伸切除一个圆形通孔，如图 3-109 所示。

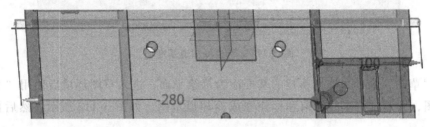

图 3-109　拉伸切除 A 板

按鼠标中键重复"拉伸"命令，创建另一个冷却水道孔。

（8）放置水嘴　仍然激活 A 板，或激活定模系统，选择"模具"选项卡下的"通用"命令，"供应商"为"HASCO"，"类别"为"Cooling"，"类型"为"Z81"，"放置面"为 A 板进出水孔口端面，"放置点"为进出水口（可通过曲率中心选取），"相交体"为 A 板，再选择"常用"选项卡，将"Embed"设为"Yes"，将"d7"设置为"M10x1"，"d4"为"9"，"SW"为"11"，再将"高级"中的"Create Pocket"设置为"Yes"，"De"为"19"，"t"为"18"，其余参数为默认，如图 3-110 所示。

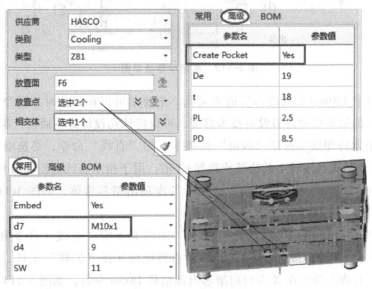

图 3-110　放置水嘴

3. 动模侧冷却系统设计

在"装配管理"窗口中用鼠标双击型芯将它激活，选择 DA 工具栏上的"显示目标"命令，仅显示型芯模仁零件。

（1）绘制冷却道草图　激活型芯，选择"造型"选项卡下的"基准面"命令，必选项为 XY 面，在"偏移"列表框中输入"-15"，将原 XY 基准面向下偏移 15mm，如图 3-111 所示。

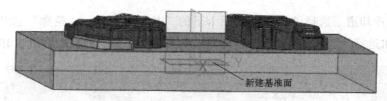

图 3-111　新建冷却道基准面

选择"草图"命令，选择新建的基准面为草绘平面，进入草图环境后使用"直线"命令绘制草图，并通过相应的约束和标注完成冷却道草图，如图 3-112 所示。然后再将草图镜像。

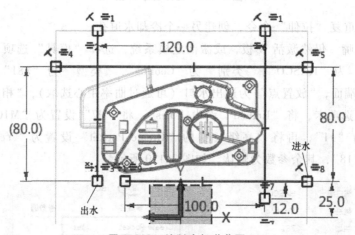

图 3-112　绘制冷却道草图

★说明：图中 180mm 长的冷却管道为通孔，主要是可以在钻孔时从两个方向进刀，如果认为用 ϕ8mm 的钻头单向进刀没有技术难度，可以将该孔设计为不通孔，深度约 160mm。

（2）绘制出水冷却线　选择"线框"选项卡下的"直线"命令，必选项为"沿方向画线"，在"参考线"选择零件上的边线或选择+Z 轴，用于指示直线的绘制方向，"点 1"选取草图出水端点，"点 2"输入"-40"或拖动长度超出型芯实体，如图 3-113 所示。同样画出另一个出水改道直线。

（3）绘制进水冷却线　仍然选择"线框"选项卡下的"直线"命令和沿方向画线，"参考线"选择零件上的边线，"点 1"选取时右键鼠标选择"偏移"工具，然后再选取草图中进水端点，并将点位置在 X 方向向型芯内部偏移 18mm 左右，如图 3-114 所示。确定后在"点 2"输入"-40"或拖动长度超出型芯实体。同样画出另一个进水改道直线。

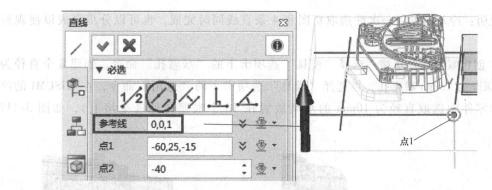

图 3-113 绘制出水冷却改道线

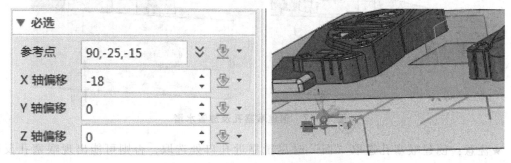

图 3-114 选择进水冷却改道线起点

（4）延长改道线 选择"直线"选项卡下的"修剪/延伸"命令，"曲线"选择改道直线，在"长度"列表框中输入"5"，将原直线反向延长 5mm，如图 3-115 所示。同样延长其他 3 条直线。

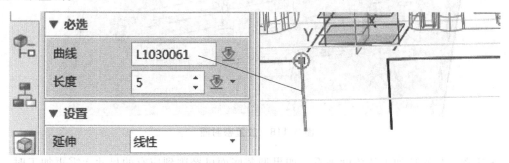

图 3-115 延长改道线

（5）创建冷却道 选择"模具"选项卡下的"水路"命令，选取草图曲线和 4 条进出水改道线创建 φ8mm 冷却水道，如图 3-116 所示。

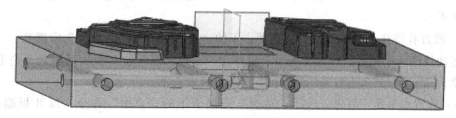

图 3-116 创建冷却道

★说明：冷却道可以一次性选取草图和 4 条直线同时完成，也可以分步完成以便观察效果。

（6）创建喉塞孔及水堵　选择"模具"选项卡下的"喉塞孔"命令，创建 8 个直径为 10mm，深度为 13mm 喉塞孔，再选择"模具"选项卡下的"通用"命令，在 MISUMI 的冷却标准库零件中选取直径为 10mm 的水堵放置在 10 个喉塞孔处（全堵上），如图 3-117 所示。

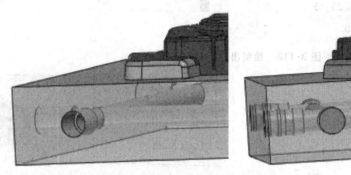

图 3-117　创建喉塞孔及放置水堵

★注意：创建喉塞孔选取"面"时尽量靠近孔口处选取，否则可能出现喉塞孔反转现象。

（7）放置密封圈　选择"模具"选项卡下的"通用"命令，在 HASCO 或 MISUMI 的冷却标准库零件中选取直径为 14mm 的密封圈，放置在 4 个进出水孔口处，如图 3-118 所示。

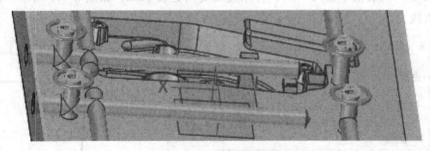

图 3-118　放置密封圈

★注意：从数控加工的角度来看，如果型芯底面已磨削到应有的尺寸无需再加工时，应该将密封圈槽腔设计在 B 板的槽腔内，一次性加工成型，避免型芯的二次装夹。

（8）B 板冷却道　显示所有模具组件，双击 B 板将 B 板激活。然后选择"装配"选项卡下的"参考"命令，选取型芯模仁上的 4×φ8mm 进出水冷却道孔口曲线作为参考线，如图 3-119 所示。

（9）放置孔特征　选择"造型"选项卡下的"孔"命令，"类型"为常规孔，"位置"选取参考曲线的 4 个圆心，孔径为 8mm，孔深可以适时调整，使 B 板底部剩余几毫米即可，本例深度为 25mm，其余参数采用默认值，如图 3-120 所示。

（10）放置水平孔　首先，选择"造型"选项卡下的"草图"命令，以 B 板端面为草绘平面，绘制 2 个点并标注尺寸，然后退出草图。再选择"造型"选项卡下的"孔"命令，选取草图点，放置 2×φ8mm 的孔，孔深调整到合适位置，但必须穿过竖直孔几毫米，本例深度为 112mm，如图 3-121 所示。用同样的方式放置另外两个孔，但这两个孔的深度可能与前两孔不同，本例为 125mm。

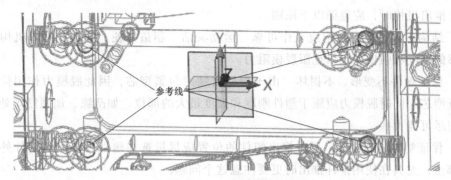

图 3-119　选择参考线

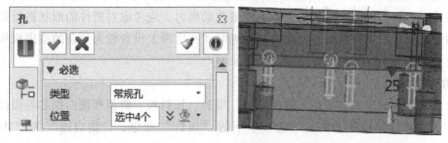

图 3-120　放置孔特征

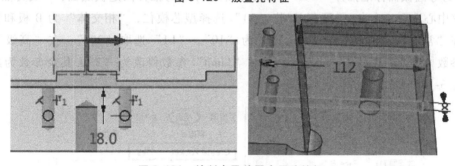

图 3-121　绘制点及放置水平孔特征

（11）放置水嘴　水嘴的放置在定模系统中已经做了详细的介绍，原则上动模的水嘴也应该采用相同的供应商 HASCO，以保持同一模具中标准件的一致性，方便采购。激活动模系统，放置水嘴后结果如图 3-122 所示。

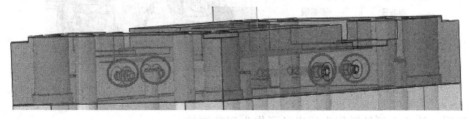

图 3-122　放置水嘴

（12）保存文件　激活总装配，显示所有组件，并将文件保存到相应的文件夹中。

二、推出机构设计

设计推出机构时，应遵循以下原则。

（1）结构可靠　推出机构应工作可靠、运动灵活、制造方便、配换容易，机构本身要具有足够的刚度和强度，足以克服脱模阻力。

（2）保证塑件不变形、不损坏　由于塑件收缩时包紧型芯，因此脱模力作用位置应尽可能靠近型芯。同时脱模力应施于塑件刚度和强度最大的部位，如凸缘、加强筋等处，作用面积也应尽可能大些。

（3）保证塑件外观良好　要求推出塑件的位置应尽量选在塑件内部或对塑件外观影响不大的部位，尤其在使用推杆推出时更要注意这个问题。

（4）尽量使塑件留在动模一边　因为利用注射机顶出装置来推出塑件时模具的推出机构较为简单。若因塑件结构形状的关系不便留在动模时，应考虑对塑件的形状进行修改或在模具结构上采取强制留模措施，实在不易处理时才在定模上设置较为复杂的推出机构以推出塑件。

1. 放置顶针

激活总装配，显示型芯模仁，隐藏定模、型腔、托料板、斜顶和侧向抽芯等组件。

（1）放置顶针　选择"模具"选项卡下的"顶针"命令，"供应商"为"HASCO"，"类型"为等圆截面标准推杆"Z40"，"放置面（1）"为推杆固定板底面，"放置点（2）"通过曲率中心选取 4 个点，"型芯/型腔（3）"选择型芯模仁，"相交体"为 B 板和推杆固定板，在"常用"选项卡，将"d1"设置为"10"，"L1"选取"200"，在"高级"选项卡下将参数"Create Pocket"设为"Yes"，"Limit"参数修改为"2"，其余参数为默认设置，如图 3-123 所示。

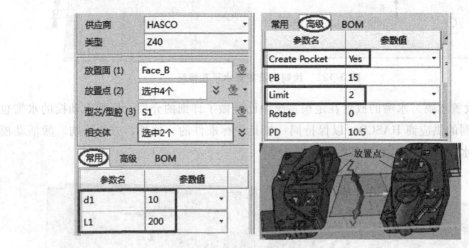

图 3-123　放置顶针

★说明：该 4 个顶针既作为顶出又可作为型芯镶件。

按鼠标中键重复"顶针"命令,"放置面(1)"改为动模座板底面,"放置点(2)"通过"曲率中心"命令选取标注点为 1~8 的 8 个圆心点,如图 3-124 所示。"相交体"为 B 板、推杆固定板、推板、动模座板。将顶针直径改为 4mm,顶针长度改为 250mm,其余所有设置与前面的相同,完成 8 个顶针的放置。

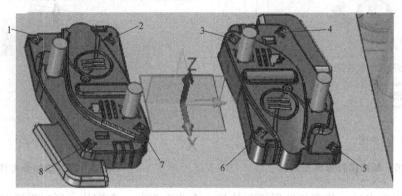

图 3-124 放置 8 个顶针

(2)放置司筒 选择"模具"选项卡下的"司筒"命令,"供应商"为"HASCO","类型"为"Z45"。"顶针(1)"选取图 3-124 中标号为 1、5 的个根顶针,"放置面(2)"系统自动选取推杆固定板底面,"终止面(3)"选择型芯模仁顶杆边的圆环面,"相交体"为 B 板和推杆固定板,在"常用"选项卡中的参数在选择终止面时系统自动设定,在"高级"选项卡下将参数"Create Pocket"设为"Yes","Limit"参数修改为"2",其余参数为默认设置,如图 3-125 所示。

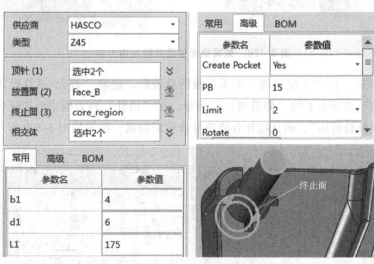

图 3-125 放置司筒

2. 修剪顶针

激活总装配,隐藏定模侧、型腔模仁和型芯模仁,显示"外壳-模具设计_CombinePro"。

(1)创建修剪面 选择"装配"选项卡下的"插入组件"命令,在"输入新零件名称"栏处给插入的组件命名为"顶针修剪面",在"位置"栏中输入 0,如图 3-126 所示。

接着在"装配"选项卡中使用"参考"命令，选择"外壳-模具设计_ CombinePro"的型芯部分作为顶针修剪面的参考体，如图 3-127 所示。

图 3-126　新建顶针修剪面组件

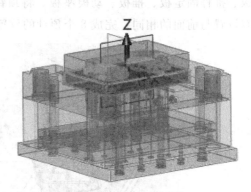

图 3-127　增加参考件

（2）编辑参考体　修剪顶针所需要的是一个曲面而非一个实体，所以需要对参考体进行适当的编辑。选择 DA 工具栏上的"显示目标"命令，使工作区画面仅显示参考体内容，选择参考体的 4 个侧面和 1 个底面并将这些面删除。再选择"曲面"选项卡下的"反转曲面方向"命令，将曲面反转处理，如图 3-128 所示。曲面的方向决定了顶针和司筒的修剪方向。

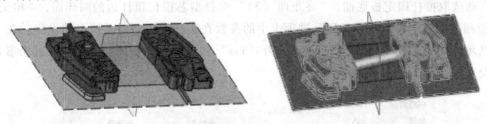

图 3-128　编辑参考体及反转曲面方向

（3）修剪顶针　在"装配管理"中重新激活总装配，隐藏"外壳-模具设计_ Combine"，然后选择"模具"选项卡下的"修剪顶针"命令，在"顶针"列表框中框选所有的顶针，"切割体"选择"顶针修剪面"，确认操作并将顶针修剪面隐藏，结果如图 3-129 所示。

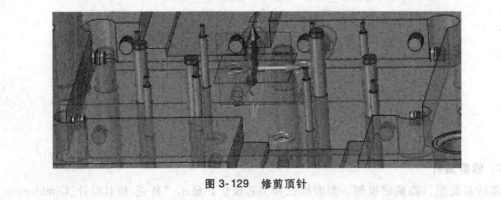

图 3-129　修剪顶针

3. 放置拉料杆

激活总装配，显示定模、动模、型芯和型腔。

（1）测量高度　选择"查询"选项卡下的"距离"命令，选取两点测量"Z 方向距离"即高度为 221mm，如图 3-130 所示。

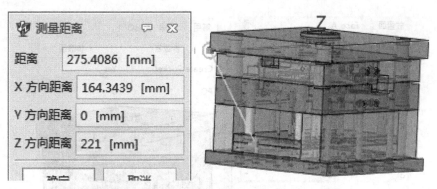

图 3-130　测量定模座板到推杆固定板底面高度

（2）放置拉料杆　选择"模具"选项卡下的"通用"命令，"供应商"为"MISUMI"，"类别"为"EjectorPin"，"类型"为"EPD-5A"，"放置面"选择推杆固定板的底面，"放置点"坐标原点可直接输入 0 并按<Enter>键，"相交体"为推杆固定板、型芯模仁、B 板、A 板、型腔；再将"常用"选项卡中的"P"设置为"7"，"L"设置为"216"，"V"设置为"5"，"G"设置为"20"，"F"设置为"210"，其余参数为默认设置，如图 3-131 所示。

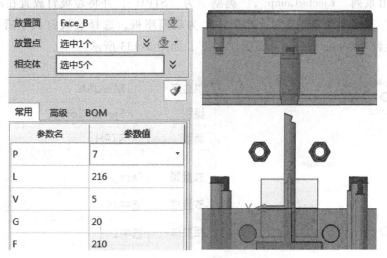

图 3-131　放置拉料杆

由于拉料杆长度没有超过 A 板顶面，还需激活 A 板、参考顶杆边线进行拉伸切除。

4. 放置复位弹簧

激活总装配，显示所有组件。选择"模具"选项卡下的"通用"命令，选择 MISUMI 的弹簧"Spring"，"类型"为复位弹簧"SWN"，并将弹簧放置在推杆固定板的顶面，"放置点"为 4 个复位杆的"曲率中心"，"相交体"为 B 板，在"常用"选项卡中将"D"设置为"37"，"d"设置为"26"，"L"设置为"90"（推杆固定板顶面到 B 板底面距离为

70mm），"l1"为"5"，"PD"为"40"，在"高级"选项卡下将参数"Create Pocket"设为"Yes"，如图 3-132 所示。

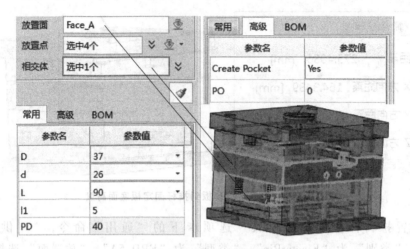

图 3-132　放置复位弹簧

5. 放置垃圾钉

选择"造型"选项卡下的"草图"命令，以 XY 基准面为草绘平面，使用点工具绘制 4 个点，并通过适当的约束进行标注尺寸。再选择"模具"选项卡下的"通用"命令，选择 MISUMI 的推出系列"EjectorComp"，"类型"为"STPH"，并将垃圾钉放置在动模座板的顶面，"放置点"选取 4 个草绘点，"相交体"为动模座板，选择垃圾钉大小后再将"高级"选项卡下的参数"Create Pocket"设为"Yes"，如图 3-133 所示。

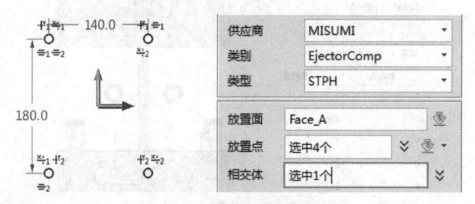

图 3-133　绘制草图及放置垃圾钉

6. 放置支承头

选择"模具"选项卡下的"通用"命令，选择 MISUMI 的推出系列"EjectorComp"，"类型"为"SP"，将支承头放置在动模座板的顶面，"放置点"采用"偏移"的方式，在坐标原点处向 X 轴左偏移 70mm，另一个右偏移 70mm，其余两轴不偏移。接着将"相交体"设置为推杆固定板和推板，并将支承头直径设置为 30mm，长度为 120mm，最后的"高级"选项卡下的参数"Create Pocket"设为"Yes"，"PB"改为"30"，如图 3-134 所示。

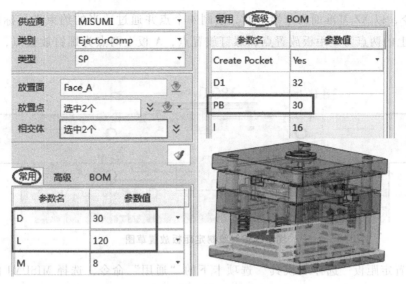

图 3-134 放置支承头

★说明:根据任务书,动模座板顶面与 B 板底面的距离为 120mm。这里选用 MISUMI 的产品而非上个项目中的 FUTABA,其一是为了提高对标准库的认识,其二是 MISUMI 标准库中刚好有 120mm 的支承头,而有些品牌提供的是 126mm 的支承头。

7. 放置定位块

选择"模具"选项卡下的"通用"命令,使用 MISUMI 的位置系列"Position","类型"为"TPN",将定位块放置在 B 板顶面,"放置点"输入坐标(0,170,0)、(0,-170,0),"相交体"为 A、B 板,将"D"设置为"20","A"设为"3",并将"高级"选项卡下的参数"Create Pocket"设为"Yes",如图 3-135 所示。

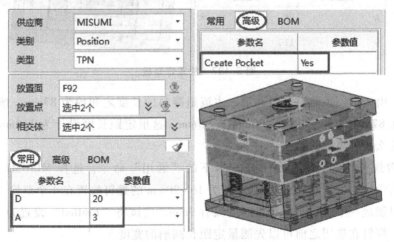

图 3-135 放置定位块

8. 放置定距板

为保证塑件顺利取出,定距板的设计是不可缺少的一个内容。

(1)绘制草图 激活总装配,显示定模系统、动模系统。选择"造型"选项卡下的

"草图"命令，以 XZ 基准面为草绘平面，绘制 4 个点并通过适当的约束进行标注尺寸，其中定模座板上的两点为定距板放置点和螺钉放置点，A 板上两点为螺钉放置点，如图 3-136所示。

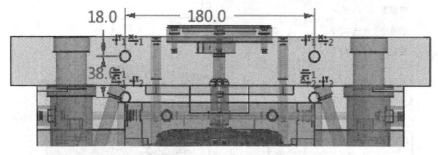

图 3-136　绘制定距板放置草图

（2）放置定距板　选择"模具"选项卡下的"通用"命令，选择 MISUMI 的开模系列"OPEN"，"类型"为"TL"，将定距板放置在定模座板的侧面，"放置点"选取定模座板上的两个草绘点，因定距板没有镶入模架，故"相交体"无需设置，将"A"设置为"25"，"S"设置为"110"，如图 3-137 所示。

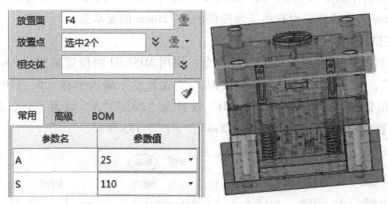

图 3-137　放置定距板

★说明：由于第一主流道凝料和第二主流道凝料的长度之和约为 87mm，所以定距的有效长度必须在 87mm 以上，可以取 90mm 或 95mm，这里定距长度设计为 110mm，但有效长度可能没有这么长，需要检验。

（3）放置螺钉　选择"模具"选项卡下的"通用"命令，选择 MISUMI 的"CB"类型，参考前面学过的方法选择 4 个 M8、长为 16~20mm 的螺钉放置在 4 个草绘点上。需要注意的是一次只能放一个螺钉；定距板厚度只有 9mm，应该将"EmBed"设置为"No"。

★说明：螺钉在选用之前可以先测量定距长圆槽的宽度。

（4）检查定距长度　选择"查询"选项卡下的"距离"命令，选取螺钉的中心点和定距板长圆槽下端的曲率中心，测量两点在"Z 方向距离"约为 92mm，符合大于 87mm 的设计要求，如图 3-138 所示。

（5）复制定距板。选择"模具"选项卡下的"复制"命令，必选内容为"围绕方向"，

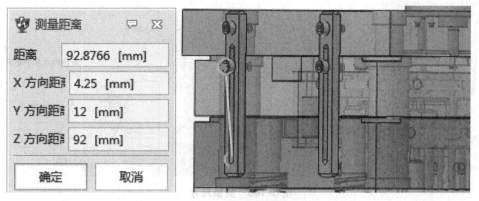

图 3-138　检查实际定距长度

"组件"为定距板，"旋转点"为原点，"旋转方向"为 Z 坐标轴，"旋转角度"为"180°"，如图 3-139 所示。

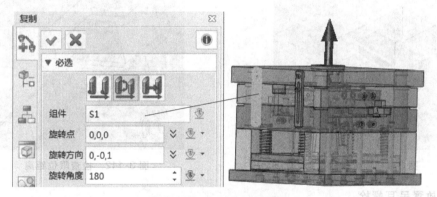

图 3-139　复制定距板组件

★注意：组件一次只能选取一个；如果螺钉也采用复制操作，复制后的螺钉不会创建槽腔。

9. 放置滑块限位

（1）测量设计尺寸　滑块限位的设计是滑块设计中的一个重要内容。设计滑块限位首先需要查询几个尺寸，测量滑块末端面到 B 板侧面的距离为 30mm，再激活"外壳-模具设计_Combine"内的滑块组件"SlideComp_001"，测量斜销在有效作用长度内的水平距离，或者说斜销从 A 点运动到 B 点时滑块在水平方向（向外）移动的距离，实测约为 11.5mm，如图 3-140 所示。

（2）放置螺钉　激活总装配，选择"模具"选项卡下的"螺钉"命令，选择 MISUMI 的"CB"类型，参考先前所学选择滑槽边线中点向内偏移 10mm，放置 2 个 M6、长为 10~12mm 的螺钉。需要注意的是一次只能放一个螺钉；还应记得将"EmBed"设置为"No"，"Create Pocket"设置为"Yes"，如图 3-141 所示。

（3）检查限位距离　选择"查询"选项卡下的"距离"命令，选取螺钉的中心点和滑块端面，测量两点在"X 方向距离"为 20mm，而 M6 螺钉的头部为 φ10mm，所以有效限位

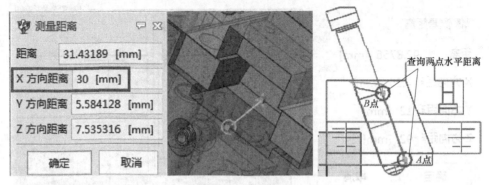

图 3-140　测量尺寸

距离为 20mm−5mm＝15mm，略大于理论值 11.5mm，符合设计要求，如图 3-142 所示。

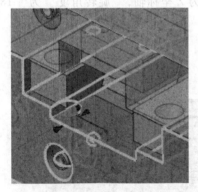

图 3-141　选择放置点

图 3-142　检查限位距离

10. 放置吊耳螺栓

　　吊耳螺栓的放置位置应该尽量考虑起吊时整个模具的平衡。选择"模具"选项卡下的"通用"命令，选择 MISUMI 的螺栓"Screw"，"类型"为"CHI"，"放置面"选择 A 板侧面，"放置点"通过鼠标右键选择"偏移"，选取 A 板侧面上边线的中点，使其向下偏移 20mm，如图 3-143 所示。将"相交体"设置为 A 板，在"常用"选项卡中使用 M12 的螺栓，"高级"选项卡下将参数"Create Pocket"设为"Yes"，其余参数为默认设置。

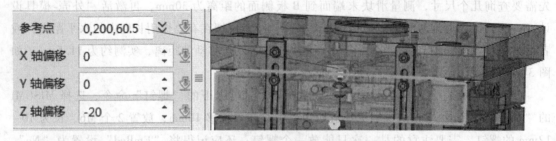

图 3-143　选择放置点

　　★说明：默认吊耳为 Z 方向放置，如果需要水平放置可将"Rotate Angle"设为"90"，则可旋转 90°。

11. 完善设计

模具的主体部分到此基本完成，但还有一些细节需完善，如型腔模仁与 A 板的固定、型芯模仁与 B 板的螺钉连接、滑块导滑压板上螺钉的放置、创建物料清单等，这些操作方式大同小异，或参考前文，这里不再赘述。

12. 保存文件

激活总装配，显示所有组件，将当前文件另存到相应目录下，并将文件改名为"浇注系统及抽芯机构设计"。

学习小结

冷却系统设计主要包含创建冷却道、创建喉塞孔、放置水堵、放置密封圈、放置水嘴等，似乎与前文相同，但为了提高设计能力，了解更多的产品，选用了不同供应商的标准件，扩大元件的选择。同样地，推出机构设计包含放置顶针、放置司筒、修剪顶针、放置拉料杆、放置复位弹簧、放置垃圾钉、放置支承头、放置定位块、放置定距板、放置滑块限位、放置吊耳螺栓等过程，设计中也尽量选用了不同供应商的产品。但在设计中结合实际情况，设计了顶针司筒结构，并且还利用了嵌件型芯作为推出元件，简化了推出元件。

在设计过程中介绍了"直线"选项卡下的"修剪/延伸"及"模具"选项卡下的"复制"等新命令的使用，同时复习了"显示目标""基准面""插入组件""反转曲面方向""距离"等命令的使用。

练习

1. 根据用户提供塑料产品的 stp 格式的三维数据及制品二维参考图，如图 3-144 所示，完成完整模具设计。

模具结构设计要求：模腔数为一模一腔，浇口痕迹小；优先选用标准模架及相关标准件；以满足塑件要求、保证质量和制件生产效率为前提条件，兼顾模具的制造工艺性及制造成本，充分考虑主要零件材料的选择对模具的使用寿命的影响；保证模具使用时的操作安全，确保模具修理、维护方便；选择注射机，模具应与注射机相匹配，保证安装方便、安全可靠。

2. 根据用户提供塑料产品的 stp 格式的三维数据及制品二维参考图，如图 3-145 所示，完成完整模具设计。模具结构设计要求同前题。

3. 根据用户提供塑料产品的 stp 格式的三维数据及制品二维参考图，如图 3-146 所示，完成完整模具设计。模具结构设计要求同前题。

4. 根据用户提供塑料产品的 stp 格式的三维数据及制品二维参考图，如图 3-147 所示，完成完整模具设计。模具结构设计要求同前题。

5. 根据用户提供塑料产品的 stp 格式的三维数据及制品二维参考图，如图 3-148 所示，完成完整模具设计。模具结构设计要求同前题。

6. 根据用户提供塑料产品的 stp 格式的三维数据及制品二维参考图，如图 3-149 所示，完成完整模具设计。模具结构设计要求同前题。

7. 根据用户提供塑料产品的 stp 格式的三维数据及制品二维参考图，如图 3-150 所示，完成完整模具设计。模具结构设计要求同前题。

8. 根据用户提供塑料产品的 stp 格式的三维数据及制品二维参考图，如图 3-151 所示，完成完整模具设计。模具结构设计要求同前题。

9. 根据用户提供塑料产品的 stp 格式的三维数据及制品二维参考图，如图 3-152 所示，完成完整模具设计。模具结构设计要求同前题。

10. 根据用户提供塑料产品的 stp 格式的三维数据及制品二维参考图，如图 3-153 所示，完成完整模具设计。模具结构设计要求同前题。

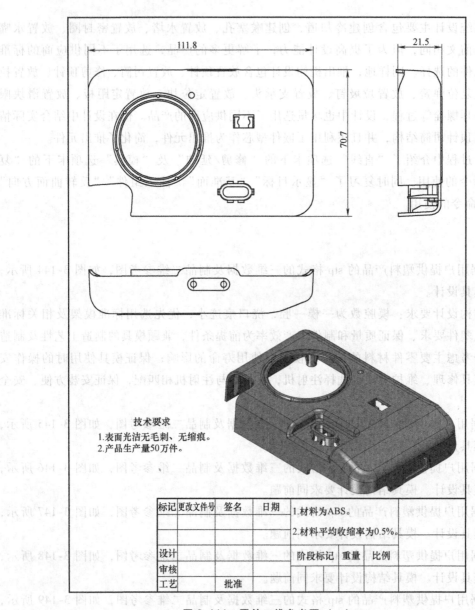

技术要求
1. 表面光洁无毛刺、无缩痕。
2. 产品生产量50万件。

标记	更改文件号	签名	日期	1. 材料为ABS。			
				2. 材料平均收缩率为0.5%。			
设计				阶段标记	重量	比例	
审核							
工艺		批准					

图 3-144　零件二维参考图（一）

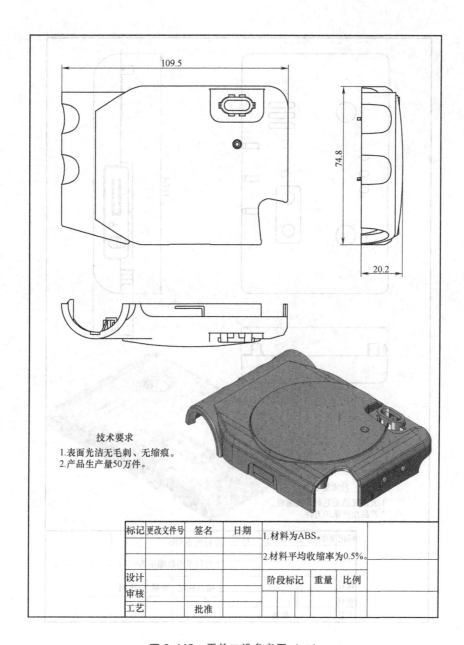

技术要求
1.表面光洁无毛刺、无缩痕。
2.产品生产量50万件。

标记	更改文件号	签名	日期	1.材料为ABS。		
				2.材料平均收缩率为0.5%。		
设计				阶段标记	重量	比例
审核						
工艺		批准				

图 3-145 零件二维参考图（二）

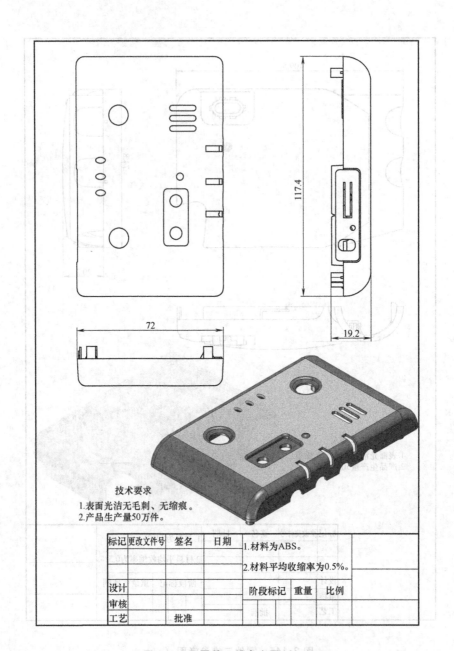

技术要求
1.表面光洁无毛刺、无缩痕。
2.产品生产量50万件。

标记	更改文件号	签名	日期	1.材料为ABS。		
				2.材料平均收缩率为0.5%。		
设计				阶段标记	重量	比例
审核						
工艺		批准				

图 3-146　零件二维参考图（三）

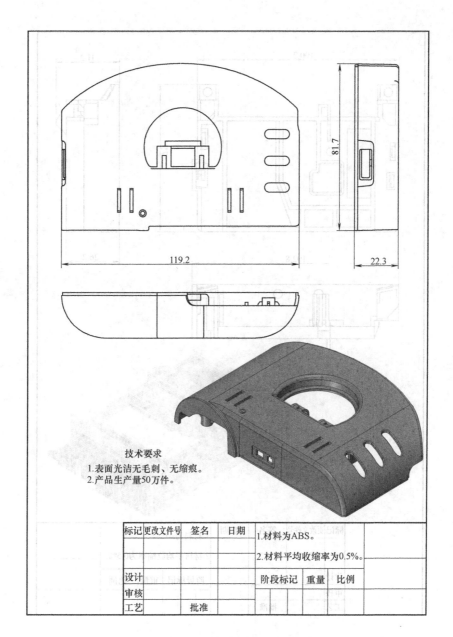

技术要求

1.表面光洁无毛刺、无缩痕。
2.产品生产量50万件。

标记	更改文件号	签名	日期	1.材料为ABS。			
				2.材料平均收缩率为0.5%。			
设计				阶段标记	重量	比例	
审核							
工艺		批准					

图 3-147 零件二维参考图（四）

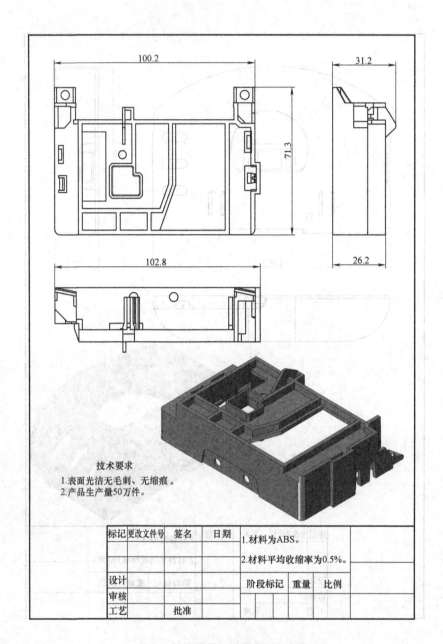

技术要求
1.表面光洁无毛刺、无缩痕。
2.产品生产量50万件。

标记	更改文件号	签名	日期	1.材料为ABS。	
				2.材料平均收缩率为0.5%。	
设计				阶段标记	重量	比例
审核						
工艺		批准				

图 3-148 零件二维参考图（五）

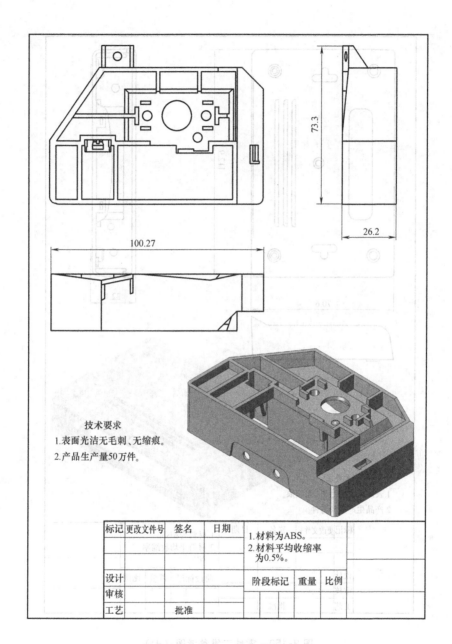

技术要求

1.表面光洁无毛刺、无缩痕。

2.产品生产量50万件。

标记	更改文件号	签名	日期	1.材料为ABS。		
				2.材料平均收缩率		
				为0.5%。		
设计				阶段标记	重量	比例
审核						
工艺		批准				

图 3-149　零件二维参考图（六）

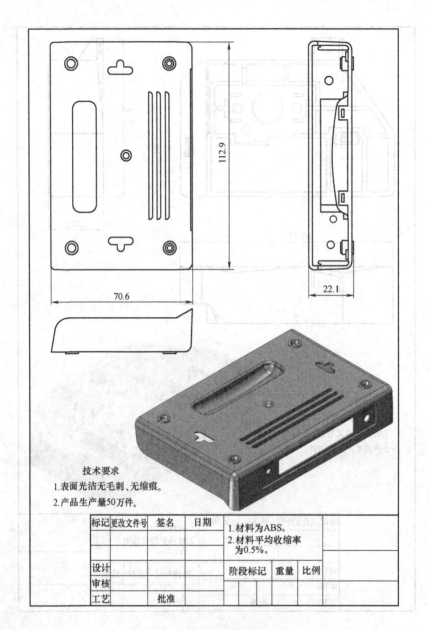

112.9

70.6

22.1

技术要求

1.表面光洁无毛刺、无缩痕。

2.产品生产量50万件。

标记	更改文件号	签名	日期	1.材料为ABS。 2.材料平均收缩率 为0.5%。		
设计				阶段标记	重量	比例
审核						
工艺		批准				

图 3-150 零件二维参考图（七）

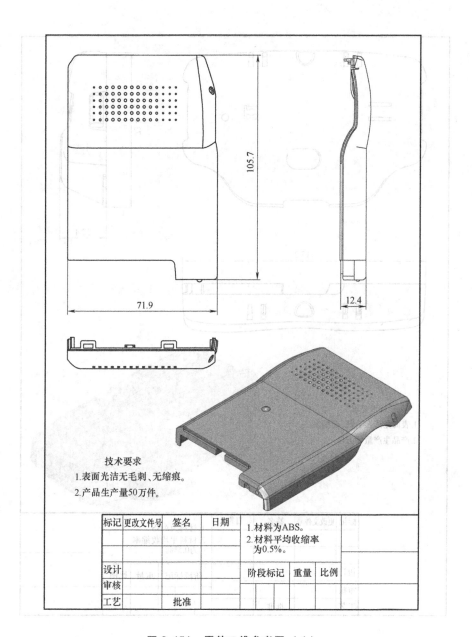

技术要求

1.表面光洁无毛刺、无缩痕。

2.产品生产量50万件。

标记	更改文件号	签名	日期	1.材料为ABS。		
				2.材料平均收缩率 为0.5%。		
设计				阶段标记	重量	比例
审核						
工艺		批准				

图 3-151 零件二维参考图（八）

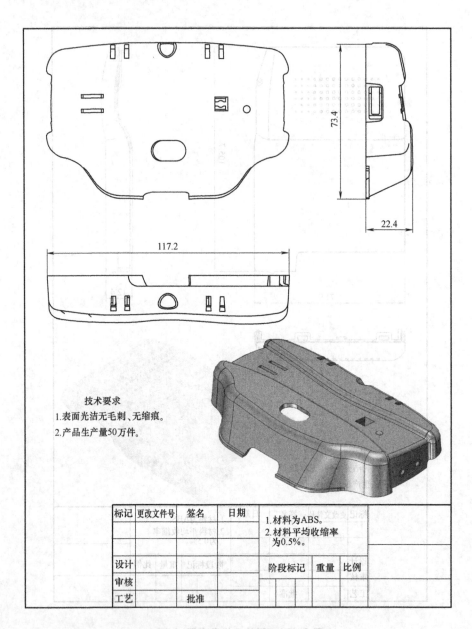

73.4

22.4

117.2

技术要求
1.表面光洁无毛刺、无缩痕。
2.产品生产量50万件。

标记	更改文件号	签名	日期	1.材料为ABS。		
				2.材料平均收缩率 为0.5%。		
设计				阶段标记	重量	比例
审核						
工艺		批准				

图 3-152 零件二维参考图（九）

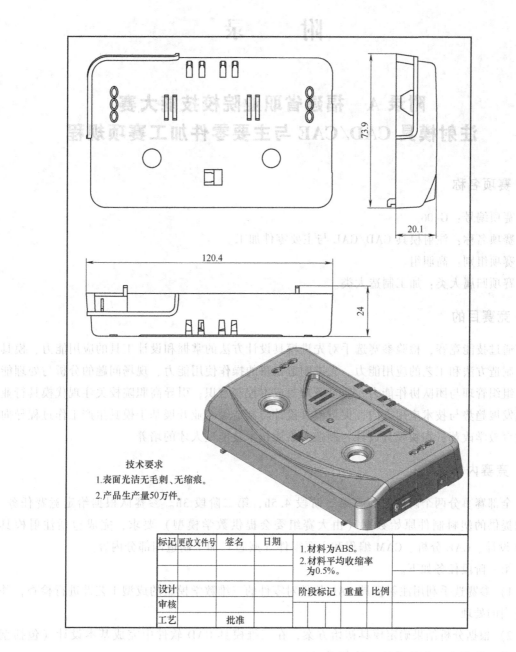

技术要求
1.表面光洁无毛刺、无缩痕。
2.产品生产量50万件。

标记	更改文件号	签名	日期	1.材料为ABS。		
				2.材料平均收缩率		
				为0.5%。		
设计				阶段标记	重量	比例
审核						
工艺		批准				

图 3-153　零件二维参考图（十）

附　　录

附录A　福建省职业院校技能大赛
注射模具 CAD/CAE 与主要零件加工赛项规程

一、赛项名称

赛项编号：G-06。

赛项名称：注射模具 CAD/CAE 与主要零件加工。

赛项组别：高职组。

赛项归属大类：加工制造大类。

二、竞赛目的

通过技能竞赛，检验参赛选手对先进模具设计方法的掌握和设计工具的应用能力、模具零件制造方法和工艺的应用能力、先进制造设备的操作使用能力、现场问题的分析与处理能力、组织管理与团队协作能力、质量管理与成本控制意识；引导高职院校关注现代模具行业技术发展趋势与技术应用方向，促进模具设计与制造等专业开展基于模具生产工作过程导向的教育教学改革；加快模具设计与制造高素质技术技能型人才的培养。

三、竞赛内容

全部赛事分两个阶段进行，第一阶段 4.5h，第二阶段 3h。参赛队根据给定竞赛任务、赛题提供的塑料制件原始数据（由大赛组委会提供数学模型）要求，完成包括注射模具 CAD 设计、CAE 分析、CAM 编程和主要零件（型芯）加工制造四部分内容。

第一阶段任务如下。

1）参赛选手利用注射模具 CAE 软件对零件的三维数学模型的成型工艺性进行检查，并做适当的处理。

2）根据分析结果确定模具初始方案，在三维模具 CAD 软件中完成基本设计（包括型腔布局、分型面、浇注系统、冷却系统）。

3）应用注射模具 CAE 软件对浇注及冷却系统设计方案进行分析，根据分析结果对初始设计方案进行评价，然后对初始方案进行优化，生成分析报告。

4）根据优化的设计方案进行改良并细化模具设计。模具 CAD 设计完成的内容：一套完整的模具三维设计；模具的二维装配图和型芯、型腔零件图（包括明细栏、标题栏、图框、技术要求等）；利用现场提供软件选择标准模架或者自行设计模架（自行设计者须以书面形式描述设计理由），并书写模具设计说明书。

5）CAM 编程。按照竞赛设计任务书，在计算机中进行型芯、型腔的 CAM 编程，生成数控加工程序，并提交相应的工艺文件、技术文件等，具体工作工艺过程由参赛小组选手自行确定。

第二阶段任务如下。

主要零件加工：根据第一阶段 CAM 编程生成的数控加工程序（不得修改第一阶段的程序），利用现场提供的数控机床等设备加工出赛题型芯零件 1 件。

四、竞赛方式

本赛项为团体赛，以院校为单位组队参赛，不得跨校组队，每支参赛队由 3 名选手和不超过 2 名指导教师组成，3 名选手须为同校在籍学生，其中队长 1 名，性别和年级不限，每校限制 1 队参赛。

1）大赛组委会提供制件的数学模型格式为 IGES 或 STEP。

2）比赛分为两个阶段，第一阶段为模具 CAD/CAE/CAM 设计阶段，所有参赛队同时进行，第二阶段为模具主要零件加工。通过第一阶段比赛并且获得第二阶段比赛资格后才能进入第二阶段的比赛（第二阶段的比赛资格由裁判组裁定）。第二阶段竞赛采取多场次进行，由赛项组委会按照竞赛日程表组织各领队参加公开抽签，确定各队参赛场次。参赛队按照抽签确定的参赛时段分批次进入比赛场地参赛。

3）第一阶段比赛结束后，所有材料放置在机位号命名的文件夹，由各参赛队复制到移动存储介质并交给裁判。所有材料中不得出现任何个人信息（比如参赛学校和选手名字等），否则按零分计。比赛结束后提交的文档如下。

① 模具设计三维模型、模具二维装配图（包括明细栏、标题栏、图框、主要零件型腔、型芯的工程图）。

② 按照组委会提供的固定格式编写、提交详细的工艺文件（包括型芯、型腔的工艺规程、加工参数等），撰写模具设计说明书。

③ 型腔、型芯数控加工的程序。

4）模具设计方案 CAE 分析，包括分析结果文件、分析报告等。

5）第二阶段比赛依据第一阶段所做型芯数控加工的程序进行加工。

6）第二阶段比赛结束后，提交所加工零件实物。

五、竞赛流程

（一）竞赛准备

1）赛场的赛位统一编制赛位号，参赛队必须按比赛时间，提前 30min 到赛项指定地点接受检录，开赛 15min 后不准入场。抽签结束后，随即按照抽取的赛位号进场，然后在对应的赛位上完成竞赛规定的工作任务。

2）进入工位后，确认赛场提供的模具 CAD、CAE、CAM 软件。

3）参赛选手限定在自己的工作区域内完成比赛任务。

（二）竞赛检录

参赛选手进入比赛现场前，由大赛组委会分批组织参赛选手抽取赛位号或机床号，并由参赛选手对抽签结果签字确认。然后按抽取的赛位号或机床号进行比赛前的各项准备工作。裁判员将对各参赛选手的身份和填写的资料进行核对。参赛选手进入操作比赛现场后，应听从现场工作人员的指挥。

（三）正式竞赛

1）在裁判长宣布比赛开始时，开始比赛计时。

2）现场工作人员按机床编号顺序逐步发放工件毛坯和工具等，各参赛选手对上述物品进行检查、确认，并在物品发放一览表上签字。

3）各参赛选手对赛场物品应爱护、保养、保管，防止丢失。损坏的物品必须保留，丢失参赛物品要照价赔偿。

4）各参赛选手必须在确保人身安全和设备安全的前提下开动机床；加工开始前，应该先进行程序校验。

5）各参赛选手必须严格按工艺守则和机床操作规程进行操作，一旦出现较严重的安全事故（如撞刀、掉刀、加工过程中工件严重移位或飞出、机床与刀具及夹具干涉等情况），经裁判长批准后将立即取消参赛资格。

6）比赛过程中，裁判员将考核各位参赛选手的安全文明操作情况。出现非安全文明操作的要做好记录。

7）比赛过程中，参赛选手不能更换毛坯，自带刀具、量具要妥善保管。大赛统一提供夹具，并有技术人员负责安装、调试，选手不得私自动手拆装、调试或自带夹具，否则后果自负；各队参赛选手之间不能走动、交谈。

8）当比赛过程中出现机床故障等设备问题时，参赛选手应提请裁判员到机床确认原因，对于确因设备故障耽搁的时间，由裁判长将选手的参赛时间酌情后延。

（四）竞赛成果提交

1）在比赛时间结束前 10min，裁判长提醒比赛即将结束，各参赛选手应准备停止计算机操作或加工，进行设计结果的存储、刻录或机床的相关清理工作（如将机床各执行部件停止在适当的位置、卸下工件、切断机床电源等）。比赛时间到后，各参赛选手应立即停止操作，未及时停止者将由现场裁判根据实际情况酌情扣分。

2）参赛选手完成竞赛，提交竞赛成果时，应提请裁判员到赛位或机床处收取设计结果或加工工件，参赛选手在裁判员记录的比赛情况记录表上签字确认，由裁判员转交指定工作人员，统一装箱和密封。

（五）退出竞赛场地

1）参赛选手完成加工并提交竞赛成果后，大赛工作人员将到达现场清点工具、刀具、量具，损坏的器物必须有实物在，丢失的参赛器物要照价赔偿；自带刀具和量具妥善保管好，离开赛场时带走。

2）参赛选手完成加工提交竞赛成果和工具交接后，应对计算机进行存盘及对参赛机床进行清扫，对使用的机床附件进行回位（如铣床平口钳钳口收拢复位等）。

3）经裁判员检查许可后，参赛选手方能离开参赛场地。

六、竞赛试题

赛前在大赛指定网站上公布样题，公开考核范围。

七、竞赛规则

1）CAD/CAE/CAM 软件，文字处理软件由大赛组委会提供（详见赛项技术规范），参赛队需要使用自带软件应于大赛前三天（含第三天）自带正版软件到大赛指定地点安装备用；现场提供的数控铣削机床、工具等（详见赛项技术规范），各参赛队可以根据竞赛需要自由选择使用。

2）模具设计手册提前交裁判组审查后方可带入赛场，不得携带其他资料。

3）参赛队按照参赛时段进入比赛场地，自行决定选手分工、工作程序和时间安排，模具设计在机房完成，零件加工在数控加工区完成。

4）参赛队须在确认竞赛任务和现场条件无误后开始比赛。

5）比赛分批次在不同时段依次进行。参赛队的出场顺序采取抽签的方式确定。

6）比赛任务在参赛选手进入赛场前 30min，根据抽签编号发放，参赛队可在指定地点进行工作分工、制订工作方案。

7）第一阶段比赛时间为 4.5h，连续进行，包括模具设计和清洁整理时间及存储文档时间；第二阶段零件加工为 3h，连续进行。竞赛过程中，食品和饮水由选手自备，选手休息、饮食或如厕时间均计算在比赛时间内。

8）比赛过程中，参赛选手须严格遵守操作过程和工艺准则，保证设备及人身安全，并接受裁判员的监督和警示；若因设备故障导致选手中断或终止比赛，由大赛裁判长视具体情况做出裁决。

9）比赛过程中，由于参赛选手操作失误导致设备不能正常工作，或造成安全事故不能进行比赛的，将被中止比赛。

10）比赛过程中，各参赛选手限定在自己的工作区域内完成比赛任务。

11）若参赛队欲提前结束比赛，应向裁判员举手示意，比赛终止时间由裁判员记录，结束比赛后不得再进行任何操作。

12）参赛队须按照程序提交比赛结果，裁判员在比赛结果的规定位置做标记，并与参赛队一起签字确认。

13）比赛结束时，参赛队须完成现场清理并将设备恢复到初始状态，经裁判员确认后方可离开赛场。

14）评价规则。以赛项完成程度、操作规范程度、资源占用与耗费量、团队合作优劣、安全意识强弱、成本控制总量等要素为评价依据，对参赛队最终评价标准。

八、竞赛环境

1）设计环节环境，每队在方案设计上均有独立使用的计算机设备，保证了各队在方案设计时的独立性，不受外界干扰。

2）零件加工环节环境，竞赛场地采光、通风良好，环境温度、湿度符合设备使用规定，同时满足选手的正常竞赛要求。

3）赛场环境，赛场设维修服务、医疗、生活补给站等公共服务区，为选手和赛场人员提供服务；同时设有安全通道，大赛观摩、采访人员在安全通道内活动，保证大赛安全、有序进行。

九、技术规范

本项目综合多工种技术，主要包括多方面的知识与技能：机械设计与制造基础知识、机械制图知识、金属切削原理与刀具应用知识、模具设计与制造专业知识、注射成型工艺知识、钳工技术、模具 CAD、CAE、CAM 软件应用技能、数控机床操作技能等。

（一）模具设计与分析技术规范

模具设计与分析考察以下内容。

1）常用塑料材料收缩率取值。

2）分模面的合理选择。

3）浇注系统设计的科学性与合理性。

4）顶出系统设计的准确性与合理性。

5）冷却系统与排气设计应以生产效率、制件质量等为指标综合优化。

6）模具 CAE 分析结果应包括设计方案评价、对初始方案进行优化、确定最佳浇口、最佳冷却系统，并生成分析报告及注射成型工艺的技术参数。

7）按照国家标准、行业标准，准确选择标准模架及标准件。

（二）模具图样设计要求原则

1）装配图要体现装配关系和工作原理，主要结构表达清晰，视图布局合理，符合国家标准。

2）零件图视图布局合理、尺寸标注清晰，尺寸公差、形位公差、表面粗糙度标注齐全、正确，符合模具制造工艺要求，图纸幅面符合现行国家标准。

（三）模具设计说明书原则

模具设计说明书体现模具的设计思想，应包括如下内容。

1）塑料制件的材料和体积、质量，确定的收缩率。

2）说明模具分型面、模架的选择依据。

3）说明设计的浇注系统、顶出系统、冷却系统的技术特点。

4）说明注射机的选择依据。

5）设计总结，主要说明模具设计特色及自我评价，基于 CAE 的设计方案评估及优化等方面内容。

（四）数控机床操作规程

1）进入竞赛单元后，穿好工作服，戴上防护用品（以上物品参赛队自备），不允许戴手套、扎领带操作数控机床，不允许穿凉鞋、拖鞋、高跟皮鞋等到场参赛。

2）上机操作前熟悉数控机床的开机、关机顺序，规范操作机床。

3）开机前，应检查数控机床是否完好，检查油标、油量；通电后，首先完成各轴的返回参考点操作，然后再进入其他操作，以确保各轴坐标的正确性；机床运行应遵循先低速、中速、再高速的原则，其中低速、中速运行时间不得少于 2min。

4）了解和掌握数控机床控制和操作面板及其操作要领，了解零件图的技术要求，检查毛坯尺寸、形状有无缺陷。选择合理的安装零件方法，正确地选用加工刀具，安装零件和刀具要保证准确、牢固。不允许使用量具画线。

5）禁止私自打开机床电源控制柜，严禁徒手触摸电动机、排屑器；不允许两人同时操作开动的机床，某项工作如果需要两个人或多人共同完成时，应关闭机床主轴。手动对刀时，应注意选择合适的进给速度；使用机械式寻边器时，机床主轴转速不得超过 600r/min。

6）机床开始加工之前必须采用程序校验方式检查所用程序是否与被加工零件相符，待确认无误后，关好安全防护门，开动机床进行零件加工，程序正常运行中严禁开启防护门。

7）更换刀具、调整工件或清理机床时必须停机。机床在工作中出现不正常现象或发生故障时应按下"急停"按钮，保护现场，同时立即报告现场工作人员。

8）禁止用手接触刀尖和铁屑，铁屑必须要用铁钩子或毛刷来清理，禁止用手或其他任何方式接触正在旋转的主轴或其他运动部位，禁止加工过程中测量工件，也不能用棉纱擦拭工件。

9）竞赛完毕后应清扫机床，保持清洁，依次关掉机床操作面板上的电源和总电源，使机床与环境保持清洁状态。

10）机床上的保险和安全防护装置，操作者不得任意拆卸和移动，严禁修改机床厂方设置参数，必要时必须通知设备管理员，请设备管理员修改，机床附件和量具、刀具应妥善保管，保持完整与良好，丢失或损坏照价赔偿。

十、技术平台

提供满足比赛流程和比赛要求的设施设备，见附表 A-1～附表 A-3。

附表 A-1　赛位基本设备

序号	器材名称	规格/技术参数
1	计算机	每个加工工位配备 1 台,基本配置处理器 Intel≥2.4GHz,内存≥2G,硬盘≥50G,17 寸[①]显示器
2	加工中心 （沈阳机床： VMC-850E）	X、Y、Z 轴工作行程分别≥630mm、400mm、500mm 工作台最大承重：600kg 刀柄规格：BT40 主轴转速：60～6000r/min 工作电压：三相 380V/50Hz 快速移动速度：8000mm/min 最高切削进给速度：4500mm/min 数控系统：FANUC 系统,支持 DNC 在线加工,不支持 CF 卡及 U 盘功能
3	辅助设备	台虎钳

① 1 寸 = (1/30)m

附表 A-2　主要软件

序号	软件名称
1	Windows 7 操作系统
2	中文版微软 Office 2007
3	西门子 NX 8.5(原 UG 软件,含 MOLDWIZARD)
4	CAXA 制造工程师软件 V2015(院校)
5	中望 3D 平台设计教育版软件 V2015 龙腾塑胶模具 2015
6	华塑 HSCAE 3D 7.5

注:附表中所列 CAD/CAE/CAM 软件全部预装,选手可自由选择使用,若参赛队需要使用自带软件应于大赛前三天
(含第三天)自带正版软件到大赛指定地点安装备用。

附表 A-3　刀具、夹具及工具、劳保用品清单

序号	附件名称	备注
1	刀具主要参考规格:平刀(φ10mm、φ8mm 等);球刀(φ10mm、φ8mm 等);盘刀 φ80mm 以下;钻头及丝锥规格自选	参赛队自带
2	刀柄及刀柄用拉钉	
3	量具	
4	活扳手	
5	标准垫铁	
6	牙攻扳手	
7	刀具装卸扳手	
8	毛刷	
9	棉布	
10	防护镜 3 副	
11	劳保鞋 3 双	
12	工作服 3 套	

十一、成绩评定

(1) 评分标准　本项目的比赛总成绩满分 100 分,主要评分内容如下。

1) 模具 CAD 设计评价包括数学模型的规范性、模具结构的合理性、机构运动的精确性、制造工艺性、成本经济性等方面及设计说明书评分。

2) 模具 CAE 分析评价包括熔体充模均衡性、冷却均匀性、应力翘曲变形合理性等方面分析。根据分析结果提出解决办法及对设计方案的修改和分析报告评定。

3) 主要零件 CAM 加工评价主要包括尺寸精度、形状精度、位置精度、表面质量、加工时间、加工成本控制等方面及加工文件评定。

4) 现场安全文明生产评价包括工作态度、安全意识、职业规范、环境保护等方面。

5) 参赛队成绩由高到低排名,总成绩相同的,再分别按照模具设计、零件加工、文明生产得分排序。

6) 评分指标体系见附表 A-4。

附表 A-4 评分指标体系

二级指标	比例	三级指标	四级指标	分数
CAD 模块	40%	3D 模具设计(15分)	总体结构设计	3分
			成型零部件设计	8分
			浇注系统设计	2分
			顶出系统设计	1.5分
			冷却系统设计	0.5分
		2D 工程图设计(15分)	总装配工程图设计	9分
			型腔工程图设计	2.5分
			型芯工程图设计	3.5分
		设计说明书(文字)(10分)	模具设计说明书	10分
CAE 模块	15%	充模保压分析(5分)	充模保压分析	5分
		冷却翘曲分析(5分)	冷却翘曲分析	5分
		CAE 分析报告(5分)	CAE 分析报告	5分
CAM 模块	35%	CAM 编程(5分)	型芯 CAM 编程	2.5分
			型腔 CAM 编程	2.5分
		数控加工(20分)	型芯数控加工	20分
		数控工艺文件(5分)	型芯数控工艺文件	2.5分
			型腔数控工艺文件	2.5分
		指定加工零件的详细 工艺过程卡(5分)	型芯工艺过程卡	2.5分
			型腔工艺过程卡	2.5分
竞赛时段 安全文明	10%	安全文明生产(10分)	文明生产操作	5分
			刀具安全使用	5分

（2）结果评分 对参赛选手提交的竞赛成果，依据赛项评价标准进行评价与评分。

十二、赛项安全

1）赛场所有人员（赛场管理与组织人员、裁判员、参赛员及观摩人员）不得在竞赛现场内外吸烟，不听劝阻者给予通报批评或清退比赛现场，造成严重后果的将依法处理。

2）未经允许不得使用和移动竞赛场内的任何设施设备（包括消防器材等），工具使用后放回原处。

3）选手在竞赛中必须遵守赛场的各项规章制度和操作规程，安全、合理地使用各种设施设备和工具，出现严重违章操作加工设备的，裁判视情节轻重进行批评和终止比赛。

4）选手参加实际操作竞赛前，应由参赛校进行安全教育。竞赛中如发现问题应及时解决，无法解决的问题应及时向裁判员报告，裁判员视情况予以判定，并协调处理。

5）参赛选手不得触动非竞赛用仪器设备，对竞赛仪器设备造成损坏，由当事人单位承担赔偿责任（视情节而定），并通报批评；参赛选手若出现恶意破坏仪器设备等情节，严重者将依法处理。

十三、申诉与仲裁

1）福建省职业院校技能大赛设仲裁工作委员会，赛点设仲裁工作组，组长由大赛组委会办公室指派，组员为赛项裁判长和赛点执委会主任。

2）参赛队对赛事过程、工作人员工作若有疑异，在事实清楚、证据充分的前提下可由参赛队领队以书面形式向赛点仲裁组提出申诉。报告应对申诉事件的现象、发生时间、涉及人员、申诉依据等进行充分、实事求是的叙述。非书面申诉不予受理。

3）提出申诉应在赛项比赛结束后 1h 内向赛点仲裁组提出。超过时效不予受理。提出申诉后申诉人及涉及人员不得离开赛点，否则视为自行放弃申诉。

4）赛点仲裁工作组在接到申诉报告后的 2h 内组织复议，并及时将复议结果以书面形式告知申诉方。

5）对赛点仲裁组复议结果不服的，可由代表队所在院校校级领导向大赛仲裁委员会提出申诉。大赛仲裁委员会的仲裁结果为最终结果。

6）申诉方不得以任何理由拒绝接收仲裁结果；不得以任何理由采取过激行为扰乱赛场秩序；仲裁结果由申诉人签收，不能代收；如在约定时间和地点申诉人离开，视为撤诉。

7）申诉方可随时提出放弃申诉。

十四、竞赛观摩

1）新闻媒体等进入赛场必须经过大赛执委会允许，由专人陪同并且听从现场工作人员的安排和管理，不能影响比赛进行。

2）每个参赛队指导教师，在规定时间、地点集合，以小组为单位，在参赛队队员进入赛场 1h 后允许一名指导教师进入赛场（在赛场引导员引导下按指定路线有序进入赛场观摩10min）。观摩时不得大声喧哗，并严禁与选手进行交谈，不得在赛位前长时间停留，以免影响选手比赛，不准向场内裁判员及工作人员提问，禁止拍照，凡违反规定者，立即取消其观摩资格。

十五、竞赛须知

1）参赛队选手在报名或者确认后原则上不再更换。如筹备过程中因故不能参赛，参赛学校的主管部门需出具书面说明，按照相关程序补充参赛选手，并接受审核；竞赛开始后不得更换选手，不允许队员缺席比赛。任何情况下不允许更换新的指导教师，允许指导教师缺席。

2）各参赛队竞赛场次和赛位采用抽签方式确定。

3）参赛队选手和指导教师要有良好的职业道德，严格遵守比赛规则和比赛纪律，服从裁判，尊重裁判和赛场工作人员，自觉维护赛场秩序。

4）竞赛过程中，除参加当场次竞赛的选手、裁判员、现场工作人员和经批准的人员外，领队、指导教师及其他人员一律不得进入竞赛现场。

5）指导老师应及时查看大赛有关赛项的通知和内容，认真研究和掌握本赛项竞赛的规程、技术规范和赛场要求，指导选手做好赛前的一切技术准备和竞赛准备。

6）参赛选手请勿携带一切电子设备、存储设备（如 U 盘、移动硬盘等）、通信设备及其他资料进入赛场，否则取消比赛成绩。

7）竞赛时，在收到开赛信号前不得启动操作，各参赛队自行决定分工、工作程序和时间安排，在指定工位上完成竞赛项目，严禁作弊行为。

8）竞赛完毕，选手应全体起立、结束操作。将资料和工具整齐摆放在操作平台上，经工作人员清点后方可离开赛场，离开赛场时不得带走任何资料。

9）在竞赛期间，未经执委会的批准，参赛选手不得接受其他单位和个人进行的与竞赛内容相关的采访。参赛选手不得将竞赛的相关信息私自公布。

10）各竞赛队按照大赛要求和赛题要求提交竞赛成果，禁止在竞赛成果上做任何与竞赛无关的记号。

附录 B　福建省职业院校技能大赛（高职组）"注射模具 CAD/CAE 与主要零件加工" 赛项

赛项编号：G-06
竞赛项目 样题 3

1. 只能将姓名、参赛编号、赛位代码准确填写在赛卷的密封区域内，违反扣除 20% 成绩；
2. 仔细阅读赛题内容，在计算机上用电子文件按《竞赛规程》及本子项目附加的要求完成竞赛内容；
3. 不要在赛卷上故意胡乱涂写、涂画，也不要故意污损赛卷，违反扣除 5% 成绩；
4. 不允许在密封区域内填写无关的内容，违反扣除 20% 成绩；
5. 在提交的文件中，不得泄露参赛队信息，违反扣除 20% 成绩。

一、竞赛总体要求概述

（1）项目总体要求

1）模具 CAD 设计。根据赛卷提供的三维数据模型及其他资料，选用三维及二维软件完成模具设计，成型零件结构应符合赛卷指定的具体要求。竞赛队员共同完成完整的模具的三维设计；依据中华人民共和国相关的制图标准，绘制模具二维总装配图、型腔和型芯主要零件的二维工程图。

2）模具 CAE 分析。按照赛卷规定的具体要求完成相应的竞赛项目，编制分析报告。

3）安全、文明。严格遵守 2016 年福建省职业院校技能大赛（高职组）注射模具 CAD/CAE 与主要零件加工赛项规程相关事项。

4）模具零件 CAM 加工。按照赛卷规定的具体要求，完成主要零件数控加工的工艺设计、数控程序编制、使用赛位上的机床完成零件的加工。

（2）竞赛用时

1）第一阶段竞赛任务、事务在连续不间断的 4.5h 内完成。

2）第二阶段竞赛任务、事务在连续不间断的 3h 内完成。

（3）特别说明

1）本赛卷要求的模具 CAD/CAE 设计任务与制造任务，检阅与展示参赛队伍的模具设计与分析技能，检阅与展示参赛队数控机床的操作技能。

2）赛卷当场启封、当场有效。赛卷按一队一份分发，竞赛结束后当场收回，不允许参赛选手夹带离开赛场，也不允许参赛选手摘录有关内容。

二、竞赛项目任务书

【第一阶段任务 1　模具 CAD 设计】某模具公司接到客户塑料制品（附图 B-1）的模具设计、分析与制造项目订单。客户提供塑料产品的三维数据（igs 格式和 stp 格式）及制品二维参考图（附图 B-2）。现以此项目任务为背景，竞赛队完成模具的设计工作和其他相关任务。

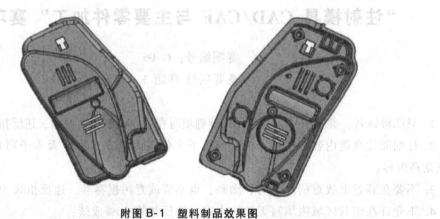

附图 B-1　塑料制品效果图

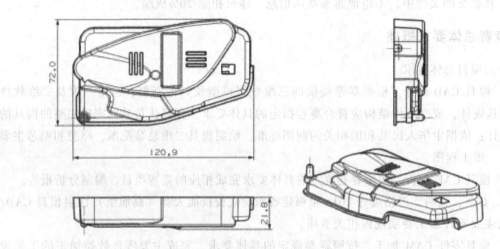

附图 B-2　塑料制品二维参考图

（1）产品制件技术要求概要

1）材料。ABS。

2) 材料收缩率。0.5%。

3) 技术要求。表面光洁无毛刺、无缩痕。

4) 产品生产数量 50 万件。

5) 模具合格判据。符合客户提供的三维数据模型及二维工程图的要求。

(2) 模具结构设计要求

1) 模腔数。一模两腔、合理布置。

2) 浇口形式。采用点浇口形式，位置如附图 B-3 所示。

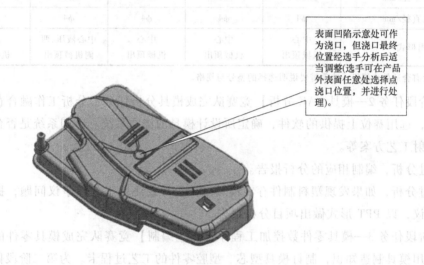

表面凹陷示意处可作为浇口，但浇口最终位置经选手分析后适当调整(选手可在产品外表面任意处选择点浇口位置，并进行处理)。

附图 B-3　浇口形式

3) 模具能够实现制件全自动脱模方式要求，浇口痕迹小。

4) 优先选用标准模架及相关标准件。

5) 以满足塑件要求、保证质量和制件生产效率为前提条件，兼顾模具的制造工艺性及制造成本，充分考虑主要零件材料的选择对模具的使用寿命的影响。

6) 保证模具使用时的操作安全，确保模具修理、维护方便。

7) 以附表 B-1 为选择注射机的依据。模具应与注射机相匹配，保证安装方便、安全可靠。

附录 B-1　热塑性塑料注射机的规格型号及主要技术参数

型号	XS-Z-60	XS-Z-80	XS-ZY-130	XS-ZY-200	XS-ZY-250
注射容量/(cm³/g)	55	106	139	304	429
螺杆(柱塞)直径/mm	$\phi25$	$\phi30$	$\phi35$	$\phi45$	$\phi50$
最大射出压力/MPa	245	250	255	231	215
最大保压压力/MPa	196	205	227	340	380
注射方式	柱塞式		螺杆式		
最大锁模力/kN	585	800	1300	2000	2500
模板尺寸/mm	570×555	545×545	715×715	791×791	860×860
模板最大行程/mm	650	750	900	1040	1120

（续）

型号	XS-Z-60	XS-Z-80	XS-ZY-130	XS-ZY-200	XS-ZY-250
模具最大厚度/mm	350	540	550	550	580
模具最小厚度/mm	130	250	250	280	220
拉杆间距/mm×mm	375×360	370×370	470×470	530×530	580×580
合模方式	液压—机械				增压式
中心顶出杆直径/mm	φ30	φ30	φ30	φ40	φ50
喷嘴球半径/mm	SR10	SR10	SR10	SR10	SR10
喷嘴孔直径/mm	φ4	φ4	φ4	φ4	φ4
顶出形式	中心机械顶出	中心机械顶出	中心机械顶出	中心液压、两侧机械顶出	两侧机械顶出

注：如果没有合适的注塑机，选手需要说明选择的型号与规格。

【第一阶段任务 2—模具 CAE 分析】竞赛队完成模具分析任务：分析工作融合在模具的设计过程中，选用赛位上提供的软件，确定所设计模具的浇注系统、冷却系统是否合理并确定合理的注射工艺方案等。

1）通过分析，编制相应的分析报告。

2）通过分析，如果发现塑料制件存在模具结构设计或注射工艺性争议问题，提出修改的合理化建议，以 PPT 形式做出项目分析报告。

【第一阶段任务 3—模具零件数控加工程序及工艺编制】竞赛队完成模具零件的制造工艺规划，利用模具制造知识，制订模具型芯、型腔零件的工艺过程卡。为第二阶段做好数控加工准备，选择合适的刀具，确定相应的切削参数，完成零件的数控加工程序编制、制作数控加工工艺文件。

1）数控加工编程依据现场加工用毛坯材料 45 钢，尺寸及规格 180mm×130mm×45mm（已六面磨削加工），G 代码的编制以提供的材料作为第一道工序，设置相应切削刀具参数，生成 G 代码并制订完整的数控加工工艺文件（Office Word 文档）。

2）工艺过程卡的制作依据竞赛队伍自己选定的模具钢材，按照实际生产流程进行制作模具型芯、型腔零件的工艺过程卡。

【第二阶段—模具型芯数控加工】

1）现场提供加工用毛坯材料 45 钢，尺寸及规格 180mm×130mm×45mm（一块，均已六面磨削加工）。

2）利用第一阶段的提交成果（数控工艺文件、G 代码程序）和现场机床设备进行型芯零件加工，最后提交加工后的模具型芯零件。

三、本项目提供的文档和资料

（1）赛卷资料 "项目"的三维数据（iges、stp 格式文件），符合 2016 年福建省职业院校注射模具 CAD/CAE 与主要零件加工项目竞赛规程，赛前已植入试题档案袋的 U 盘中。

（2）CAM 工艺卡 空白数控铣削工艺文件（Office Word 格式）、空白的零件工艺过程卡（Office Word 格式），赛前存放在试题档案袋的 U 盘中。

（3）文件目录存档要求　竞赛用空文件夹，赛前存放在试题档案袋的 U 盘中，竞赛结束后选手将结果文件保存在相应的文件夹内。路径如下。

1）D:\2016MJ\比赛结束保存全部比赛结果文件。

2）D:\2016MJ\3D\比赛结束保存模具三维设计模型文件（UG 等三维默认设置数据格式）。

3）D:\2016MJ\2D\比赛结束保存模具二维装配工程图（含明细栏）及型腔和型芯二维工程图。

4）D:\2016MJ\WORD\比赛结束保存模具设计说明书。

5）D:\2016MJ\CAE\比赛结束保存 CAE 分析结果源文件（添加分析方案名称为 cpfx）、导出分析报告文件、项目分析总结评估方案（PPT）。

6）D:\2016MJ\CAM\XX 比赛结束保存所有型芯零件加工设置文件、相应的 G 代码、型芯零件数控工艺文件（Office Word 文档）及型芯工艺卡（Office Word 文档）。型芯工艺过程卡依据竞赛队伍自己选定的模具钢材，按照实际生产流程进行制作，从备料到模具型芯零件装配止）。

7）D:\2016MJ\CAM\XQ 比赛结束保存所有型腔零件加工设置文件、相应的 G 代码、型腔零件数控工艺文件（Office Word 文档）及型腔工艺过程卡（Office Word 文档）。型腔工艺过程卡依据竞赛队伍自己选定的模具钢材，按照实际生产流程进行制作，从备料到模具型腔零件装配止。

四、竞赛结束时当场提交的成果与资料

按照《2016 年福建省职业院校技能大赛注射模具 CAD/CAE 与主要零件加工赛项竞赛规程》的规定，竞赛结束时，参赛队须当场提交成果与资料。

第一阶段上交：将 D:\2016MJ\目录全部刻入大赛提供的光盘中，并上交裁判；同时将 D:\2016MJ\目录全部复制到发放的试卷袋内的 U 盘中，覆盖原文件并上交裁判。

（1）模具 CAD 设计

1）完整的模具三维设计模型文件（PRO/E 或 UG 等三维默认设置数据格式），三维总装图名称"3DZP"。

2）完整的模具二维装配工程图（含明细栏）名称"ZP"。

3）完整的主要型腔和型芯二维工程图，名称"XQ""XX"。

4）模具设计说明书。

（2）模具 CAE 分析

1）提交模具 CAE 分析结果文件。

2）提交分析报告文件。

3）提交分析总结评估方案（PPT）。

（3）主要零件加工工艺设计与 CAM 编程

1）提交按照原始数据，参赛队加工制造指定的模具零件。

2）提交模具零件"XQ""XX"的数控工艺文件、工艺过程卡。

3）提交模具零件"XQ""XX"的加工设置源文件。

4）提交模具零件"XQ""XX"相应的 G 代码。

第二阶段上交：主要零件加工结果。

1）将加工后的零件放入零件盒中。

2）将第二阶段使用的 U 盘及试卷文件一并放入零件盒中，上交裁判。

五、模具设计说明书书写要点

1）产品的材料和体积、质量。

2）产品的收缩率。

3）模具分型面选择。

4）模具模架的选择。

5）模具的浇注系统特点。

6）模具的顶出系统设计。

7）模具的冷却系统设计。

8）注射机的选择。

9）模具设计的创新自我评价。

10）CAE 在设计过程中的应用。

参 考 文 献

［1］ 付宏生，王文.产品开发与模具设计从国赛到教学［M］.北京：机械工业出版社，2015.

［2］ 高平生.中望 3D 建模基础［M］.北京：机械工业出版社，2016.

［3］ 李学锋.塑料模具设计与制造［M］.2 版.北京：机械工业出版社，2012.

［4］ 罗伟贤，韩庆国.CAD/CAM—Cimatron E 应用［M］.北京：机械工业出版社，2009.

［5］ 赖新建.Cimatron E8.0 中文版产品模具设计入门一点通［M］.北京：清华大学出版社，2007.

［6］ 刘平安.Cimatron E8 模具设计实例图解［M］.北京：清华大学出版社，2009.